园林规划设计与绿化施工探究

郭蕊 张祺超 肖宝华 ◎著

U0208453

中国出版集团

中译出版社

图书在版编目(CIP) 数据

园林规划设计与绿化施工探究／郭蕊，张祺超，肖
宝华著. -- 北京：中译出版社，2024.2
ISBN 978-7-5001-7755-5

Ⅰ.①园… Ⅱ.①郭… ②张… ③肖… Ⅲ.①园林设
计-研究②园林-绿化-工程施工-研究 Ⅳ.①TU986

中国国家版本馆 CIP 数据核字（2024）第 048591 号

园林规划设计与绿化施工探究

YUANLIN GUIHUA SHEJI YU LÜHUA SHIGONG TANJIU

著　　者： 郭　蕊　张祺超　肖宝华
策划编辑： 于　宇
责任编辑： 于　宇
文字编辑： 田玉肖
营销编辑： 马　萱　钟筏童
出版发行： 中译出版社
地　　址： 北京市西城区新街口外大街 28 号 102 号楼 4 层
电　　话： （010）68002494（编辑部）
邮　　编： 100088
电子邮箱： book@ctph.com.cn
网　　址： http://www.ctph.com.cn

印　　刷： 北京四海锦诚印刷技术有限公司
经　　销： 新华书店
规　　格： 787 mm×1092 mm　1/16
印　　张： 16.25
字　　数： 324 千字
版　　次： 2024 年 2 月第 1 版
印　　次： 2024 年 2 月第 1 次印刷

ISBN　978-7-5001-7755-5　　定价： 68.00 元

前　言

城市景观园林是城市物质文明和精神文明的集中体现，通过大面积地种植绿色植物，能够吸收环境中的有害气体，释放氧气，达到净化空气、调节温度、降低噪声等目的，极大地改善了人居环境。城市景观园林规划设计，其创造元素往往取材于当地的生活习惯、民俗文化、人文建筑、特色景观等。这些元素通过提炼升华，以铺装、雕塑、假山、水景、园林建筑、小品等景观布局手法和形式呈现在广大民众视线中，容易引起居民心理上的共鸣，增强居民的城市自豪感和幸福感，同时也从侧面向外展示了城市特色文化，以城市名片形式对外传播，为提升城市形象打下基础。园林绿化作为改善生态环境状况、保护生态平衡的主要方式，对我国生态环境建设具有非常重要的现实意义，园林绿化工程可以改善城市生态环境，具有净化空气与美化环境的功效，能够提高居民生活品质，促进经济发展。

本书从园林规划设计基本原理、园林规划设计组成要素介绍入手，针对风景名胜区、森林公园、自然保护区与旅游区规划、居住区园林绿地规划设计、道路园林绿地规划设计进行了分析研究；另外，对园林绿化栽植与施工、园林绿化养护管理与虫害防治做了一定的介绍；还对园林绿化工程施工质量控制做了研究。本文旨在研究园林规划设计与绿化施工的重要意义，分析园林绿化工程施工规划设计的相关问题，为相关工作人员在园林规划设计与绿化施工方面提供可行性思路。

本书参考了大量的相关文献资料，借鉴、引用了诸多专家、学者和教师的研究成果，写作上得到很多专家学者与领导同事的支持和帮助，作者在此深表谢意。由于能力有限，时间仓促，虽经多次修改，稿件仍难免有不妥与遗漏之处，恳请专家和读者指正。

作者

2023 年 12 月

目 录

园林规划设计基本原理

风景园林规划设计应遵循生态学、美学、环境行为心理学、人体工程学等方面的基本原理，创造具有和谐美感、持续发展的优秀作品。

第一节　生态学原理

一、生态学概念

生态学的定义颇多，而最好的定义可能是最简明的和最不专业化的，因此，采用德国动物学家、哲学家海克尔的定义还是比较适宜的，即"生态学是研究生物及环境间相互关系的科学"。这里，生物包括动物、植物、微生物及人类本身，即不同的生物系统，而环境是指生物生活其中的无机因素、生物因素和人类社会，即环境系统。

目前，生态学已经发展成为一个庞大的学科体系，按照不同标准有不同的划分方式，其中与风景园林规划设计相关的分支学科有园林植物生态学、景观生态学、恢复生态学、城市生态学及生物多样性可持续发展理论等。

二、园林植物生态学原理

（一）园林植物生态学的概念

园林植物生态学是研究有关园林植物与环境，园林植物之间相互关系的一门科学，是一项以生态学为基础的关于园林植物同人类生态系统、城市生态系统相互关系及其技术调控手段的生态工程。它研究的内容包括园林植物个体对不同环境的适应性及环境对植物个体的影响，园林植物种群和群落在不同环境中的形成和发展过程，以及在生态系统的能量流动、物质循环中园林植物的作用。

（二）园林植物生态学的研究目的

园林植物生态学研究的目的是揭示园林植物和环境之间正常的或失常的关系，研究城市绿化中植物的选择与配置、植物引种、植物种类、布局、结构与改善气候之间的关系，以掌握自然规律，营造良好的植物生境，改善环境，形成美丽的视觉景观，达到生态效益和经济效益的统一。

（三）园林植物生态学的基本内容

1. 园林植物生态系统的组成

（1）园林生态环境（基础）

①园林自然环境

包括自然气候和自然物质两类。

自然气候：指光照、温度、湿度、降水、气压、雷电等，为园林植物提供生存基础。

自然物质：指维持植物生长发育等方面需求的物质，如自然土壤、水分、氧、二氧化碳、各种无机盐类及非生命的有机物质等。

②园林半自然环境

指经过人们适度的管理，受人类影响较小的园林环境。通过各种人工管理措施，使园林植物等受到的各种外来干扰适度减少，在自然状态下保持正常的生长发育。各种大型的公园绿地环境、生产绿地环境、附属绿地环境等均属于这种类型。

③园林人工环境

指人工创造的，并受人类强烈干扰的园林环境。这种环境下植物必须通过强烈的人工干扰才能保持正常的生长发育，如温室、大棚及各种室内园林环境等。

（2）园林植物群落

园林植物群落是园林生态系统的核心之一。凡适合于各种风景名胜区、休闲疗养胜地和城乡各类型园林绿地应用的植物统称为园林植物。园林植物包括各种园林树木、草本花卉，是园林生态系统的初级生产者，能够利用光能合成有机物质，为园林生态系统的良性运转提供物质、能量基础。

2. 园林植物生态系统的结构

（1）物种结构

物种结构指构成园林植物生态系统的植物种类及它们之间的数量组合关系，不同的系统类型其植物种类和数量差别较大。

（2）空间结构

空间结构指园林植物生态系统中各种植物的空间配置状况，通常包括垂直结构和水平结构。垂直结构指园林植物群落的同化器官和吸收器官在地上不同高度和地下不同深度的空间垂直配置状况。水平结构指园林植物群落在一定范围内植物类群在水平空间上的组合与分布。空间结构取决于物种的生态学特性、种间关系及环境条件的综合作用，在构成群落的形态、动态结构和发挥群落的功能方面有重要作用。

（3）时间结构

①季相变化

指园林植物群落的结构和外貌随季节的更替依次出现的改变。植物的物候现象是园林植物群落季相变化的基础。在不同的季节，会有不同的植物景观出现，如传统的春花、夏叶、秋果、冬态等。随着各种园林植物育种、栽培等新技术的大范围应用，人类已能控制部分传统季节植物的生长发育，未来的季节变化会更加丰富。

②长期变化

指园林植物系统经过长时间后的结构变化。一方面表现为园林植物系统经过一定时间的自然演替变化，如各种高大乔木经过自然生长所表现出来的外部形态变化；另一方面是通过园林的长期规划所形成的预定结构表现，这需要以长期规划和不断的人工抚育为基础。

（4）层次结构

园林植物系统具有明显的层级结构，如乔、灌、草的结合，合理的层级结构能使系统发挥最好的功能。

3. 园林植物生态系统的功能

（1）能量流动

①来源

主要来自太阳辐射能。

②流动途径

主要包括自然降解和人工控制途径。

③流动特点

园林植物的枯枝落叶及修剪枝叶，一部分由微生物分解者将营养物质还原给园林生态系统；另一部分经人类辅助处理，能量消耗于系统外部。

（2）物质循环

①园林植物个体内养分的再分配

指园林植物除了靠根和叶吸收养分来满足自身的生长发育外，还将储藏在植物体内的养分转移到需要的部位。植物的这种行为及转移养分的种类和数量，取决于环境中的养分状况及植物吸收的状况。植物体内养分的再分配只能在一定程度上缓解养分不足，并不能从根本上解决养分的亏缺。因此，在园林植物生态系统中，要保证园林植物的正常生长发育，特别是对于土壤贫瘠的城市环境，必须通过额外补充营养物质如增施各种肥料或移植菌根等途径满足植物生长的需要。

②园林植物生态系统内部的物质循环

包括园林植物对养分的吸收、养分在园林植物体内的分配与存储、园林植物养分的损失、微生物对植物残体的分解重新还原给园林生态环境的过程。

（3）服务功能

园林植物生态系统的服务功能包括净化环境、改善小气候、维持土壤自然特性、娱乐休憩和观赏教育等。

三、景观生态学原理

（一）景观生态学的概念

景观生态学是将生态学研究垂直结构的纵向方法与地理学研究水平结构的横向方法结合起来，研究景观的结构、功能、结局、过程与尺度之间的关系、景观变化及人类与景观的关系是连接自然科学和相关人类科学的交叉学科。景观生态学的核心主题包括景观空间格局（从自然到城市），景观格局与生态过程的关系，人类活动对于格局、过程与变化的影响，以及尺度和干扰对景观的作用。

（二）景观生态学的研究内容

景观生态学不仅要研究景观生态系统自身发生、发展和演化的规律特征，而且要探求合理利用、保护和管理景观的途径与措施。其研究的基本内容包括景观生态系统结构与功能，景观生态监测与预警，文化与景观生态学，景观生态规划与设计及景观生态保护与管理。

（三）景观要素及其之间的相互作用

1. 斑块

斑块指在外貌上与周围地区（本底）有所不同的一块非线性地表区域。

按照起源，可将斑块分为干扰斑块、残余斑块、环境资源斑块和引入斑块。斑块具有可感知性、等级性、相对均质性、动态性，以及尺度依赖性和生物依赖性等特点。

2. 廊道

廊道是与本底有所区别的一条带状土地，道路、河流、农田防护林、树篱、动力线、管线、堤坝或沟渠等均是走廊。

廊道具有双重性质：一方面它将景观的不同部分隔开来，另一方面它又将景观另外一些不同部分连接起来。廊道起着运输、保护资源和观赏的作用。廊道的起源在某种程度上与斑块相同。干扰廊道由带状干扰所致，道路即为其例。残存廊道由周围基质的干扰所引起，如森林采伐留存的带状林地。环境资源廊道由环境资源在空间上的异质性线性分布形成，河流廊道属于此类。种植廊道由人类种植形成，农田防护林、树篱是常见类型。根据结构特点，廊道分为线状廊道与带状廊道。线状廊道狭窄，以边缘种占优势；带状廊道较宽，除边缘种外，还含有内部种。

3. 本底

景观的三种组成要素中，本底的面积最大，连通性最好。本底对景观动态有很大影响，往往控制着景观中的流。一般情况下，本底用凹形边界将其他景观要素包围起来，但本底与斑块有时难以区分，为此，提出区分它们的三条标准，即相对面积、连通度和动态控制作用。

孔性和连通性是本底的重要结构特征，斑块在本底中即是所谓孔，连通性可分为连通完全和连通不完全。

4. 景观要素之间的相互作用

景观要素之间通过能量流、养分流和物种流发生相互作用。景观要素之间的各种流源于风、水和动物（包括人）的移动。这种相互作用包括斑块-本底、斑块-斑块、斑块-廊道及廊道-本底之间的相互作用。

（四）景观生态学的基本原理

1. 景观结构和功能原理

每一个景观均是异质性的，在不同的斑块、廊道和本底之间，物种、能量和物质分配不同，相互作用（即功能）也不同。

2. 生物多样性原理

景观异质性使稀有的内部种多度减少，使边缘种和要求两个以上景观要素的物种多度增加，因此，景观的异质性可提高物种总体共存的潜在机会。

3. 物种流动原理

物种在景观要素之间的扩展和收缩，既影响到景观异质性，也受景观异质性的控制。

4. 营养再分配原理

由于风、水或生物的作用，矿物营养可以流入或流出某一景观，或者在一景观中不同生态系统之间再分配。景观中矿物营养再分配的速度随干扰强度的增加而增加。

5. 能量流动原理

在景观内，随着空间异质性的增加，会有更多的能量流（通过热和生物量）通过景观要素之间的边界。

6. 景观变化原理

在不受干扰的条件下，景观水平结构逐渐向同质性方向发展，适度干扰可迅速增加异质性，而严重干扰则在大多数情况下使异质性迅速降低。

7. 景观稳定性原理

稳定性是指景观对干扰的抗性及受干扰后的恢复能力。作为景观要素整体的景观，其稳定性取决于各种要素所占比例及结构。

上述七条原理中，第 1、2 条属于景观结构方面，第 3、4、5 条属于景观功能方面，第 6、7 条属于景观变化方面。

第二节　园林美学原理

一、美学概述

（一）美的定义

美学源于希腊文 aesthetics，原义指用感官去感知。

孔子是中国美学理论最为重要的奠基人，他认为感性享受的审美愉快应与道德的善统一起来，即尽善尽美。此外，孔子还建立了"中庸"的美学批评原则，要求将对立的双方统一起来，得到和谐的美感。庄子强调了美丑的相对性，人的好恶各异，对美的感受也就不同，美是变化的。汉代董仲舒的美学观认为，天地之美在于"和"，由于阴阳二气和谐统一，天地产生出奉养人的各种美好的东西。

古希腊哲学家、数学家毕达哥拉斯认为，万物的本源是数，美的本质就是和谐。哲学家苏格拉底认为，美与善是一致的，美的东西也就是善的东西，有用或者有益的东西，每一件东西对于它的目的服务得很好，就是善的美的；服务得不好，则是恶的丑的。

由此可看出，不同民族、阶层的人，对美的看法也不同。对于"美"字，从字面上看，原始人认为羊长得肥大就是"美"。原始人又以羊、人为美，认为人顶着羊头跳舞就是美。这说明美具有某种社会性含义。

综上所述，凡是能够使人得到审美愉快的欣赏对象都叫"美"。在美学范畴，美这个词有三层含义，即审美对象、审美性质、美的本质。

（二）园林美

1. 园林美的属性和特征

园林属于五维空间的艺术范畴，一般有两种提法：一曰长、宽、高、时空和联想空间（意境）；二曰线条和平面空间、时间空间、静态立体空间、动态流动空间和心理思维空间。两种提法都说明园林是物质与精神空间的总和。

园林美具有多元性，园林美也有其多样性，主要表现在其历史、民族、地域、时代性的多样统一之中。

园林作为一个现实生活境域，营建时必须借助于物质材料，如自然山水、树木花草、亭台楼阁、假山奇石，乃至物候天象。因此，园林美首先表现在园林作品的形象实体上，如假山的玲珑剔透、树木的红花绿叶、山水的清秀明洁……这些材料构成了园林美的第一种形态——自然（生态）美。

园林美又借山水花草，运用种种造园手法和技巧，来传述人们特定的思想情感，这种象外之境即为园林意境，重视艺术意境的创造，是中国古典园林在美学上的最大特点。在有限的园林空间里，模拟自然，造成咫尺山林、小中见大的效果，艺术空间被拓宽了；如扬州的个园，成功地布置了四季假山，运用不同的素材和技巧，使春、夏、秋、冬四时景色同时展现，从而延长了园景的时间空间。这种拓宽艺术时空的手法构成了园林美的第二种形式——意境（人文）美。

当然，园林艺术作为一种社会意识形态，作为上层建筑，自然要受制于社会存在，表现主人的思想倾向。例如，法国的凡尔赛宫苑布局严整，是当时法国古典主义文艺思潮的反映，是君主政治至高无上的象征。再如，上海某公园的缺角亭，缺角后就失去了其完整的形象，但它有着特殊的社会意义：建此亭时，正值东北三省沦陷于日本侵略者手中，园主故意将东北角去掉，表达了为国分忧的爱国之心。这就是园林美的第三种形式——社会美。

可见，园林美应当包括自然美、意境美、社会美三种形态。

园林美不是各种造园素材单体美的简单拼凑，而是各种素材类型之美的相互融合，从而构成完整的园林美的综合体。

2. 园林美的主要内容

自然美是以其形式取胜，园林美则是形式美与内容美的高度统一。主要包括以下十个方面。

（1）山水地形美

包括地形改造、引水造景、地貌利用、土石堆山等，形成园林的骨架和脉络，为植物种植、游览建筑设置和视景点的控制创造条件。

（2）气候天象美

如观云海霞光，看日出日落；水帘烟雨、雨打芭蕉、泉瀑松涛、踏雪寻梅等。

（3）再现生境美

效仿自然，创造人工植物群落和良性循环的生态环境，创造空气清新、温湿度适中的小气候。

（4）建筑艺术美

由于游览观赏、服务管理、安全维护等功能的要求须修建一些园林建筑，包括亭台廊榭、殿堂厅轩、门墙栏杆、茶室小卖、展室公厕等。建筑艺术是民族文化和时代潮流的结晶，起着画龙点睛的作用。

（5）工程设施美

园林中的游道廊桥、假山水景、电照光影、给水排水、挡土护坡等各项设施，要注意艺术处理而区别于一般的市政设施。

（6）文化艺术美

风景园林常为历史古迹所在地。"天下名山僧占多"，园林中的景名景序、门楹对联、摩崖碑刻、字画雕塑等无不浸透着我国传统文化的精华，创造了诗情画意的境界。

（7）色彩音响美

园林是一幅五彩缤纷的天然图画，是一曲袅绕动听的美丽诗篇，如蓝天白云、红花绿叶、白墙灰瓦、雕梁画栋、风声雨声、鸟声琴声、欢声笑语、百籁争鸣等。

（8）造型艺术美

园林中常运用艺术造型来表现某种精神、象征、礼仪、标志、纪念，以及某种体形、线条美。如华表、雕像、鸟兽、标牌、喷泉及各种植物造型小品等。

（9）旅游生活美

园林是一个可游、可憩、可赏、可学、可居、可食的综合活动空间，方便的生活服务，健康的文化娱乐，清洁卫生的环境，交通便利与治安保证，都将给人们带来生活的美感。

（10）联想意境美

联想和意境是我国造园艺术的特征之一。丰富的景物，通过人们的联想和对比，达到见景生情、体会弦外之音的效果。意境一词最早出自我国唐代诗人王昌龄的《诗格》，说诗有三境，一曰物境，二曰情境，三曰意境。意境是通过意象的深化而构成的心境应合。

二、现代形式美法则

（一）形式美的表现形态

1. 线条美

线条是构成景物外轮廓的基本因素。人们从自然界中发现了各种线型的性格特征，长条横直线代表水平线的广阔；竖直线给人以上升、挺拔之感；短直线表示阻断与停顿；虚线产生延续、跳动的感觉；斜线使人联想到山坡、滑梯的动势和危机感。用直线组合成的图案和道路，表现出耿直、刚强、秩序、规则和理性；而曲线则代表着柔和、流畅、细腻和活泼。如圆弧线的丰满，抛物线的动势，波浪线的起伏，悬链线的稳定，双曲线的优美、和谐，螺旋线的飞舞、欢快等。

线条是设计师的语言，它可以表现起伏的地形、曲折的道路、蜿蜒的河岸、美丽的桥拱、丰富的林冠、严整的广场、挺拔的峭壁、错落的屋顶等。

2. 图形美

图形是由各种线条围合而成的平面形，一般分为规则式和自然式两类，也有混合式。规则式图形的特征是稳定、有序，有明显的规律变化，有一定的轴线关系和数比关系，庄重，秩序井然；自然式图形的特征是流动、不对称、活泼、抽象、柔美和随意；混合式表现为两者的融合。

3. 体形美

体形是由多种界面组成的实体，表现于山石、水景、建筑、雕塑、植物等，人体本身就是线条与体形美的集中表现。现代雕塑艺术不仅表现出景物体形的一般外在规律，而且还抓住景物的内涵加以发挥变型，出现了以表达感情内涵为特征的抽象雕塑艺术。

4. 光影色彩美

色彩是造型艺术的重要表现手段之一，通过光的反射，色彩能引起人心理感应获得美感。色彩表现的基本要求是对比与协调。人们在园林空间里，面对色彩的冷暖和感情联系，必然产生丰富的联想和精神感受。

5. 朦胧美

朦胧美产生于自然界，如雾中景、雨中花、云间佛光、烟云细柳等，它是形式美的一种特殊表现形态，能使人产生虚实相生、扑朔迷离的美感。常利用烟雨条件或半隐半现的手法给人以朦胧隐约的美感。

（二）形式美规律与应用

1. 多样统一律

（1）形式的多样统一

在规则式或自然式园林中，各园林的形式是比较统一的，而在混合式园林中，园林局部的形式是统一的，整体上的形式是变化的。如公园的道路系统，规则式多用直线或折线道路，自然式多用曲线或自然道路，而由规则变自然式应有自然的过渡方法。例如，德国柏林古老的达莱植物园，建筑区是明显的规则式；对着展览温室的一片半圆形的花坛群，是半规则的几何形体，从半圆形环路很自然地分出几条自然式的曲路，使花园转为自然式。

（2）局部与整体的多样统一

在同一园林中，各景区景点多具特色，但就总体而言，其风格造型、色彩变化应保持与整体基本协调，在统一中求变化。如北京游乐场全园的建筑五花八门，但均带有浓厚的童话色彩。

（3）风格的多样统一

风格是因人、因地而逐渐演进形成的。一种风格的形成，除了与气候、地域、民族文化及历史背景差异有关外，同时还有深深的时代烙印。

法国古典园林的勒·诺特尔风格，具体表现在巴黎凡尔赛宫苑，全园都统一在轴线放射、图案严谨对称的风格之中。英国的风景式园林，来源于牧场的改造和模仿，有平缓而流动的起伏地形、成丛的树木、简易木围栏。中国的自然山水园林，体现天人合一的理想。这说明风格具有历史性和地域性。现代园林趋于多种文化的交汇，常运用多种风格进行分区规划，并通过道路、地形、植物等取得全园的多样统一。

（4）形体的多样统一

形体可分为单一形体与多种形体。如不同大小的金字塔形组合；不同方向、坡度相同的斜面体组合；不同大小的长方体组合；同心圆或椭圆形体育场内各部位多样统一。形体组合的多样统一可运用两种办法：第一是以主体的主要部分统一各次要部分，各次要部分服从或类似主体，起到呼应主体的作用；第二是对某一群体空间而言，用群体统一个体或细部线条、色彩和动势。

（5）图形线条的多样统一

各图形本身总的线条图案与局部线条图案多样统一。

（6）材料与质地的多样统一

一座假山、一堵墙、一组建筑，无论是单个或是群体，它们在选材方面既要有变化，又要保持整体的一致性，这样才能显示景物的本质特征。如湖石与黄石堆假山就不可混杂。一组建筑墙面使用木、石、砖等，各材质所占面积必有主次，不可等量使用。

（7）线形纹理的多样统一

长廊砖砌柱墩的横向纹理与横向长廊统一协调。

2. 整齐律

景物形式中多个相同或相似部分重复出现，或是对等排列与延续，其美学特征是创造庄严与秩序感。如：整齐的行道树与绿篱，整齐的廊柱门窗，整齐排列的旗杆、喷泉水柱等。

3. 参差律

与整齐律相对，各风景要素和要素中的各部分之间，有秩序的变化与组合关系，一般是通过景物的高低、起伏、大小、前后、远近、疏密、开合、浓淡、明暗、冷暖、轻重、强弱等连续变化，使景观波澜起伏，丰富多彩。

参差并非杂乱无章，人们在长期实践中，摸索出一套章法。如：堆山叠石、植物配置、建筑组合、地形变化等，取得参差起伏、层次丰富和错落有致的艺术效果。

4. 均衡律

均衡是人体平衡感的自然产物。它是指景物群体的各部分之间对立统一的空间关系，一般表现为以下两大类型。

（1）静态均衡

景物以某轴线为中心，取得左右（或上下）对称的形式，在心理学上表现为稳定、庄重和理性。

（2）动态均衡

景物的重量、体量不同，也可使人感到平衡。如：门前左边一块山石，右边一丛乔、灌木，山石的质感重、体量小，却可以与质感轻、体量大的树丛相比较，产生均衡感。

动态均衡一般有以下三种类型。

①构图中心法：在群体景物中，有意识地强调一个视线构图中心，而使其他部分均与其取得对应关系，从而在总体上取得均衡感。

②杠杆原理法：根据杠杆力矩原理，使不同体量或重量感的景物置于相对应的位置而取得平衡感。

③惯性心理法（运动平衡法）：人在劳动实践中形成了习惯性重心感，若重心产生偏移，则必然出现动势倾向，以求得新的均衡。如：一般认为右为主（重），左为辅（轻），故鲜花戴在左胸较为均衡；人右手提物，身体必向左倾，人向前跑手必向后摆。在三角形中容易取得平衡，因此可以运用三角形构图原理进行造景。

5. 对比律

对比是比较心理学的产物。对风景或艺术品之间存在的差异和矛盾加以组合利用，取得相互比较、相辅相成的呼应关系。

在园林造景艺术中，往往通过形式和内容的对比关系更加突出主体，更能表现景物的本质特征，产生强烈的艺术感染力。如：以小突出大，以丑显示美，以拙反衬巧，以粗显示细，以暗预示明等。

园林造景运用对比律有形体、线型、空间、数量、动静、主次、色彩、光影、虚实、质地、意境等对比手法。

另外，在具体应用中，还有不同的表现方法，如地与图的反衬，指背景对主景物的衬托对比。还有强烈对比和微差对比的区别，前者强调差异中的对比美，后者则追求协调中的差异美。

（1）适于用对比的场所

①园林入口

用对比手法可以突出入口形象。容易使游人识别，并给人以强烈的印象。

②突出别致的景物

园林中喷水池、雕塑、大型花坛、孤赏石等，运用对比可使其位置、形象和色彩突出。

③建筑物突出

对园林中的主体建筑物，可用对比手法标示建筑的特性。

④渲染情绪

风格十分淡雅的景区，在重要的景点前稍用对比手法，可使游人情绪为之一振。

（2）获得对比的方法

①水平与垂直对比。

水平与垂直是人们公认的一对方向对比因素。平静的水面与高耸的水杉可形成鲜明的对比。碑、塔、雕塑等垂直矗立，与地平线或台基面形成方向对比，以显示主体的突出。

②体形大小对比

在园林中利用这种相比的错觉，可以突出某一景物的形体。例如，一座雕像，本身并不太高，可通过基座以适当的比例加高，而且四周配置人工修剪的矮球形植物，在感觉上加高了雕塑。

③色彩明暗对比

园林中利用色彩的对比，可以达到明暗及冷暖的不同效果，色彩主要来自植物的叶色与花色及建筑物的色彩。为了烘托或突出暗色景物，常用明色、暖色的植物做背景，反之亦然。

植物与非植物之间也会产生对比色。如：秋高气爽之时在蔚蓝色天空下正是红色槭树类变色的季节，远望能使人感到明快而绚丽；绿色草坪与白色大理石雕塑、白色花架垂挂着开满红花的天竺葵等都是对比鲜明的组合。

④布局对比

园林建筑是人为的几何形体，山水风景则是自然形象。恰当地处理好两者的关系，在对比中求统一，便会产生特殊的艺术效果。如承德避暑山庄是位于自然山水中的大型宫苑，在山庄的正宫部分，建筑群采用了严格的对称布局，恰当地表现了皇家宫廷的特征。但这组建筑同一般宫殿相比，采用了较小的尺度与体量，简单的装饰与色彩（栗色）和自然山水的面貌比较和谐，同时其规整布局与正宫后面（岫云门北面）的山、水、桥、堤的自然形态形成对比，从正宫步入岫云门时，会产生豁然开朗、步入仙境的强烈感受

⑤开合对比

在园林中，空间的开合对比相当普遍，如苏州留园，从入口经过曲折的长廊，进入园内，通过开敞与封闭的空间变化，到达尽头的宽阔空间桃花坞，心胸顿觉开朗。

⑥疏密对比

我国传统的文、诗、画中，"疏如晨星，密若潭雨""疏可走马，密不透风""疏密相间，错落有致"等手法，均阐述了疏密对比的重要性，有了疏密对比，才会产生变化及节奏感。在园林中，这种疏密关系突出表现在景点的聚散及植物种植分布上，聚处则密，散

处则疏。不可均匀栽植，游人可在张弛中获得愉悦感。

6. 和谐律

在形式美的概念中，和谐是指各物体之间形成矛盾统一体。在园林中，和谐也就是在景观的差异中强调统一。

创造和谐可以利用人为的非生物性景物，如灯柱、坐椅等，也可以利用植物可变的体形、线条、色彩等。创造和谐的方法有以下三种：

（1）相似协调法

相似协调指形状基本相似的几何形体、建筑体、花坛、树木等，其大小及排列不同而产生的协调感。

（2）近似协调法

近似协调也称微差协调，指相互近似的景物重复出现或相互配合产生协调感。如：中国博古架的花格组合，建筑外形轮廓的微差变化等。这个差别无法量化表示，而是体现在人的感觉程度上。近似来源于相似，但又并非相同，设计师巧妙地将相似与近似搭配起来使用，从相似中求统一，从近似中求变化。

（3）局部与整体的协调

在园林中，局部景区景点与整体协调，某一景物各组成部分与整体协调。如某假山的局部用石及纹理必须服从总体用石及纹理走向。在民族风格建筑上使用现代建筑的顶瓦、栏杆、门窗装饰，就会感到不协调；在寺庙园林中若种雪松，安装铁花栏杆，设置现代照明灯具，也会觉得格格不入。

7. 比例

在人类的审美活动中，客观景象和人的心理经验形成合适的比例关系，使人得到美感，这就是合乎比例。比例出自数学，表示数量不同而比值相等的关系。世界公认的最佳数比关系是由古希腊毕达格拉斯学派创立的"黄金分割"比，即无论从数字、线段或面积上相互比较的两个因素，其比值近似 $1:0.618$。这是人类长期社会实践的产物。

8. 尺度

（1）单位尺度引进法

引用某些为人所熟悉的景物作为尺度标准，来确定群体景物的相互关系，从而得出合乎尺度规律的园林景观感受。

（2）人的习惯尺度法

以人体各部分尺寸及其活动习惯规律为准，确定风景空间及各景物的具体尺度关系。如：以一般民居环境作为自然尺度，那么大型工厂、机关建筑就应该用较大尺度处理，而教堂、纪念碑、凯旋门、宫殿等，就是夸大了的超人尺度。它们往往使人产生自身的渺小感和建筑物（景观）的超然、神圣、庄严之感。此外，为人的私密性活动而从自然尺度缩小，如：建筑物（群）中的小卧室、大剧院中的包厢、大草坪边的小绿化空间等，使人有安全、宁静和隐蔽感，这就是亲密空间尺度。

（3）景物与空间尺度法

一件雕塑在展室内显得气魄非凡，移到大草坪、广场中则顿感逊色，尺度不佳。一座假山在大水面边奇美无比，放到小庭园里则感到尺度过大，拥挤不堪。

（4）模度尺设计法

运用好的数比系列或被认为最美的图形，如圆形、正方形、矩形、三角形、正方内接三角形等作为基本模度，进行多种拼接组合、展开或缩小，从而在立面、平面或主体空间中，取得具有模度倍数的关系，如房屋、庭院等，这不仅能得到好的比例尺度效果，也给建筑施工带来方便。一般模度尺多取增加法和削减法。

总之，尺度既可以调节景物的相互关系，又可以给人造成错觉，从而产生特殊的艺术效果。

9. 节奏与韵律

园林景观的重复与近似、空间的变化都体现出节奏与韵律的特点。园林景观中的韵律设计实例很多。例如，人工修剪的绿篱，可以剪成连续的城垛形、波浪形；乔木与灌木有规律地搭配种植，产生体形、花色、高矮及季节变化；花坛形状的变化，花坛内植物的变化，图案的连续变化；花境内植物花期的时序变化，花色的块状交替变化，边缘曲折变化；不同树丛之间的连续变化；道路起伏、曲折的变化；喷泉弧线的变化，加上声、光配合；地形改造后形成丘陵起伏高低变化。

园林中的韵律设计有连续韵律、渐变韵律、突变韵律、交错韵律、旋转韵律和自由韵律。

10. 整体律

整体性是对所有艺术作品的共同要求。无论风景要素如何变更，其最终目的是要创造一个综合性的、完整的游憩空间。一般取得整体性可运用分隔与联系法、主次分明法、微差变化法、对位法等。其中对位法应用很广，有规则对位和不规则对位两类，前者又有直接对位与间接对位、边线对位与双边对位及比例对位等，后者有空间对位与视线对位。

（三）中国传统园林艺术创作原理

1. 造园之始，意在笔先

意，可视为意志、意念或意境。它强调在造园之前必要的创意构思、指导思想、造园意图，这种意图是根据园林的性质、定位而定的。皇家园林必以皇恩浩荡、皇权至高无上为主要意境；寺观园林当以超脱凡尘、普度众生为宗；私家园林有的想光宗耀祖，有的想拙政清野，有的想休闲超脱，而多数是崇尚自然，自得其乐。意境指情景交融、意念升华的艺术境界，表现了意因境存、境由意活的辩证关系。

2. 相地合宜，构园得体

园林建设，必考察现场地形、地势、地貌的实际情况，才能构园得体。《园冶》中认为"园地惟山林最胜"，而城市地则"必向幽偏可筑"，郊野择地应"依乎平冈曲坞，叠陇乔林"。就是园林应多用偏幽山林，平冈山窟，丘陵多树之地，少占农田好地，这也符合现代园林选址的方针。

3. 因地制宜，随势生机

通过相地，因地制宜，合理布局，中国《画论》中经营位置有"布局须先相势"，是要根据环境，因山就势，因高就低，随机应变，因地制宜地创造园林景观，即所谓"高方欲就亭台，低凹可开池沼；卜筑贵从水面，立基先究源头，疏源之去由，察水之来历"，这样才能达到"随势生机"的效果。

4. 巧于因借，丰富视野

园林是一个有限空间，但是中国园林善用因借手法，给有限的空间插上无限风光的翅膀。"因"者，是就地审势的意思；"借"者，是借助之意，所谓"晴峦耸秀，绀宇凌空，极目所至，俗则屏之，嘉则收之……"像北京颐和园远借玉泉山宝塔，无锡寄畅园仰借龙光塔，苏州拙政园远借北寺塔，南京玄武湖遥借钟山。坏景遮挡，好景收入，古典园林的内借外，山借云海，水借蓝天，东借朝阳，西借余晖，秋借红叶，冬借残雪。用现代语言说，就是汇集外围风景信息，扩大本园的景观视野，取得事半功倍的艺术效果。

5. 欲扬先抑，柳暗花明

一个包罗万象的园林空间，怎样向游人展示她的风采呢？东西方园林艺术各有不同。西方园林以开朗明快，宽阔通达，一目了然为其偏好；中国园林却以含蓄有致，曲径通幽，逐渐展示，引人入胜为特色，如"山重水复疑无路，柳暗花明又一村""欲露先藏，欲扬先抑"等。《桃花源记》中描绘了遇洞探幽，豁然开朗，偶入世外桃源的意境，给人无限向往。

6. 起结开合，步移景异

园林布局有起有结，有开有合，有放有收，有疏有密，有轻有重，有虚有实。创造不同大小的空间，通过人们在行进中的视点、视线、视距、视野、视角等反复变化，产生审美心理的变迁。园林是一个流动的游赏空间，善于在流动中造景，达到步移景异、渐入佳境的效果。

7. 小中见大，咫尺山林

小中见大，是调动内景诸要素之间的关系，通过对比、反衬，造成错觉和联想，扩大空间感，形成咫尺山林的效果。这种手法多用于较小的园林空间。对比手法，以小寓大，以少胜多。模拟与缩写是主要手法之一，堆土为山，叠石为峰，凿池为海，垒土为岛，都是模拟自然，使人有虽在小天地、置身大自然的感受。

8. 虽由人作，宛自天开

外国人称中国造园为"巧夺天工"。这是来自中国人的天人合一思想，顺天然之理，应自然之规，遵循客观规律，符合自然秩序，撷取自然景观之精华，虽为人工造景，却仿若天成。

9. 文景相依，诗情画意

中国园林艺术之所以流传古今中外，经久不衰，一是师法自然的造园手法，二是人文意味浓厚的诗画文学。文因景成，景借文传，人文景观与自然景观有机结合。

中国园林的诗情画意集中表现在它的题名、楹联上。北京颐和园表示颐养太和之意。表现景点特征的如承德避暑山庄康熙题三十六景和乾隆题三十六景景名，四字的有烟波致爽、水芳岩秀、万壑松风、锤峰落照、南山积雪、梨花伴月、濠濮间想、水流云在、风泉清听、青枫绿屿等；三字的有烟雨楼、文津阁、山近轩、水心榭、观莲所、松鹤斋、一片云、苹香沂、沧浪屿、如意湖、万树园、驯鹿坡、翠云岩、畅远台等。杭州西湖更有苏堤春晓、曲院风荷、平湖秋月、三潭印月、柳浪闻莺、花港观鱼、南屏晚钟、断桥残雪、雷峰夕照等景名。引用古诗词题名的，更富有情趣，如：苏州拙政园的与谁同坐轩，取自苏轼词"与谁同坐？明月、清风、我"。利用对联点题的更是不胜枚举。登上泰山南天门，举目可见"门辟九霄仰步三天胜迹，阶崇万级俯临千嶂奇观"，给人疲惫顿消、灵气升天之感。松风阁取自王维的"松风吹解带，山月照弹琴"。春景的景名有杏坞春深、长堤春柳、海棠春坞等，夏景有曲院风荷、听蝉谷、消夏湾（太湖）、听雨轩、梧竹幽居、留听阁、远香堂（拙政园）等，秋景有金岗秋满（苏州退思园）、扫叶山房（南京清凉山）、闻木樨香轩（留园）、秋爽斋、写秋轩等，冬景有风寒居、三友轩、南山积雪、踏雪寻梅等。

10. 胸有丘壑，统筹全局

中国园林是移天缩地的过程，而不是造园诸要素的随意堆砌。园林要有完整的空间布局。《园冶》中说："约十亩之基，须开池者三，曲折有情，疏源正可；余七分之地，为全土者四，高卑无论，栽竹相宜。"这是对园地山水布局的明显实例，大处着眼摆布，小处着手理微，用统一风格和意境序列贯穿全园，从而达到统筹全局的效果。

第三节　环境心理学原理

一、环境心理学的发展

（一）格式塔知觉理论

格式塔心理学（格式塔为音译词，德文 gestalt，译为"形式"或"形状"，是指"能动的整体"）由德国心理学家韦特海默等人首创，他们认为，人的大脑中生来就有一套心理规律，提出整体大于局部之和的原则。格式塔心理学的理论核心是整体决定部分的性质，部分依从于整体。

知觉是格式塔心理学理论的核心内容，其最大特点在于强调主体的知觉具有主动性和组织性，并总是用尽可能简单的方式从整体上去认识外界事物，提出了许多知觉的组织原则，可以概括为以下八条。

1. 图形与背景的关系原则

良好的背景可以突出图形形态的整体性。

2. 接近或邻近原则

某些距离较短或互相接近的部分，容易组成整体。

3. 相似原则

刺激物的形状、大小、颜色、强度等物理属性比较相似时，这些刺激物就容易被组织起来而构成一个整体。

4. 封闭原则

封闭原则有时也称闭合原则。有些图形是一个没有闭合的残缺的图形，但主体有一种使其闭合的倾向，即主体能自行填补缺口而将其知觉为一个整体。

5. 好图形的原则

主体在知觉很多图形时，会尽可能地将一个图形看作是一个好图形。好图形的标准是匀称、简单而稳定。

6. 共方向原则

共方向原则也称共同命运原则。如果一个对象中的一部分都向共同的方向运动，那么这些共同移动的部分就易被感知为一个整体。

7. 简单性原则

人们对一个复杂对象进行知觉时，常倾向于将对象看作是有组织的简单的规则图形。

8. 连续性原则

如果一个图形的某些部分可以被看作是连接在一起的，那么这些部分就相对容易被知觉为一个整体。

（二）生态知觉理论

生态知觉理论强调有机体对环境的适应，即生物本能地寻找最大限度生存的机会。该理论包括以下两个基本观点：①认为人类天生能够知觉环境中对其有功能价值的方面；②知觉中学习和经验的重要结果是关于周围环境的假设的发展，这种假设有时会导致误会知觉或错觉。

二、环境构成

广义地说，环境是我们周围一切事物的总和，其内容和构成是复杂的。

（一）构成空间大小

按构成空间大小来分，环境可分为微观环境、中观环境和宏观环境。

微观环境是指室内环境；中观环境是指一栋建筑乃至一个小区的空间；宏观环境是指小区以上，乃至一个乡镇、一座城市、一个区域，甚至是全国、整个地球的无限广阔的空间。它包括在此范围内的人口系统和动植物体系，自然的山河、湖泊和土地植被，人工的建筑群落、交通网络，以及为人类服务的一切环境设施。

此分类可以同相关专业结合起来。微观环境设计即室内设计和装修；中观环境设计即建筑设计和城市园林设计；宏观环境设计即小区规划、乡镇规划、区域规划、风景区和自然保护区规划等，以及在此范围内的生态环境的综合治理等。

（二）构成因素

按构成因素来分，环境包括空气、阳光、水体、矿物、植物、动物、微生物和人类等，进一步分为物理环境、化学环境、生物环境和社会环境。

（三）构成性质

按构成性质来分，环境包括自然环境、生物环境、人工环境和社会环境。建筑环境与园林环境是人工环境的一部分，同时与其他环境产生交互作用。

三、环境与行为

（一）环境行为

人和环境交互作用所引起的心理活动，其外在表现和空间状态推移称为环境行为。

行为是多样的，不同环境的刺激作用，人类自身不同的需求，社会不同因素的影响，所表现出的环境行为是各不相同的。

原始人为躲避风雨等的自然侵害而寻找栖身的巢穴，这是最原始的居住行为。进入文明社会，对居住场所有了明确分工：为满足餐饮行为，设置了厨房和餐厅；为满足人际交往需求，表现出接待行为，设置了起居室；为满足休息行为，设置了休息室和卧室；为满足卫生行为，设置了卫生间和盥洗室；为满足休闲行为，便出现了风景园林的特定环境与设施。

无论是风景园林还是建筑、室内设计，一定要尊重使用者的需求，不能超越客观的自然环境和社会经济的可能性。

（二）环境行为特征

1. 客观环境

行为的发生，必须具备特定的客观环境。客观环境（包括自然环境、生物环境和社会环境）对人的作用，产生了各种行为表现，作用的结果是要人类去创造一个适合自身需要的新的客观环境。

2. 自我需要

环境行为是人类的自我需要。人是环境中的人，不同年龄、文化水平、道德观念、修养等的人，对环境的需要是不一样的。这种需要随着时间和空间的改变而变化，并且永远不会停留在一个水平上。因此，人的需要是无限的，这种无限的需要推动了环境的改变、社会的发展及建设行为活动的深入和继续。

3. 环境制约

环境行为是受客观环境制约的。人类的需要不可能也不应该无限增长或做随意改变，它是受各方面条件制约的。如人们希望有一所大而舒适的住宅，然而由于人多地少、经济和物质技术条件不能满足，于是就产生了社会干预，各种政策和法规也限制了个体的需要。

（三）人的行为习性心理

在长期生活和社会发展中，由于人和环境的交互作用，人类逐渐形成了许多适应环境的本能，这就是人的行为习性心理。

1. 抄近路

当人们清楚知道目的地的位置时，或是有目的地移动时，总是有选择最短路程的倾向，常因穿行造成草地被践踏。

2. 识途性

识途性是动物的习性。动物感到危险时，会循原路折回，人类也有这种本能。当人们不熟悉路径时，会摸索着到达目的地，而返回时，为了安全又循原路返回。火灾现场情况表明，许多遇难者就倒在进楼的电梯口。这就告知设计师，要利用人的识途性本能，在入口处标明疏散口的方向和位置。

3. 右侧通行

在没有汽车干扰的道路和步行道、中心广场及室内，当人群密度达到 0.3 人/m² 以上时会发现，行人会自然而然地右侧通行。这种行为习性对商场的商品陈列、展厅的展品布置等有很大的参考价值。

4. 左转弯

在公园、游乐场、展览会场，会发现观众的行动轨迹有左转弯的习性。如：棒球垒的回转方向、体育比赛跑道的回转方向，以及速度滑冰等，在运动中，几乎都是左回转。这种现象对室内楼梯位置和疏散口的设置及园林道路布置等均有指导意义。

5. 从众习性

从众习性是动物的追随本能，俗话说"领头羊"，人类有"随大溜"的习性，这种习性对室内安全设计有很大影响。如果发生灾害或异常情况，如何使首先发现者保持冷静的方向感是很重要的。由于人类还有旋光性和躲避危险的本能，故可采用闪烁安全照明指示疏散口，或用声音通知在场人员安全疏散。

6. 聚集效应

当人群密度超过 1.2 人/m² 时，会发现步行速度有明显下降的趋势。当空间的人群密度分布不均时，则会出现滞留现象。这种现象称为聚集效应。

室内商品的陈列不宜太分散，顾客活动空间不宜太大，要造成"人挤人"的现象。

7. 不走回头路

游览者一般具有顺序前行的习惯。多数人希望有进有出，不走回头老路，以保持游览的新鲜感，所谓"好马不吃回头草"就是这种心理的生动表达，因此园林游览线最好为环形路网。

8. 窥探心理

观察别人而不被人观察。

9. 边缘效应

人在草地或大餐厅内，总习惯靠边缘就座，故园林草坪的座凳应设置在边缘树下。

10. 登高远眺

游人多有登高远眺的习惯，所谓站得高看得远，一览众山小。

11. 动与静

儿童、青少年喜动态空间，中老年及恋人喜欢幽静环境。

12. 移情山水

人类天生喜欢山水，故园林应努力从事山水保护或再现。

（四）人的行为模式

1. 行为模式化依据

人的行为模式就是将人在环境中的行为特性进行总结和概括，将其规律模式化，从而为建筑创作和环境设计及其评价提供理论依据和方法。

2. 行为模式的分类

由于模式化的目的、方法和内容不同，人的行为模式也各不相同。

（1）按目的性分类

空间中的行为模式，按其目的性，有再现模式、计划模式和预测模式。

再现模式：通过观察分析，尽可能忠实地描绘和再现人在空间中的行为。这种模式主要用于研究人在空间环境中的状态。

比如，观察分析人在餐厅中的就餐行为，忠实地记录顾客的分布情况和行动轨迹，就可看出餐厅里的餐桌布置、通道大小、出入口位置等是否合理。

计划模式：根据确定计划的方向和条件，将人在空间环境中可能出现的行为状态表现出来。这种模式主要用于分析将建成的环境的可行性、合理性等。

预测模式：将预测实施的空间状态表现出来，分析人在该环境中的行为表现。这种行为模式主要用于分析空间环境利用的可行性。我们从事的可行性方案设计，主要就是这种模式。

（2）按表现方法分类

行为模式按表现方法分为数学模式、模拟模式和语言模式。

数学模式：利用数学理论和方法来表示行为与其他因素的关系。这种模式主要用于科研工作。

模拟模式：利用电子计算机语言再现人和空间之间的实际现象。在建筑设计中，模拟既可对人的行为进行分析，也可对设计方案进行评价。

语言模式：用语言来记述环境行为中的心理活动和人对客观环境的反应，即心理学问卷法。例如，确定 54 个与居住质量有关的问题，制成心理学测试表，分发给近 1000 户居民，请居民根据自身的体会，回答有关问题，然后对问卷回答情况进行数量统计和数据处理，得出相关因子和评价值。同样的方法也可用于风景园林满意度调查。

（3）按内容分类

行为模式按内容分类，有秩序模式、流动模式和分布模式。

四、环境心理学在风景园林规划设计中的应用

在风景园林规划设计中，根据人的行为规律，满足人类在心理和生理上的需求，同时又要与大自然保持和谐融洽的关系。

研究行为心理是寻求人在某种特定环境中的心理需求规律，从而找到正确的规划设计方法以满足这种需求。现代规划设计提倡以人为本，而中国古代哲学思想重视天人合一，二者的结合构成了合理的环境心理规律。

人们对风景园林环境的心理需求，表现在目的、到达、活动、返回的过程中。人们的目的性，决定了出游去向，如休闲度假、康体运动、回归自然、购物餐饮、探索知识、寻求历史等。因此，设置多种性质的旅游目的地就是规划设计中的首要任务。在到达过程中，人们的需求是方便、快捷、舒适，因此，设置便捷的交通道路系统就必不可少。

在游览活动中，人们共性的心理需求是环境优美、空气新鲜、鸟语花香、人身安全、亲身体验、探险求秘、欣赏植被、寻求刺激、学习知识等。因此，保护自然与人文资源，设置多样性活动内容就是核心问题。

在活动过程中，人们的需要又是多种多样的，如需要夏荫冬阳、老人练功、儿童游戏、方便生活、便于私密活动、有利景观欣赏、安全保障等。因此，合理的景观布局和序列安排，恰当的绿化种植，酌情划分大小空间，注意留出视景线等，就是必须考虑的问题。

在风景园林领域，环境心理学不应该是唯人本主义的，而应该是符合自然发展规律的。风景园林师的任务不只是一味地满足人类的心理需求，而应该为人与自然的和谐发展找到结合的办法。人的行为心理因素是风景园林规划设计的重要依据。

园林规划设计组成要素

人们常将园林及绿地中的花草、树木和建筑、山水等称为园林绿地的组成要素。不少书籍常把诸多的要素归纳为四类，即山石、水体、植物和建筑，但如今因园林自身的发展及学科分类的细化，致使园林要素也被分划得更细。

第一节　地形地貌与山体峰石

一、地形地貌

（一）地形地貌的形成

地形、地貌是在特定的地质基础与新构造运动等内力因素和复杂多变的气候、水文、生物等外力因素共同作用下形成并发展的，在我国地貌轮廓主要呈现出西高东低三级阶梯状下降；地形变化丰富，山区面积广大；山脉纵横，呈定向排列并交织成网格状；东南沿海地势低平，江河密布、湖泊星罗。

（二）地形地貌的空间构成

公园绿地中的"空间"是指"宇宙中物质实体之外的部分"，"是物质存在的一种客观形式，由长度、宽度、高度表现出来"。

地形与地貌其实只有凸和凹两大类。山体、岛屿向上凸起，构成外向性空间；盆地、湖泊向下凹陷，形成内向性空间。由于地质运动和自然的侵蚀，这种凸、凹有了丰富的组合，同样是高耸的山体会有峰、峦之分；凹陷地形会有沟、谷之别。正因为这种不同的存在，使得大自然变得丰富多彩。公园、绿地建设在很大程度上就是利用人们熟悉的各种地形塑造出需要的景致。

（三）地形地貌的心理特征

人类在与自然的长期接触中，感知着不同地形地貌对自己的影响，并将自己的感情投射到自然之中。在长期沉淀后，这种情感便成为一种潜意识，此类记忆会在今后遇到类似地形地貌时被勾起。公园绿地所探讨的地形地貌，不仅是了解自然地形形成的一般规律，更重要的是探讨这些形象所能引起的情感特征。

高耸峰峦的外向性能给人以四向周览的空间，登临其上，即有"会当凌绝顶，一览众山小"的感觉。低凹盆地、山坞的内聚型空间会给人隔离感、安全感及受保护感。山岭、长岗既有类似于峰峦的高耸特征，又因其在长度上产生一种方向感，景致和观景都会随其自身的高低变化变得丰富。狭长的山谷、冲沟通常因地质结构而形成曲折，虽然也属内向性空间，却多了几分神秘感和期待感。

（四）公园、绿地中的地形塑造

1. 围合

自然界中很多山谷、河谷、平原四周（或两个方向、三个方向）有山地相围，里面常有自然村庄，人们在此会感受到宁静；在内凹的一处港湾，也会使人感到安全。这些自然地理形式包围的空间就是广义的围合。

公园中，也常将地形处理成沉床、花坛、土堤，利用其形状、大小、远近、高低、起伏等的塑造来形成不同的空间效果。

（1）不同材料的围合所产生的效果

在地形塑造中土、石、水泥都是常用材料，但石头和混凝土坚硬、冰冷的质感会造成心理的压迫感和恐怖感，而利用泥土本身具有的柔和、凝重质感及人们对它的亲近性，则能创造出具有亲切感的气氛。

（2）不同体量的围合所产生的效果

使用怎样的材料须依据所希望的场景效果来确定，且在形态、大小、围合方式的变化中体现出形形色色的空间特性。

（3）在人工围合物内受压抑感的程度

围合有时会让人感到压抑，由于轮廓造型、表面形态的不同，在不同围合之中的感受也会不同。假山创作中常见全面围合或采用覆盖物，覆盖材料不同会带来不同效果。用围合的形式创造空间，一定要考虑其表面质感，因为表面状态常常可以影响场地的气氛。

2. 斜面和坡度

人行走于带有坡度的斜面，容易觉得费力或产生危险感。然而，自然界存在大量倾斜地形，且有时为增添某种气氛与效果，也需要在地形塑造时设置斜面。斜面使景致变得多样，能让游人的活动因紧张、惊险而发生变化，从而带来活泼、多样的情趣。

3. 自然地形的利用

公园、绿地的基地中，会有一部分未必适宜于园林地形（景物），但绝大多数可充分利用，优秀的设计师往往可以理解原地形，分析其特征并最大限度地利用，将其特色予以强化。

规划、设计之前需要深入了解地块区域中的结构、形式及特点，通过改变地形提升景观品质、带来特色，但也要避免破坏环境。所以，与环境相协调，符合自然地形地貌特征的处理，才能获得事半功倍的效果。

比如，在地形起伏变化较大的丘陵地带，若利用不合理，不仅会破坏原有的地形，而且还会增加不必要的工程量。较为合理的方法是将具有起伏变化的地形细分为一段段的阶梯与斜面，阶梯主要用于获得平坦地、安排建筑或游人活动，处理时要将水平高差集中在法面与垂壁之间，但这种方法具有强烈的人工痕迹，还有雨水排放、台地滑坡、坍方等问题；斜面主要用于营造特殊的游憩效果，构成富于变幻的空间，但也要尽量控制为缓坡，以保证其安全性，还要注意造价提高等问题。目前，丘陵地带主要是以阶梯形的地形处理为主。

二、山体峰石

（一）假山类型

1. 以构成材料分

传统假山主要以土、石为材料予以堆叠构筑，故可以分为土山、石山及土石混合假山。

用园内开挖的土方来堆置土山既平衡了营建土方、节省了清运费用，又使山形浑朴，具有山林野趣。考虑到土壤安息角的问题，纯用泥土堆筑的假山往往占地较大，山坡平缓，山势起伏变化较小。

石山一般以特定的石料予以堆叠，用以塑造自然山岭中悬崖、深壑、挑梁、绝壁等特殊景观。石山可预埋结构铁件、使用黏结材料，故可不考虑安息角问题，即使山体占地不大，亦能达到较大的高度，表现多变的景观。石山不宜多植树木，但可预留种植坑予以穴植。因石材取用较泥土不易，费用较高，为节省投资，宜就地取材。不同的石材须用不同的方法堆叠，同一石材也要注意石纹、石理。

土石混合的假山主要是指以土为主体的基本结构，表面再加峰石点缀假山。其占地也较大，局部施用山石，可营造景致，并起到挡土作用，若设计合理，其占地还能适当缩减。土石假山依石材的用量和比例又被分为以石为主或以土为主的假山，其景观特点也会有所差异。需要注意的是，山体上下的石材需要呼应联系。此类假山中拥有大量的泥土，降低了造价，且便于种植构景，故现在造园中常常应用。

现代公园绿地中，水泥假山等也开始普遍使用，其特点与石山、土石山基本相似。

2. 以游览方式分

游览方式主要指纯观赏的假山和可登临的假山。

纯观赏的假山是以山体来丰富地形景观，常见于过去面积有限的园林，因其仅供远观，不可攀登，常被称作"卧游"式园林。现代面积较大的公园、绿地，多用此类假山分隔空间，以形成一些相对独立的场地；也可用蜿蜒相连的山体联系、分隔景观；在园路及交叉处堆筑小型观赏性山石还可以防止游人任意穿行绿地，起组织观赏视线和导游的作用。

为满足人们登山远眺的需求，假山的体量一般都不能太小、太低。山体高度一般应高出平地乔木浓密的树冠线，至少应在 10~30 m。若山体与大片的平地或水面相连，且高大乔木不多，其高度可适当降低。同时，山体应具有满足游览、远眺、休憩设施配置的体量和与之适应的造型。

山上建筑的体量与造型应与山体相协调，与山岭风景融为一体。建筑建于不同位置能形成不同的景色。休息建筑宜朝南向阳。山顶是游人登临的终点，应着意布置，一般不宜将建筑设在最高点。山体之上的建筑，都须符合景观与观景的要求，与山体相得益彰。

（二）石山构成

1. 山石旨趣

我国的传统园林堆山叠石历史悠久，原因在于山石能塑造地形地貌，提高景观品质，获得意象中的自然之趣；同时，改变人的视点，满足其观景需求；而其本身的姿态也极具吸引力，可让人获得美的享受。

簛土叠石成山和点石成景的构景处理手法，可造成景物空间的绝妙意境，在有限的空间中表现出名山大川的景观效果。

2. 师法自然

我国传统园林的山石属抽象山水，但这种抽象其实是来自对天然山水本质的深刻理解，所谓"师法自然"。汉语中诸多与山体相关的文字就说明了这一点。

峰：山头高而尖者称为峰，给人高峻感。

岭：为连绵不断的山脉形成的山头。

峦：山头圆浑者称为峦。

悬崖：山陡崖石凸出或山头悬于山脚以外，给人险奇之感。

峭壁：山体峭立如壁，陡峭挺拔。

岫：不通而浅的山穴称岫，亦作山之别称。

洞：有浅有深，深者宛转上下，穿通山腹。

谷、壑：两山之间的低处。狭者称谷，广者称壑。

阜：起伏不大，坡度平缓的小土山。

麓：山脚部。

…………

3. 石山堆叠

山石堆叠属于艺术造型，要巧夺天工。叠石关键在于根据石性——石块的阴阳向背、纹理脉络、石形石质，使叠石形态优美生动，堆山叠石以塑造景观，主要是为了满足游人的审美要求，但也应注意其使用与安全。在处理人景关系上，要以人的行为活动为主，既要创造舒适、安闲、有景可赏的条件，又要力求景物坚固耐久、安全，尽可能避免安全隐患，以体现构景于人、安全可靠的原则。

（三）峰石配置

1. 特置

特置是以姿态秀丽的奇峰异石，作为单独欣赏而设置，可设或不设基座，可孤置也可成组布置。如：苏州的冠云峰、岫云峰，上海豫园的玉玲珑，北京颐和园的青芝岫，北京大学的青莲朵，中山公园的青云片等。

2. 散置

散置是将山石零星布置，有散有聚，有立有卧，或大或小。但要避免零乱散漫或整齐划一，须若断若续，相互连贯。在土山上散点山石，用少量石料就可仿效天然山体的神态。

3. 群置

群置是以六七块或更多山石成群布置，石块大小不等，体形各异，布置时疏密有致，前后错落，左右呼应，高低不一，形成生动自然的石景。

（四）人造石山

1. 塑石

塑石是将水泥浆涂抹于砖墙或骨架上，以雕塑技巧再现自然山石的风韵。这种处理方法始见于闽南园林，之后开始在其他地方流行。如今常被加用于一些塑山之中。

2. 玻璃纤维人造石

用天然假山峰石翻做模具，以玻璃纤维缠绕包裹，并用高分子树脂作为黏结材料，由此形成相应的假石面。由于形状和颜色可根据人们的要求予以控制，产品可批量生产，且重量轻，易搬运，而被广泛运用。

3. GRC假山

这是一种高强薄壳体，用自然的石体做模子，形成仿真山石的表面，在定制的框架上用于掇山或置石。这种假山可以结合周围环境进行布置，在造型上强调大的趋势，细部范围内体现纹理质感，可以假乱真。

第二节　池泉溪流与花木植被

一、池泉溪流

（一）水的自然形态

1. 水的自然类型

自然界水的形态有：泉、池、溪、涧、潭、河、湖、海等。

若按物理形态，则依温度变化有：液态、固态和气态的水。雪、冰等固态水意味着季节的变化，可供人滑雪溜冰，亦会吸引探险者。气态水会形成云雾、彩虹等景观，蔚为壮观。液态水虽常见，却依然会给人不同的感觉。如：微波粼粼带给人的恬静感，细流涓涓带给人的跳跃感，江水湍急带给人的奔腾感等。

2. 水的物理特性

水具有连续、可渗透的特性。可利用不同地形形成丰富多彩的水体，亦可滴水穿石雕凿成千奇百怪的石形。

水无色无臭，却能反映周围的色彩，使自身呈现不同的颜色。

在园林中水还有点色与破色的作用，若处阳光下，则深邃如明睛；若处黑暗中，则深沉而含蓄。建筑庭园中不同的水体可将空间色调打破，给人以既对比又统一的感觉。

此外，水还有独特的光影和声响作用。

光线反射于水体，并随之闪动变化，增添景物的飘逸之感。水中倒影随微波摇曳而浮动，物影成双，或隐或现，生动有趣。

水激岩壁、顽石、深潭，会产生不同的声响，或幽静，或磅礴，或悦耳。山林中的竹筒引水、日本寺院的洗手钵、意大利台地园的叠泉等如今都被引用于造园之中，使园林用水变得更加丰富多彩。

3. 水的空间形态

水的空间形态大致有以下四种：

静止的水：作为流体，静止的水须承受四周和底部的压力。

流动的水：如果静止水的一面支承压力消失，或另一面受力增强，则水会因受力不平衡而向一侧流动。

下落的水：静止的水底部支承消失，在重力作用下垂直下落，若还有一面失去支承或另一面受力增强，则会沿抛物线轨迹下落。

上喷的水：水向上喷涌与"水向低处流"的自然规律相悖，原因是下部受力。

（二）水与人的关系

1. 现代人对水的要求

现代人对水体有洁净、生态的要求，所以许多城市著名的污染水体，如：伦敦的泰晤士河、上海的苏州河等也开始投入巨资进行治理。当然，要使其恢复原貌，还需大量的资金和漫长的时间。

此外，人的亲水性也使其对水体有了游憩的需求，常希望扩大与水相关的运动、休闲，因而水体中可开展的活动越来越多。

而利用水的自然特性，通过现代声、光、电技术来开发水体的观赏性内容也逐渐成了当今景观建设的趋势。

2. 水体的运用与组织

公园、绿地中的水景能使景色更为生动活泼，形成开朗的空间和透景线。园地中大面积的水体往往是城市河湖水系的一部分，有生态环境及灌溉消防等作用，甚至可用于养殖，带来经济效益。而公园、绿地，则是组织开展水上活动的重要场所。

水体开挖须结合原有的河、湖、低洼、沼泽，以减少工程量。新规划的水体要考虑地质条件，下面要有黏土等不透水层。此外，还要求水源的水质清洁并保证有来水冲刷。

水源的种类主要有：河湖的地表水、天然涌出的泉水、地下水、城市自来水等。但人工水源费用较大，泵取地下水可能导致地面下沉，故不提倡使用。

园林中的水体规划分自然式和规则式两类：天然的或模仿天然形状的水体属于自然式，其多随地形变化；几何形的水体属于规则式，常与雕塑、山石、花坛等共同组成园景。

按使用功能则小型水体适宜于构景，大的水面可提供活动场所。作为活动场所的水面，要有适当的水深和清洁的水质，坡岸要和缓，最好在岸边铺设一定宽度的沙土带。同时还应满足观赏需求。

（三）水体在造园中的运用

1. 水景的基本形态设计

静水、落水、流水和喷水是水能形成的四种基本形态，其选用和设计都要结合环境。

静水：在自然界中，池、沼、湖泊等皆可归为静水，静水主要因地形而存在，并随地形改变轮廓外形。

园林中常称大面积水体为"海"或"湖"，取其开阔之意。但为避免其单调，园林中常将大型水体予以分隔处理，以形成数片趣味不同的空间，从而增加景物的变化以产生曲折深远之感。水面分隔时，山水、建筑、道路、植物等形成的空间须相互联系，以便使景致在变化中获得统一，在统一中有所变化。广阔的水面需要有曲折、变化的岸线处理，四周如有大体量的山峦、高塔、楼阁，则会形成变化丰富的天际轮廓线，也通过倒影增加虚实明暗对比。

中小型园林中的聚型水体称"池"、称"塘"，前者为自然型的水池；后者为规则型的水池。池塘若稍大可用岛、桥予以空间分隔，山石、建筑在周边缘池布置。池水较深的称之为"潭"，一般都非人工开凿，周围也大多会保留自然的岩、崖。

井泉的人工痕迹极强且常伴有许多故事传说，极富文化性。而井泉水质甘冽也可成为一景，故常依托井泉，修建廊、亭、小品等供人休憩、品茗。

落水：瀑布与常见的流水具有不同的方向和流速，且会因其周边地形与落水水量的不同呈现出线瀑、叠瀑、布瀑等不同的形式。落水也是造园及建筑设计中常用的。这是因为它们能给人强烈的视觉及听觉冲击。落水要有相当的高度、宽度及一定的进深，才能达到组景的效果。

园林常用的瀑布有挂瀑、帘瀑、叠瀑、飞瀑等，尺度较自然瀑布会小很多，故应在界面处理、水口宽度、跌落形态等方面找到与自然界相仿的旨趣。

流水：自然界的江、河、溪、涧都属流水，流水的形态因基面、断面、宽度、落差及水岸形状、构造等因素的不同而发生变化。作为造园的题材，流水应体现活力、动感。

园林中的流水常常被处理成溪、涧的形式。有条件者还可将其设于假山之中，并通过弯曲分合，构成大小不同的水面与宽窄各异的水流。竖向要随地形变化处理成跌水和瀑布，落水处则可设计成幽谷深潭。

若隐现、收敛、开合等处理得当，就能构成有深度、有情趣的水体空间。方式有藏源、引流、集散。藏源，就是把水流的源头隐蔽起来，以引发循流溯源的意境联想；引流，就是引导水体在景域空间中逐步展开，引导水流曲折迂回，得水景深远的情趣；集散，是指水面恰当的开合处理，既要展现水体的主景空间，又要引申水体的高远深度。

用这些手法，可达到"笔断意连"的效果。同时，可用流水组织空间流线、沟通不同的景域或空间。

喷水：在园林的线型空间交叉点或视线的焦点上设置喷泉突显焦点，喷泉形态各异，景观效果不同，但都是利用水的动感来吸引游人，给园林带来生动、新奇的特色，增添现代艺术感。

园林的喷泉通常都是人工的。人工泉要有进水管、出水口、受水泉池和泻水溪流或泻水管等。涌泉大多为天然泉水，常能自成景点。壁泉也可设置成向上喷涌型的，常与人工整形泉池、雕塑、彩灯等相结合，用自来水或水泵供水。

喷泉的水柱形式主要由喷头决定，有单喷头、多喷头、动植物雕塑喷水等。

2. 水与其他因子的组合

（1）水岸

水岸形貌影响水体形态，水岸造型决定水体景观。岸线类型可分为自然型和人工型两种。

自然岸线主要由水流冲刷和土石侵蚀而形成。沙土水岸常呈现缓坡的形态，岩石侵蚀多造成多变的形态，园林的自然型水岸处理通常取材于江河湖海中符合审美特征的岸线。

大型园林可选用缓坡土岸。当岸坡角度小于土壤安息角时，可利用土壤的自然坡度，并通过种植植物来防止冲刷、保护坡岸。小型园林可选用叠石岸。为使叠石岸更坚固，传统做法是在水下用梅花桩，其上铺大块扁平石料或条石作为上层叠石的基础。现多在水下用砖、石或钢筋混凝土砌筑整形基础，其上再进行山石堆叠。叠石岸通过于凹凸处设石矶挑出岸边、留洞穴引水、于石缝间植藤蔓等方式，增加人与水岸的联系。多样的坡岸形式可打破单调同一，也可设置临水建筑和其他景物来丰富岸线的变化。

人工岸线平直、整齐，但除规整型园林之外，通常不建议使用人工岸线。

园林一般不宜有较长的直线岸线，缘岸的路面不宜离常年平均水位的水面太高，并注意最高水位时不致满溢，最低水位时不感枯竭。缓坡水岸有利于适应水位高低变化。岸边若能植栽枝条柔软的树木和枝条低垂的灌木，会使水岸更加美观。

（2）堤

筑堤是将较大水面分隔成不同特色空间的常用手段，园林中直堤较多，为避免单调，堤不宜过长，在水体中的位置不宜居中，堤间常设置桥梁、水闸或跌水景观。用堤划分空间，须在堤上植树，以增加分隔的效果。路旁可设置廊、亭、花、架、凳、椅等设施。堤岸有用缓坡的或石砌的驳岸，堤身不宜过高，以便游人接近水面。

（3）岛

岛亦可在园林中划分水面空间，并以其形态和体量增加景观层次，打破水面的单调。岛在水中，可远眺对岸的风景，亦可成为四周远眺的主景中心，若有一定的高度，则能提高观览的视点。岛屿还能增加园林活动的内容。岛屿的类型又可以分为以下五种：

山岛：山岛是为水淹没的山岭峰峦。以土为主堆筑的山岛抬升和缓，高度和体量往往受限，但山上可以广种植被，环境优美。用石堆叠的岛屿一般可处理出高巘、险峻之貌，但应以小巧为宜。山岛上可在最高点稍下的东南坡面上布置不大的建筑。

平岛：平岛其实是自然界的洲渚。园林中取法洲渚堆筑平岛，岸线圆润曲折而不重复，水陆之间过渡和缓，岛屿的大小、形状随水位涨落变化。岛上多布置临水建筑。水边可配置耐湿喜水的植物。较大的平岛若能以乡野风貌吸引鸟禽，则更增生动趣味。

半岛：半岛是深入水体的陆地，三面临水。

岛群：大型水面有时可以布置多座岛屿，使之成为岛群，其分布须考虑聚散与变化。

礁：在水中散置点石可以形成海中礁岩的风貌，较适宜于面积不大的园池。

岛的布置忌居中、整形，岛群设置须视水面大小及造景要求而定，数量不宜过多。岛的形状不能雷同，大小应与水面大小成适当比例，一般宁小勿大。岛上可建亭、立石、种树。大岛可安排建筑组群，叠山和开池引水，以丰富岛的景观。

（4）桥

小型园池或在水池相对狭窄处常用桥或汀步分隔水面并联系两岸。水面分隔不宜平均，大水面须保持完整。曲桥可增加桥的变化和景观的对位关系，其转折处应有对景。有船只通行的水道上，应用拱桥，桥洞一般为单数，拱桥多为半圆形，常水位时水平面位于圆心处。观景视点较好的桥上，须留出一定面积供游人逗留观览。考虑到水面构景及空间组织的需要，可使用廊桥。延长廊桥的长度，可形成半封闭、半通透的水面空间。

（5）水旁建筑

水体周围通常会布置建筑作为主景，同时供游人观赏水景、亲近水体。

（6）水生植物

公园绿地配植水生植物，要了解其生长规律，并按照其景观要求处理。用缸、砖石砌成的箱等沉于水底，供植物根系在内生长。不同植物对水深要求不同，在挖掘水池时，即应在水底预留适于水生植物生长深度的部分土底，土壤要为富于腐殖质的黏土。在地下水位高时，也可在水底打深井，利用地下水保持水质的清洁，供鱼类过冬。

（7）中水道

由于水资源有限，在兴建公园、绿地、营造大规模水景时需要考虑中水污水再生利用来汇聚更大水源，以保证水量。

将生活废水经过相应的处理后用于浇灌、注入池塘、溪流等公园水景的循环系统称为"中水道"，中水利用目前已经开始在一些公园绿地中运用，其推广的前景应该相当可观。

二、花木植被

（一）园林植物的分类

1. 乔木

乔木体形高大、主干明显、分枝点高。依高低有高乔木（20 m 以上）、中乔木（8~20 m）和低乔木（8 m 以下）之分。从四季叶片变化还可分为常绿乔木和落叶乔木两类，其中叶形宽大者，称为阔叶常绿乔木或阔叶落叶乔木；叶片纤细如针状者，称为针叶常绿乔木或针叶落叶乔木。

乔木在园林中起主导作用，其中常绿乔木作用更大。

2. 灌木

灌木没有明显主干，多呈丛生状态或自基部分枝。一般体高 2 m 以上者为大灌木，1~2 m 为中灌木，高度不足 1 m 者为小灌木。

灌木也有常绿灌木与落叶灌木之分，主要用作下木、植篱或基础种植，开花灌木也称"花灌木"，用途最广，常用在重点美化地带。

3. 攀缘植物

不能自立，须靠特殊器官（吸盘或卷须）或蔓延作用而依附于其他植物体上的，称为藤本植物或攀藤植物、攀缘植物。

藤本也有常绿藤本与落叶藤本之分。常用于垂直绿化。

4. 竹类

属常绿禾本科植物，干体浑圆，中空而有节，皮翠绿色；也有干体呈方形的、实心的及其他颜色和形状的，不过为数不多。

竹类用途较广，是一种观赏价值和经济价值都较高的植物。

5. 花卉

花卉有草本和木本之分，根据生长期长短及根部形态和对生态条件要求可分为以下四类。

（1）一年生花卉：指春天播种，当年开花的种类，如鸡冠花、凤仙花、波斯菊、万寿菊等。

（2）两年生花卉：指秋季播种，次年春天开花的种类，如金盏花、七里黄、花叶羽衣甘蓝等。

以上两者一生之中都是只开一次花，然后结实，最后枯死。这类花卉一般花色艳丽、花香郁馥、花期整齐，但寿命短，管理难，因此多在重点地区配置。

（3）多年生花卉：凡草本花卉一次栽植能多年继续生存，年年开花，或称宿根花卉，如芍药、玉簪、萱草等。

多年生花卉寿命较长，且包括很多耐旱、耐湿、耐阴及耐瘠薄土壤等种类，适应范围比较广。

（4）球根花卉：系指多年生草本花卉的地下部分，是茎或根肥大成球状、块状或鳞片状的一类花卉，如大丽花、唐菖蒲、晚香玉等。这类花卉多数花形较大、花色艳丽，可用于布置花境，与一、二年生花卉搭配种植和切花。

6. 水生植物

水生植物是指生活在水域、湿地的所有植物，这里仅涉及部分适于淡水或水边生长的水生植物。

水生植物有重要的生态和景观作用。根据其需水状况及根部附着土壤之需要分为浮叶植物、挺水植物、沉水植物和漂移植物四类。

（1）浮叶植物

生长在浅水中，叶片及花朵浮在水面，如睡莲、田字草等。

（2）挺水植物

生长在水深 0.5~1 m 的浅水中，根部着生在水底土壤中，如荷花、茭白莩、莕草等。

（3）沉水植物

其茎叶大部分沉在水里，根部固着于土壤中且不发达，仅有少许吸收能力，如金鱼藻等。

（4）漂移植物

根部不固定，全株生长于水中或水面，随波逐流，如满江红、槐叶萍等。

7. 草坪

草坪是用多年生矮小草本植株密植，并经修剪的人工草地。园林中用于覆盖地面，有供观赏及体育活动用的规则式草坪，和为游人露天活动休息而提供的面积较大而略带起伏地形的自然草坪。

草坪有利于保护环境、防止水土流失，也是游人活动休息的理想场地，同时有较好的景观作用，所以在中外园林中应用比较广泛。

（二）环境条件对园林植物的影响

1. 温度

温度与叶绿素的形成、光合作用、呼吸作用、根系活动，以及其他生命现象都有密切关系。一般来说，0~29℃是植物生长的最佳温度。不同地区适合植物生长发育的温度条件和植物对温度的适应性都是不同的，这就是植物形成水平分布带和垂直分布带的原因。超越了适宜的温度范围，植物的生长发育就要受到影响，甚至死亡。

2. 阳光

植物的光合作用与蒸腾作用都需要阳光。但是不同植物对光的要求并不相同，这种差异在幼龄期表现尤其明显。根据这种差异性常把园林植物分成阳性植物和耐阴植物。阳性植物只宜种在开阔向阳地带，耐阴植物能种在光线不强和背阴的地方。植物的耐阴性会因树种、植物的年龄、纬度、土壤状况不同而不同。如树冠愈紧密、年龄愈小、气候条件愈好、土壤肥沃湿润其耐阴性就愈强。

城市树木因建筑物的大小、方向和宽度不同而产生受光差异，如东西向道路北面的树木一般向南倾斜，即向阳性。

3. 水分

植物的一切生化反应都需要水分参与，且过多过少都会影响生长。

不同类型的植物对水分多少的要求颇为悬殊。同一植物对水的需要量也会随树龄、发育时期和季节的不同而变化。春夏时树木需水量多，冬季多数植物需水量少。城市的自然降水形成地下水，为植物生长提供水分。

4. 土壤

土壤为植物提供矿物质营养元素，保证生长发育的需要。不同的土壤厚度、成分构成和酸碱度等，在一定程度上会影响植物的生长和分布。

土壤厚度对植物的影响主要是根系的反映。同时，与地下水也有关系，如地下水高于埋深深度时则植物无法生长。

土壤的密度影响其中的空隙率，与水分的多少及其上的活动有关，植物养分的提供也会因此而受到影响。在城市行人步道、止水带，须覆以盖板以免土壤被践踏导致板结，保持其透水性。

土壤酸碱度（pH 值）影响矿物质养分的溶解转化和吸收。酸性土壤容易引起缺磷、钙、镁，增加和污染金属汞、砷、铬等化合物的溶解度，危害植物。碱性土壤容易引起缺铁、锰、硼、锌等现象。此外，土壤酸碱度还会影响植物种子萌发、苗木生长、微生物活动等。不同植物对土壤酸碱度的反应不同，大多数植物在酸碱度3.5~9 的范围内均能生长发育，但最适宜的酸碱度却较狭窄，主要分为三类：①酸性土植物如马尾松、杜鹃等适合于 pH 值大于 6.7 的土壤；②大多数植物属中性土植物，适合 pH 值在 6.8~7.0 之间的土壤；③柽柳、碱蓬等碱性土植物，可生长于 pH 值大于 7.0 的土壤中。

土壤的酸碱度有时也和其结构有关，比如，黏性土含各种有机质和矿物质，呈酸性，为适合更多种类植物的生长，可用砂砾加以混合；砂砾土有机质较少，要适应更多植物生长需要适当添加黏土；有些土壤 pH 值低于 4，若要在其上种植不耐酸植物，须掺入适量的生石灰以调整酸碱度，若其中还含有盐分，则要排水和提高土层厚度来改变土壤结构。

5. 空气

空气中的氧和二氧化碳会影响植物的呼吸与光合作用，空气质量的好坏决定植物能否正常生长。厂矿集中的城镇，空气中含烟尘量和有害气体多，此类污染地区的绿化须选用抗性强、净化能力大的植物。

6. 人类活动

人的活动不仅改变植物的生长地区界线，且影响到植物群落的组合。要合理利用改造，避免对植物及其生长环境的破坏。

此外，人类放牧、昆虫传粉、动物对果实种子的传播等，对植物生长和分布都有着重要的影响。

园林植物的生长和分布，同时受到各种环境条件的影响。

（三）园林植物各器官的功能及其观赏特性

1. 根

根的机能是固定植物、吸收水分和养分。

根一般生长在土壤中,观赏价值不大,只有某些根系特别发达的树种,根部往往高高隆起,凸出地面,盘根错节,可供观赏。例如,榕树类的气生根。

2. 干

干的作用是支持植物冠叶并运输物质养分。

树干的观赏价值与其姿态、色彩、高度、质感和经济价值都密切相关。银杏主干通直,藤萝蜿蜒扭曲,紫薇细腻光滑,龙鳞竹布满奇节……不同植物干皮颜色不同,观赏价值较高。

3. 枝

树枝主要担负支持叶片以获得阳光及运输、储藏物质的任务,枝条上有不定根者,还具有繁殖的机能。

树枝的生长状况,枝条的粗细、长短、数量和分枝角度的大小,都直接影响着树冠的形状和树姿的优美与否。例如,油松侧枝轮生,苍劲有力;垂柳小枝下垂,轻盈婀娜;一些落叶乔木,冬季枝条清晰,衬托蓝天白雪,观赏价值更高。

其他如红枝的红瑞木、绿枝的棣棠,用作植篱或成丛配植在树群之中,在少花的冬季亦是美景。

4. 叶

叶负担着光合作用、气体交换和蒸腾作用,还能输送和储藏食物,并作为营养繁殖器官。

叶的观赏价值主要在于叶形和叶色,一般奇特或特大的叶形较容易引起人们的注意。如鹅掌楸、银杏、棕榈、荷叶、龟背竹等的叶形,都具有较高的观赏价值。

春夏之际树叶呈浓淡不同的绿色。常绿针叶树多呈蓝绿色,阔叶落叶树多呈黄绿色,到了深秋很多落叶树的叶就会变成不同深度的橙红色、紫红色、棕黄色和柠檬黄色等。另有具双色叶片的胡颓子、银白杨等,片植后在阳光下银光闪闪,更富趣味。利用叶色植物成为现代园林中一种重要的手段。

5. 花

花是植物有性繁殖的器官,其姿容、色彩和芳香对人都有很大的影响。玉兰一树千花,亭亭玉立;荷花姿色嫣嫣,雅而不俗;梅花姿容、色彩、香味三者兼而有之;盛春牡丹怒放,朵大色艳;夏季石榴似火;金桂仲秋开花,浓香郁馥;隆冬山茶吐艳、蜡梅飘香。

不同种类的花能给人不一样的感受。

6. 果实与种子

果实与种子也是植物的繁殖器官，除供食用、药用、用作香料外，很多鲜果都很好看，尤其在秋季硕果累累、色彩鲜艳、果香弥漫，为园林平添景色。若搭配得当，效果更为显著。

7. 树冠

树冠由植物的枝、花、叶、果组成，其形状是主要的观赏特征之一，特别是乔木树冠的形状在风景艺术构图中具有重要的意义。树冠形状一般可概括为：尖塔形（雪松、南洋杉）、圆锥形（云杉、落羽杉）、圆柱形（龙柏、钻天杨）、伞形（枫杨、槐树）、椭圆形（馒头柳）、圆球形（七叶树、樱花）、垂枝形（垂柳、龙爪槐）、匍匐形（偃柏）等。

树冠的形状和体积会随树龄的增长而不断改变，同种同龄的也会因立地环境条件不同而有差异。

树冠的观赏特性除与它的形状大小有关外，树叶的构造和颜色，分枝的疏密和长短，也会影响树冠的艺术效果。在选配树种时都应加以考虑。

（四）园林植物的配植

1. 森林

除市区内需要充分绿化外，在城市郊区栽植大面积森林景观对保护环境、美化城市也是十分有利的。

森林包围城市，对于接近城市的那部分森林应该按照风景园林的要求来处理，根据疏林郁闭度，一般可以按0.1~1分成十级，0.1及以下是空旷地（林中空地或荒地），仅有少数的灌木和孤立木。疏林郁闭度在0.1~0.3之间，植被较丰富，可成为艺术性植物观赏点。疏林郁闭度在0.4~0.6，常与草地结合，故又称疏林草地。疏林草地是风景区中应用最多的一种形式，也是林区中吸引游人的地方，故其中的树种应具有较高的观赏价值，常绿树与落叶树的比例要合适。树木种植须使构图生动活泼。林下草坪应含水量少，组织坚韧、耐践踏，不污染衣物，最好冬季不枯黄，一般不修建园路。但是作为观赏用的嵌花草地疏林，就应该有路可通。乔木的树冠应疏朗一些，不宜过分郁闭，影响花卉生长。

郁闭度在0.7~1之间的称作密林，密林比较阴暗，但若透进一丝阳光，加上潮湿的雾气，在能长些花草的地段，也能形成奇特迷离的景色。密林地面土壤潮湿，有些植物习性特殊、不宜践踏，游人不适合入内活动。

由一种树组成的单纯密林，没有垂直郁闭景观和丰富的季相变化。故可通过异龄树种造林，结合地形起伏变化使林冠产生变化。林区外缘还可以配置同一树种的树群、树丛和孤植树，增强林缘线的曲折变化。林下配置一种或多种开花华丽的耐阴或半阴性草本花卉，以及低矮、开花、繁茂的耐阴灌木。

混交密林由多层结构的植物群落生长在一起，形成不同的层次，季相变化较丰富。林缘部分供游人欣赏，其垂直分层构图要十分突出。

在配植密林时，大面积的多采用片状混交，小面积的则用点状混交，同时，要注意常绿与落叶、乔木与灌木的配合比例，以及植物对生态因子的要求。

为了提高林下景观的艺术效果，水平郁闭度不可太高，最好在 0.7~0.8，以利于地面植被正常生长和增强可见度。可多采用从空旷地到疏林到密林的几种景观形式。

2. 树群

将一定数量的乔木或灌木混合栽植在一起的混合林称树群。树群中作为主体的乔木品种不宜太多，以 1~2 种为好，且应突出优势树种。另一些树种和灌木等作为从属和变化的成分。

树群在公园、绿地中通常是布置在区域的周边，用来隔离区域、分隔空间，形成绿化气氛，掩蔽陋相并起防护作用。树群可以作为背景或主景处理。按数量可分为单纯树群和混交树群。前者由一种树木组成，观赏效果相对稳定，树下可用耐阴宿根花卉作地被植物；后者从外貌上应注意季节变化，树木组合必须符合生态要求。从观赏角度来讲，高大的常绿乔木应居中央作为背景，花色艳丽的小乔木在外缘，大小灌木更在外缘，避免相互遮掩。从布置方式上可分为规则式和自然式。前者按直线网格或曲线网格作等距离的栽植；后者则按一定的平面轮廓凹凹凸凸地栽植，株间距离不等，一般为不等边三角形骨架组成，且最好具有不同年龄、高度、树冠姿态，多用于空间较大的地段。

区域边缘的树群中最好有一部分采用区域外的树种，便于过渡、呼应。树群的配置应注意层次和轮廓。层次一般以三层为好。树群的轮廓线宜起伏变化，避免高低一致。在需要借景的部位，可降低树木高度，留出透视线。作为背景的树群色彩处理不要过于渲染。作为主景的树群，要处理好树群边缘的布置，可以选择一些观赏特性不同的树种形成对比，也可以在突出的地方布置一些相同的树种作为树群的整体，借着明暗和距离的变化使树群活泼起来。用树群分隔空间时，空间的大小一般以树群高度的 3~10 倍为好，避免过于闭塞或空旷。

3. 丛树

为数不多的乔、灌木成丛地栽植，要使树丛从多个角度看起来均具有个体美、群体美。

丛树在形式上一般采取自然式，但规则式绿地中有时也采用规则式丛树。树丛是园林绿地中重要的点缀部分，多布置在草地、河岸、道路弯角和交叉点上，作为建筑物的配景。平淡的丛树可以作为框架，裁剪画面或引导视线至主要景物。

丛树配置时可由一种或几种乔木或灌木组成，主要同树群的处理方式。

4. 对植

凡乔、灌木以相互呼应的形式栽植在构图轴线两侧的称为对植，多用耐修剪的常绿树种，如柏树等。对植可作配景，亦可作主景，形式有对称种植和非对称种植两种。

对称种植：经常用在出入口等规则式种植构图中。街道两侧的行道树是对植的延续和发展。对植最简单的形式是用两棵单株体形大小相同、树种统一的乔、灌木对称分布在构图中轴线两侧。

非对称种植：多用在自然式园林进出口两侧及桥头、石级磴道、建筑物门口两旁。此类种植树种也应统一，但体形大小和姿态可以有所差异。与中轴线的垂直距离大者要近，小者要远，以取得呼应、平衡。

对植也可以在一侧种一大树而在另一侧种同种的两株小树，或分别在左右两侧种植，组合成近似的两组丛树或树群。

5. 单植

单植树木主要是表现植物的个体美，在园林功能上有单纯作为构图艺术及庇荫和构图艺术相结合两种。

单植树的构图位置应该十分突出，要选用体形巨大、开花茂盛、香味浓郁、树冠轮廓有特色、色叶有丰富季相变化的树种，如银杏、红枫、香樟、广玉兰等。

在园林中单植树常布置在大草坪或林中空地的构图重心上，与周围景点呼应协调，四周要空旷，以留出一定的视距供游人观赏，一般最适距离为树木高度的四倍左右；也可布置在开阔的水边及可眺望远景的高地上。在自然式园路或河岸溪流的转弯处，常要布置姿态、线条、色彩突出的单植树，以限定空间、吸引游人前进，故称诱导树。古典园林中的假山悬崖上、巨石旁边、磴道口处也常布置作为配景吸引游人的单植树，姿态盘曲苍古，与山石相协调。另外，单植树也是树丛、树群、草坪的过渡树种。

6. 行植及绿篱

按直线或几何曲线栽植的乔灌木叫作行植。多用于道路、广场和规则式的绿地中，等距行植，效果庄严整齐。

大面积造林或防护林带中常用行植。每行之间的组合关系可以为四方形、矩形、三角形和梅花形等。其中，梅花形在单位面积中密度最高。

采用韵律行植可协调变化与统一，其观赏效果更近自然。

绿篱主要用于边界，有绿篱、树墙及栅栏等，也称植篱。其作用有组织空间、防止灰尘、吸收噪声、防风遮阴、充当背景、建筑基础栽植及隐蔽不美观地段等。绿篱一般采用耐修剪的常绿灌木。

高低不同的绿篱有不同的功能，高绿篱可以阻挡视线并分隔空间，矮绿篱可以分隔空间并引导交通。绿篱的高度可分为 45 cm、60 cm、90 cm、150 cm 等。

规则式绿地中行植的乔灌木包括绿篱，可以修剪成形。

7. 地表种植

（1）自然式草坪

多利用自然地形，或模拟自然地形的起伏，形成原野草地风光。自然起伏应有利于机械修剪和排水，一般允许有3%~5%的自然坡度，并埋设排水暗管。种植在草坪边缘的树木应采用自然式，再适当点缀一些树丛、树群、单植树之类。

自然式草坪最适宜于布置在风景区和森林公园的空旷和半空旷地上。在游人密度大的地区，一般采用修剪草坪；游人密度小的地区，可采用不加修剪的高草坪或自然嵌花草坪。

（2）规则式草坪

在外形上具有整齐的几何轮廓，一般用于规则式的园林中或花坛、道路的边饰物，布置在雕像、纪念碑或建筑物的周围起衬托作用，也可在边缘饰以花边以显美观。

用于体育场上的草坪也属于规则式草坪。规则式草坪，对地形、排水、养护管理等方面的要求较高。

在草种选择上，北方多用高羊茅草、羊胡子草、野牛草等，而南方则常用结缕草、假俭草、四季青等，常采用混合种植达到四季常青的效果。

还有许多地方用其他的地被植物覆盖地皮，如北方的三叶草、南方的酢浆草等，均达到了较好的效果。

8. 攀缘种植

利用攀缘植物形成垂直绿化。攀缘植物攀于大树树干的大枝上时，也可形成美妙的景色。

许多藤本植物均能自动攀缘，不能自动攀缘者需要木格子、钢丝等加以牵引。

9. 水体绿化

利用水生植物可以绿化水面，有的水生植物还可以起护岸和净化水质的作用。

水面绿化时要控制好种植的范围，不要满铺一池，还要根据水深、水流和水位的状况选用不同的植物。

10. 花坛

（1）独立花坛

独立式花坛在园林绿地中独立存在，花卉要求环境价值较高，多采用对称图形。分三种类型：第一是花坛式，包括花台、花境和花带等；第二是规则式，一般用矮形花卉配合草地组成一定图案，如毛毯式花坛；第三是立体式，一般有较大的坡度，甚至垂直于地面。

（2）组群花坛

配合道路、广场、铺地、水池、雕塑及座椅等由多个个体花坛组成一个整体。构图时各个单元可分为带状组群花坛和连续组群花坛。

（3）附属花坛

这是一种以树木为主体，花卉配合布置的形式。用花很少，布置灵活。

（4）活动花坛

对受环境影响无法栽植的植物采用此方法弥补，同时对容器提供了变化的可能性，植物可随容器搬运或临时栽植，形成多种形式的花坛。

第三节　园林建筑与园路桥梁

一、园林建筑

（一）园林建筑的作用与类型

1. 园林建筑的作用

古代园林建筑大多与生活起居有关，含待客宴饮、居家小聚、游憩赏景及养心观书等功能；现代园林建筑多为休闲观览、文化、娱乐、宣传等功能而设。造型方面，园林建筑力求使人赏心悦目，因而常扮演园景主体的角色。

园林建筑的作用可用"观景"和"景观"予以概括。为满足"观景"功能，园林建筑需要选择恰当的位置，使景物在窗牖之间展开。而建筑本身特定的形象也是一种景观，甚至还成为控制园景、凝聚视线的焦点。若能与山水花木配合，更能使园景增色。

利用前后建筑的参差错落可以有序分划园林空间，形成不同的景区。一方面，使物理空间分细变小；另一方面，通过合理的景观安排，可使园景变得丰富，让游人感觉空间变得更大。

利用建筑的主次用途，配合园内造景处理以吸引游人，再用相应的造园要素进行空间组合，就可以形成游览路线。移步换景，直至目的地。

2. 园林建筑的类型

（1）中国传统园林建筑

我国古代园林建筑布局摆脱了传统居住建筑轴线对称、拘谨严肃的格局，造型组合更为丰富灵活，布置也因地制宜而富于变化，从而形成了极具特色的风格。

①亭

园林中亭是数量最多的建筑，主要供游人短暂逗留，也是点景造景的重要要素。亭的体量大多较小，形式相当丰富，平面有方形、圆形、长方、六角、八角、三角、梅花、海棠、扇面、圭角、方胜、套方、十字等诸多形式，屋顶亦有单檐、重檐、攒尖、歇山、十字脊等样式。亭的布置有时仅孤立一亭，有时则三五成组，或与廊相联系或靠墙垣作半亭。园林的亭构大多因地制宜地选择不同的造型和布局。

②廊

廊并不能算作独立的建筑，它只是用以联系园中建筑的狭长通道。廊能随地形起伏，其平面亦可屈曲多变而无定制，因而在造园时常被作为分隔园景、增加层次、调节疏密、区划空间的重要手段。

园林之中，廊大多沿墙设置。而在有些园林，为造景需要也有将廊从园中穿越，不依墙垣，不靠建筑，廊身通透的。这样的空廊也常被用于分隔水池，供人观景。园林之中还有一种复廊，其形式是在一条较宽的廊子中间沿脊桁砌筑隔墙，墙上开漏窗，使内外园景彼此穿透，若隐若现。随山形起伏的称爬山廊，有时可直通二层楼阁。另有上下双层的游廊，用于楼阁间的直接交通，或称边楼，也称复道廊。

③台

台本来是指高耸的夯土构筑物，以作登佑之用。秦汉之后这种高台日渐式微，不复再见。明清园林中"掇石而高上平者，或木架高而版平者，或楼阁前出一步而敞者"都被视为台。目前，古典园林中使用较多的台则是建筑在厅堂之前，高与厅堂台基相平或略低，宽与厅堂相同或减去两梢间之宽的平台。主要供纳凉、赏月之用，一般称作月台或露台。

④轩

园林建筑中的轩一是指一种单体小建筑，如北京清漪园的构虚轩、无锡寄畅园的墨妙轩等，居高临下；另一是指厅堂前部的构造部分，江南厅堂前添卷亦称轩。轩的形式有船篷轩、鹤胫轩、菱角轩、海棠轩、弓形轩等多种，造型秀美。其作用主要是增加厅堂的进深。这种构造为江南特有。

⑤榭

榭的原意是指土台上的木构之物。明清园林中的榭依据所处位置而命名。如：水池边的小建筑可称水榭，赏花的小建筑可称花榭等。常见的水榭大多为临水面开敞的小型建筑，前设座栏供人凭栏观景。建筑基部大多一半挑出水面，下用柱、墩架起，与干栏式建筑相类似。这种建筑形制实与单层阁的含义相近，所以也可称水阁，如苏州网师园的濯缨水阁、藕园的山水阁等。

⑥舫

园林中除皇家苑囿外，其余均无较大水面供荡桨泛舟，故创造了一种船形建筑傍水而立，供观景使用，称为舫。舫一般基座用石砌成船甲板状，其上木构呈船舱形。木构部分通常又被分作三份，船头处作歇山顶，前面高而开敞，形似官帽，俗称官帽厅；中舱略低，作两坡顶，其内用福扇分出前后两舱，两边设支摘窗，用于通风采光；尾部作两层，上层可登临，顶用歇山形。尽管舫有时仅前端头部突入水中，但仍用置条石仿跳板与池岸联系。

⑦厅堂

厅与堂原先在功能上具有一定的差异，明清以降，建筑已无一定制度，尤其园林建筑，常随意指为厅，指为堂。江南有以梁架用料进行区分的，用扁方料者曰"扁作厅"，用圆料者曰"圆堂"。

民间园林的主体建筑称为厅堂，园中山水花木常在厅堂之前展开。一些中小园林，常将厅堂坐北朝南，以争取最好的朝向。稍大的园林就采用两厅夹一园的处理。选择形制相同的厅堂分置于南北，中间置景。北厅可南向观景，宜于秋冬；南厅则北向开敞，宜于春夏，江南称其为"对照厅"。更大的园林也有将体量较大的厅堂居中，南北分别布置景物，中以屏风门、纱隔、落地罩界分前后，以便随季节的变化而选用，苏州地区将这种建筑叫作"鸳鸯厅"。有需四面观景者，则用"四面厅"，其两山面都用半窗（槛窗）取代实墙，使四面通透，以便周览。

⑧楼阁

楼阁亦为园林常用的建筑类型。除一般的功能外，楼阁在园林中还起着"观景"和"景观"的作用。于楼阁之上四望能观全园及园外的景致，同时，楼阁又是画面的主题或构图的中心。

楼阁如今常泛指两层或两层以上的建筑，而原初楼与阁分属两种不同的建筑类型。从功能上说，古有"楼以住人，阁以储物"之言。园林中一种单层的阁则完全不同于楼，此类建筑都架构于水际,一边就岸,一边架于水中,极似南方山区的干栏式建筑。据推测此类水阁是由古代的阁道演变而来的。

⑨斋

洁身净心是为斋戒,所以修身养性的场所都可称为"斋"。现存的古典园林中称斋的建筑亦各不相同,可以是一座完整的小园、一个庭院或单幢小屋。尽管名斋的建筑各有所宜,但环境都幽邃静僻。

古典园林中设斋,一般建于园之一隅,取其静谧。虽有门、廊可通园中,但需一定的遮掩,使游人不知有此。斋前置庭稍广,可栽草木、列盆玩。墙脚道旁植草。铺地常使湿润,以利苔藓生长。建筑形式可随意,依园基及相邻建筑妥善处理,室内宜明净而不可太敞。庭院墙垣不宜太高,以粉壁为佳,亦可植蔓藤于下,使其覆布墙面,得自然之幽趣。

⑩馆

《说文》中将"馆"定义为客舍,也就是待宾客,供临时居住的建筑。古典园林中称"馆"的建筑多且随意,无一定之规可循。大凡备观览、眺望、起居、燕乐之用者均可名之为"馆"。一般所处地位较显敞,多为成组的建筑群。

⑪塔

塔是佛塔的简称,多出现在佛寺组群中,是园林中重要的点景建筑之一。塔的形式大致可分为楼阁式、密檐式、单层塔三个类型,但变化繁多,形态各异。平面以方形与八角形居多。塔的高度,以层数多少而有差异,一般有五级、七级、九级、十三级塔。建塔的材料,通常采用砖、瓦、木、铁、石等。有的塔可供登高望远,实心塔则仅供观赏。塔还有作为地标景观的作用,有较广的景观辐射效果。

(2)现代公园绿地中的建筑类型

现代公园绿地中园林建筑的功能较过去有了极大的拓展,不仅因许多新的功能而衍生出更多新型的园林建筑类型,也因大量新材料的产生而有了许多新的结构,于是现代公园绿地中的园林建筑就变得十分丰富,很难以单体建筑进行分类,只能按使用功能区分。

现代城市公园绿地按人们在其中活动的方式大致可分为静态利用、动态利用及混合式利用三种形式。

静态利用是指供游人散步、游憩、观览为主的园林,常设置体量不大的单体建筑或数座单体建筑围合的院落作为陈列室、展览馆等,并配合植物、山石,形成一区幽雅的环境。在一些专业性公园,展示建筑占有极高的比重。笼舍、暖房、花棚等均属园林建筑,此类建筑不仅需要依据各自的功能特点予以设计,还应考虑其景观作用。

动态利用主要指游人可以参与活动的公园设施建筑。如国外一些运动公园中的运动场馆。在我国，过去一直将大型的体育场馆归为体育建筑，将公园内的小型活动场地归为综合性园林建筑。而今，许多体育场馆都设置了大面积的绿地环境，成为居民锻炼休闲的场所，致使是将这些建筑按园林建筑来进行考虑还是将周边绿地按建筑环境予以处理的界限逐渐变得模糊。

一些规模较大的综合型公园绿地，其中的功能需要分区布置，在各个相应的区域中，园林建筑依然按照展示陈列类建筑或文娱体育类建筑予以处理。

各类公园绿地通常都有服务类建筑和点景休息类建筑。如茶室、小卖部、厕所、亭构、曲廊、水榭等。此外，视觉范围内的管理办公室、动植物实验室、引种温室、栽培温室等也应作为园林建筑予以考虑。

（二）园林建筑的设计要点

园林建筑在设计时必须考虑其物理和精神功能，更须注意造型和观赏效果。建筑布置应更灵活自由，并应顾及建筑内外部空间的联系及游人在行进中周围景观的变幻。

1. 立意

园林建筑能否吸引人与其立意有关，加之园林建筑在园中对景色的构成又常处于举足轻重的地位，故其设计要比一般建筑更注重意境。

园林或景区在规划前需要深入了解园地及周边的地形、地貌、景观特征，确立园林的主题，以便最大限度地克服不利因素，展示其风貌特色，以使立意新颖。

桂林七星岩碧虚洞建筑位于七星岩洞之侧，由一个两层的重檐阁楼、方亭及两层连廊组成。方亭接近洞口，自亭内可向下俯览洞中景色。楼阁设在洞口平台之外，有开阔的远景视野。楼阁上下层用混凝土预制装配式螺旋楼梯连接。建筑造型吸取了广西民间建筑三江程阳桥亭的某些特征，做层层的出挑。屋面铺绿色琉璃瓦，悬挑的垂柱漆棕黄色，室内四根承重柱漆朱红色，窗槛及栏板用米黄色水刷石，木窗格漆咖啡色，楼阁及方亭基座做紫红色水刷石。整个装饰工程富有中国传统建筑的色彩感。

当然，园林建筑重视立意并不意味着忽略其实用功能，而应将艺术创意与使用目的结合起来综合考虑，因地制宜，塑造特色建筑空间。

2. 选址

公园或景观建筑如果选址不当，则不利于表达立意，甚至可能降低景观价值、削弱观赏效果。

园林建筑的选址没有最佳方案，但仍应根据整体景观调整建筑尺度、造型。选址原则是协调各风景要素间的关系，物尽其用，并以特定的园林建筑统帅全局，画龙点睛。

此外，还要考虑当地地质、水文、方位、风向、日照等直接影响建筑使用的要素及只对凿池、堆山、花木种植有所影响，但间接影响建筑使用、美观的要素。

3. 布局

布局是园林建筑设计中最重要的问题。大致有独立式、自由式、院落式和混合式四种空间组合形式及对比、渗透和层次等构图手法。构图手法的使用应根据实际，几乎所有园林建筑都存在着空间序列问题。游人从室外进入室内，空间变化需要有一个过渡，对景物的欣赏和体验也需要时间过程，而建筑空间序列就是恰当地组织这种空间和时间，将实用功能与艺术创作结合起来处理，根据人的行为模式，巧妙地安排空间序列，自然地勾起游人的行为和心理活动。

4. 借景

园林或园林建筑存在于有限的三维空间之中，它所容含的信息是有限的。"借景"的手法，有效地突破了有限空间的约束，在小空间内营造出更多的艺术景象。

"借景"就是将园外或自然界景物的声、色、形引入本景空间，丰富画面、增添情趣。借景的方法有远借、邻借、仰借、俯借、应时而借等。归纳后大致可分为三维空间的借景、节气时令的借景及四维空间的借景。

凭借视线的穿越性，有意识地将园林、建筑外美的人工或天然客体引入园景构图，无形中就能扩大园林艺术创作的空间。在过去，远山、梵寺、幽林、古刹甚至相邻的府宅园林都可成为因借的素材；今日，现代化的高楼只要能与园景和谐，也可成为借景的目标。对于园林建筑主要选择适当的朝向，利用门窗、洞口，以对景、框景、空间渗透的手法，将有价值的景物纳入画面。

自然界的风花雪月、晨昏晦明对人的情绪有极大的影响，自然变幻使人对固有景物的感受增强或发生变化，因此我国古代的造园家非常重视借助自然中声、色、形、香的组景。此外，各种花木的芬芳、山石的姿形都可借以成为园林建筑中的美景。

匾额和对联普遍运用于我国古典园林建筑中，并使园林成为一种含有时间坐标的四维空间。匾额的作用大体有三；第一是点景，就是用文字来点明眼前能够见到的景致。第二是用典。用文字表述历史故事或文化，让人领略到眼前景色与历史的联系，从而扩展出一个时间坐标。第三是园主人想要告之的内容。如园林旧主人的心态、造园目的等。后两种作用大大增加了园景内涵，值得今天创造公园绿地意境时借鉴。

5. 尺度与比例

园林建筑的尺度和比例取决于建筑的使用功能，并与环境特点及构图审美有关。正确的尺度和比例应该是功能、审美、环境的协调统一。园林建筑的尺度与比例，应该照顾到与周边环境中其他园林要素的关系。

园林建筑中门、窗、栏杆、廊柱、台阶乃至室内各部分的空间尺度与比例、与建筑整体的相互关系也应仔细斟酌。应选用符合人体尺度和人们常用的尺寸。

园林建筑空间尺度要由整个园林环境的艺术需求来确定。通常在规模不大的园林中，各主要视点观景的控制视锥约为 60°～90°，或视角比值 H∶D（H 为景观对象的高度，如建筑、树木、山体等；D 为视点与景观对象间的距离）约在 1∶1 至 1∶3。对于大型风景园林所希望获得的景观效果，应依据景观的需要，来处理建筑的尺度与比例，不能生套硬搬小园林的尺度与比例关系。

6. 色彩与质感

建筑材料、涂料及饰面材料都有其色彩和质感，不同的色彩会给人不同的联想与感受；质感则以纹理、质地产生苍劲、古朴、轻盈、柔媚的感觉为佳。利用色彩与质感的特征也可造成节奏、韵律、对比、均衡等构图变化。在园林中，除建筑本身需要考虑色彩与质感问题外，还应考虑与其他要素间的关系。运用色彩与质感的处理来提高艺术效果，应注意：首先，从环境整体出发，推敲建筑所需材质，达到最佳的艺术效果；其次，采用对比或微差的方法，处理原则基本上与体量、造型、明暗、虚实的处理手法类似；最后，应结合视线距离的远近，形成良好效果。

二、园路桥梁

（一）园路的作用

1. 组织交通

园路最为直观的作用是集散人流和车流。大型公园绿地中的主要道路须对运输车辆及园林机械通行能力有所考虑。中、小型园林的园务工作量相对较小，则可将这些需求与集散游人的功能综合起来考虑。

2. 引导游览

园路还有引导游览的功能。用园路联系园林的景点、景物，令园景沿园路展开，能合理地组织观赏程序，使观光者的游览循序渐进。

3. 组织空间

在具有一定规模的公园绿地，园路可以用作分隔景区的界线，同时又能联络各个景区成为有机的整体。

4. 构成园景

园路的路面通常要采用铺装，并设计成柔和的曲线形，因而园路本身也可构成园景，使"游"和"观"达到统一。

5. 为水电工程打下基础

公园绿地中一般都将水电管线沿路侧铺设，以方便埋设和检修，因此，园路布置要与给水排水管道和供电线路走向结合起来考虑。

（二）园路的类型

1. 主要园路

从公园绿地的入口通往各主要景区、广场、建筑、景点及管理区的园路是园内人流及养护车流最大的行进路线，所以要考虑其路幅。一般路面宽度宜在 4~6 m 最宽不超过 6 m。园路两侧应充分绿化，用乔木形成林荫，其间隙又可构成欣赏两侧风景的景窗。

2. 次要园路

为主要园路的辅助道路，散布于各景区之内，连接各个景点。其人流远小于主要园路，但有时也有少量小型服务用车通过，因此可设计 2~4 m 的路幅。路旁绿化以绿篱、花坛为主，以便近距离观赏。

3. 游憩小路

主要供游人散步游憩之用，宜曲折、自然地布置，路幅通常小于 2 m。

（三）园路的设计特点

1. 交通性与游览性

园林中的道路既有交通功能又有游览观景需求。交通功能要求快捷、便利，道路应通长抵直，游览则要求缓慢，有时要特意延长道路。于是有了园路设计交通性和游览性的矛盾。而园林主要用于观景游憩，故首要考虑游览性。

园路设计分规则式和自然式，自然式可延长游览路线，增加景观内容；规则式多采用对称手法，突出主体和中心，营造庄严雄伟的特殊氛围。

园林道路通常被设计成曲线形以突出其游览性。同时，这对增加园路长度、协调与山水地形的关系、放慢车行速度等都有好处。

将园路分级设置也利于解决交通性和游览性的矛盾。通常主要园路侧重交通性，游憩小路侧重游览性。所以游憩小路宜更曲折。

园林中的建筑、广场及景点常被串联于园路之中，其内部参观活动的行进过程也属于游览路线的组成部分，彼此间的联系也需要在园路设计时予以考虑。

2. 园路的主次

园路的使用功能决定了园中道路的设计需要考虑分级，而实际使用中不同形式的园路也会产生明确的指向性。因此，园路设计必须在路幅、铺装上强调主次区别，使游人无须路标指示，依据园路本身的特征就能判断出前行可能到达的地方。

3. 因地制宜

园路需要根据地形进行不同的规划布置。从游览观景的角度说，园路宜布置成环状，不能布置成龟纹状或方格网状。

4. 疏密

公园绿地中道路的疏密与景区的性质、园林的地形及园林利用人数的多少有关。通常宁静的休憩区园路密度应小些，游人相对集中的活动场所，园路密度可稍大，但也不宜过大，控制在全园总面积的 10%~12% 较为合适。

5. 曲折迂回

为与园内的山水地形和谐联系，应将园路依据观景需要迂回布置，使沿园路设置的景物因路的曲折而不断变幻，切忌仅仅为了设计图的图面效果而随意曲折。

6. 交叉口的处理

常用的园路相交形式有两路交叉和三叉交会，设计时须注意几点：首先，交叉口不宜过多，且应对相交或分叉的园路在路幅、铺装等方面予以处理，或用指示牌示意，以区分主次，明确导游方向。其次，主干园路间的交接最好采用正交，可将交叉点放大形成小广场。山道与山下主路一般避免正交，可减缓山路坡度或将道路掩藏于花木山石之后。最后，两条园路需要锐角相交时，锐角不应过小，且应将交点集中在一点上。园路呈丁字形相交时，交点处可布置雕塑、小品等对景，增强指向性。

7. 园路与建筑的关系

与园路相邻的建筑应将主立面对向道路，并适当后退，以形成由室外向室内过渡的广场。广场大小依建筑的功能性质决定，园路通过广场与建筑相联系，建筑内部需要有自己独立的活动线路。若建筑规模不大，或功能较为单一，也可采用加宽局部路面或分出支路的方法与建筑相连。一些串接于游览线路中的园林建筑，一般可将道路与建筑的门、廊相接，也可使道路穿越建筑的支柱层。依山的建筑利用地形可以分层设出入口，以形成竖向通过建筑的游览线。傍水的建筑则可以在临水一侧架构园桥或安排汀步，使游人从园路进入建筑，涉水而出。

8. 山林道路的布置

山路的布置应根据山形、山势、高度、体量，以及地形变化、建筑安排、花木配置综合考虑。山体较大时山路须分主次，主路坡度平缓、盘旋布置；次路结合地形，取其便捷；小路则翻岭跨谷，穿行于岩下林间。山体不大时山路应蜿蜒曲折，以扩大感觉中的景象空间。山路还应以起伏变化满足游人爬山的欲望。

山林间的道路不宜过宽。较宽的观景主路一般不得大于 3 m，而散步游憩小路则可设计成 1.2 m 以下。

若园路坡度小于 6%，可按一般的园路处理；若在 6%~10%，应沿等高线作盘山路；若超过 10%，须做成台阶形。纵坡在 10% 左右的园路可局部设置台阶，更陡的山路则须采用磴道。每 15~20 级台阶磴道间要设一段平缓路供休息。必要时还可设置有椅凳的眺望平台或休息小亭。若山路须跨越深涧狭谷，可考虑布置飞梁、索桥。若山路设于悬崖峭壁间，可采用栈道或半隧道的形式。由于山体的高低错落，山路还要安装栏杆或密植灌木保障安全。

9. 台阶和磴道

因园林地形有高差，需要设置台阶和磴道方便游人上下。此外，台阶和磴道还有较强的装饰作用。

构筑台阶的材料主要有各种石材、钢筋混凝土及塑石等。不同的台阶所用材料、所处位置、搭配环境不同，故形成的意境情趣也不同。台阶的布置应结合地形，成为人工建筑与自然山水的过渡，台阶的尺度要适宜，其踏面宽可大于建筑内部的楼梯，每级高度也应较室内小，一般踏面宽度可设计为 30~38 cm，高度在 10~15 cm。

山间小路翻越陡峻山岭时常使用磴道。磴道是用自然形状块石垒筑的台阶，这种块石除踏面须稍加处理使之平整外，其余保留其原有形状，以求获得质朴、粗犷的自然野趣。

（四）园林场地

1. 交通集散场地

交通集散场地有公园绿地的出入口广场及露天剧场、展览馆、茶室等建筑前的广场等。

出入口广场常有大量人、车集散，故应考虑其使用的便利性和安全性，合理安排车辆停放、公交站点位置及游人上下车、出入园林、等候所需的用地面积等之间的关系，还要设置售票、值班等设施。入口广场须精心设计大门建筑，并布置多种园林要素及广告牌，充分反映园林的风貌特征。

公园绿地出入口广场的布置一般采用如下形式：①"先抑后扬"，入口处用假山或花木绿篱做成障景，游人经过一定转折后才能领略山水园景。②"开门见山"，入口开敞，不设障景，直接展示园内美景。③"外场内院"，出入口分别设置外部交通场地和内部步行小院两部分，游人进入内院后购票入园。④"T字障景"，将园内主干道与入口广场"T"字形交接，园路两侧布置高大绿篱，形成障景，游人循路前行，至主交叉路口再分流到各个景区。这种布置目前最为常见。

建筑广场的形状和大小应与建筑物的功能、规模及建筑风格一致，故有时也被当作建筑的组成部分进行设计。然而，园林中的建筑广场还有其本身的特点，即需要进一步考虑与园景及内部游览线路的联系。游人在此逗留、休息，需要安放相应的设施，若安置雕塑、喷泉、大型花钵之类的景物，还应顾及观赏角度和距离。

2. 游憩活动场地

游憩活动场地主要用于游人休息散步、打拳做操、儿童游戏、集体活动、节日游园。此类场地在城市公园中分布较广，且因活动内容不同处理方式也不完全一致，但都要求做到美观、适用和具有特色。如用于晨练的广场不能紧邻城市主干道，场地附近应布置一定数量供锻炼者休息的园椅。集体活动的场地宜布置在园地中部的草坪内，要求开阔、景色优美和阳光充足。儿童游戏场地须设置数量较多的游戏设施，故应集中布置等。

3. 生产管理场地

生产管理场地指供园务管理、生产经营所用的场地。如今，公园绿地中机械的应用和工作人员的生活用车都日益增加，故园林的内部停车场变得必不可少。内部停车场应与管理建筑相邻，设专门的对外和对内出入口。

（五）园林铺地的类型与设计要求

1. 整体铺装

（1）现浇混凝土铺地坚实、平整、耐压并可适应气候的变化，后期无须过多养护，适用于人流较大，且有一定行车要求的主干园路或公园绿地的出入口广场。但这种铺地若水泥或混凝土质量有问题，则会产生起尘现象，若有大面积灰白色，则易与园景不和谐。

（2）沥青铺地在铺筑之初可以达到坚实、平整、耐压的要求，且不会起尘，但在烈日下沥青会熔化，受重压后会产生洼陷，故须经常修补养护。其深黑色调难与园景协调，所以可被用于园林主路，但不适宜于园林场地和游憩小路。

（3）三合土铺地虽能做到平整，但不耐车压。因其造价较低，过去曾被普遍使用。如今多用于次要园路。

2. 块状铺装

（1）天然铺装块材包括各种整形石材和天然块石。大块整形石材密缝铺筑，平稳耐磨、规则整齐，建筑感强，易与各类建筑协调；而天然块石的形状、大小随意性强，形成的"冰裂"状铺地能显现自然风韵。而用作草坪中的步石，则更有天然野趣。

（2）人工铺装块材主要是预制混凝土块和陶质地砖。人工铺装块材可根据需要设计，扩大了铺地艺术创作的自由度。但在面积较大的广场上，使用单一的硬质铺地，会使地表温度上升，对花木生长和游人使用不利。如今人工铺装块材多经过特殊处理，以增加透气性和透水性，如目前广泛采用的嵌草道砖停车场就是一例。

块状铺装形式丰富，适用于园林的各种铺地。若与花街铺地组合，可进一步增强其装饰性。

3. 简易路面

简易路面指砂石路面、煤屑路面和夯土路面。砂石路面造价低廉，但易扬尘，只能在游人较少的次级散步小路中偶尔一用。煤屑路面和夯土路面一般都只用作临时道路。

4. 花街铺地

花街铺地由砖瓦、卵石、石片、碎瓷、碎缸镶嵌组合而成。图案丰富、装饰性强，在今天城市公园露地的建设中仍被广泛运用。

（六）园桥与汀步

公园绿地内桥梁的作用有：联系交通、引导游览、分隔水面、点缀风景。自然风景式园林中大面积集中型的湖泊在设计时常采用长堤（道路在水体中的延伸）、桥梁予以分隔以丰富层次。桥梁下部架空，使水体隔而不分，有空灵通透的效果。而造型优美的桥梁本身就能成为一处佳景。

传统园林中梁式桥和拱桥的运用最普遍，中小型园林一般使用贴近水面的梁式平桥，与景物协调。稍大的园林为突出桥梁本身的造型则用拱桥。位置较特殊的地方也会用廊桥或亭桥予以点缀。视野开阔之处希望将桥设为凝聚视线的焦点，除了采用拱桥或将桥面升高外，也有在桥体上再架亭构的。

结构上梁式平桥有单跨和多跨之分，多跨的平桥常用曲折形的平面，形成三曲、五曲乃至九曲的曲桥。拱桥则有单孔和多孔之别，两岸间距较大时拱桥常做成多孔。现代公园绿地中一些须承受大荷载的拱桥，还有采用双曲拱结构的。

建桥的材料一般为木、石及钢筋混凝土。木桥修造快捷，但须经常维护，且易朽坏，所以晚清使用石桥为多，现存古典园林所见大都为石桥。现代公园绿地还有许多钢筋混凝土桥梁。绳桥和索桥一般使用钢索缆绳，辅以木板桥面。

园桥布置应与园林规模及周边环境相协调。小型园林水面不大，可选用体量较小的梁式平桥在水池的一隅贴水而建。桥梁不应过宽过长，桥面以一两人通行的宽度为宜，单跨长在一两米。园景较丰富时跨池常采用曲桥，取得步移景异的效果。园林规模较大或水体较为开阔时，可以用堤、桥来分割水面，打破水面的单调，突出桥梁本身的形象。桥下所留适宜的空间强化了水体的联系，也便于游船通行。

园桥设计需要考虑与周围景物的关系，尤其像廊桥、亭桥，应在风格造型、比例尺度等方面注意与环境的协调。

汀步也是公园绿地中经常使用的构筑物，与园桥具有相似的功能。

公园绿地常模拟自然水体中露出水面的砾石设置汀步，一般用于狭而浅的水体，汀石须安置稳固，其间距应与人的步距，尤其是小孩的步距相一致。

第四节　小品设施与照明园灯

一、小品设施

（一）休憩性园林小品

休憩性园林小品主要有各种造型的园凳、园椅、园桌和遮阳伞、罩等。

室外园林椅、凳的材料要能承受自然力的侵蚀。故现代城市公园绿地中除了要追求稚拙、古朴的情趣外，已很少使用全木构的园凳、园椅，更多的只是以铸铁为架、木板条为坐面及靠背。石构的园凳坚固耐久，适宜于安放在露天。将自然石材稍加修整堆叠形成的园桌、园凳具有天然野趣，也有中国传统园林的风格。而加工成现代造型的石椅、石凳又极大地丰富了休憩类园林小品的种类。钢筋混凝土具有良好的可塑性，能够模仿自然材料的造型或简洁的几何形体，使园椅、园凳体现现代风格。此类园林桌椅虽坚固耐用、制作方便、维护费用低，但也存在着粗糙的不足。所以，还须对其表面进行装饰处理，或直接用木、石等天然材料做面。可移动的园林桌椅过去主要是木构，如今还增加了型钢或塑料家具。

（二）装饰性园林小品

1. 花盆、花钵类小品

公园绿地中设置的大型花盆与花钵主要用来植栽一些一年生的草本花卉，这些花卉只在花期植入其中，并经常更换品种。用盆、钵作为种花的容器，便于移动。花盆、花钵也有造型要求，要与其中的花卉及周围的园景相和谐。固定式的花盆、花钵常用石材雕凿或钢筋混凝土塑造而成，其中石材较精致。可移动的主要为陶制。由于大型花盆、花钵造型优美，常被当作装饰性雕塑安放于对景位置。

2. 雕塑

雕塑在公园绿地中可以点缀风景、表现园林主题、丰富游览内容，大致可分为纪念性雕塑、主题性雕塑及装饰性雕塑三大类。

（1）纪念性雕塑

大多布置在纪念性公园内。多以纪念碑和写实的人物雕像为多，其前布置草坪或铺装广场，供集体性瞻仰，背后密植丛树，增添庄严的气氛。

（2）主题性雕塑

可以用于绝大多数的公园绿地中，但需要与园林的主题相一致。但一些过于直接的雕塑又难以令人产生联想，很难被看作优秀的作品。

（3）装饰性雕塑

题材广泛，形式多样，几乎所有的公园绿地中都能见到。我国古典园林中曾有实用功能的日晷、香炉、水缸、铜鹤等，如今可认为是装饰性雕塑主题。传统园林中的独置峰石也可以是为园景点缀的抽象雕塑。西方的古代园林主要以神话人物作为雕塑的主题，大量安置在园内各处。这些都能被今天的城市公园绿地继承和借鉴。

雕塑的布置需要注意与周围环境的关系。首先，要对雕塑的题材、尺度、材料、位置予以斟酌，避免对比强烈造成主次不分；其次，要考虑其观赏距离和视角；最后，园林内的雕塑不能太多，否则会让观赏者无所适从，也削弱了雕塑的点缀作用。另外，题材的选择宜与当地历史、文化有联系，避免程式化。

3. 栏杆、洞门、景窗

（1）栏杆或坐栏主要起防护、分隔、装饰美化及供人小坐休息的作用

公园绿地中栏杆的使用不宜太多，应结合多种功能。除与城市空间交界处的栏杆需有一定高度外，园内栏杆通常不能过高。一般设于台阶、坡地、游廊的防护栏杆，高度可为 85~95 cm；自然式池岸不必设置栏杆，在整形驳岸或沿岸布置游憩观光道路，可缘边安置 50~70 cm 的栏杆，或用 40 cm 左右的坐栏；林荫道旁、广场边缘若设置栏杆，高度应视需要而定，大体上控制在 70 cm 以下；花坛四周、草坪外缘若用栏杆，高度在 15~20 cm。

常用的栏杆材料有竹、木、石、铸铁、钢筋混凝土等。

用细竹弯曲而成的栏杆简单且容易损坏，但价格低廉、制作方便，造型与花坛和谐；木制栏杆易朽，须经常维护，多用于廊下柱间，还可用细木条拼出各种装饰图案；石制栏杆粗壮、坚实、耐用；铸铁栏杆占地面积少，可作各种装饰纹样，但也易锈蚀。钢筋混凝土栏杆可预制装饰花纹，且无须养护，但较粗糙。

（2）传统洞门和景窗有很好的装饰性，在园林中常被用来引景和框景

洞门有出入口和联系两处分隔空间的作用。也能用别致的造型、精美的框线将园景收入框中，使之成为优美生动的画幅。常见的洞门形式有曲线形的，如圆月门、半月门、葫芦门等；直线形的则有方形、六方形、执圭形等；还有以直线或曲线中的一种为主，加入另一种的混合形洞门。现代公园绿地中还出现了一些不对称的洞门形式，可称为自由形洞门。

（3）景窗的作用有与洞门相同的一面，连续布置时还可以对单调的墙面进行有韵律感的装饰，使之产生有节奏的韵律感

景窗的类型大致有三种：一为北方古典园林使用的什锦窗，在墙上开设出各种造型的窗洞，四周围以木框，两面镶嵌玻璃，适合白天组织园林框景，夜晚窗内燃灯。另一为江南古典园林常见的漏窗。构筑漏窗的材料有望砖、筒瓦、细竹、木条、钢丝、竹筋等多种，或能形成色彩对比，或能塑出各种造型，均有不错的装饰效果。漏窗对园景有隔而不绝的阻挡作用，游人能透过漏窗间隙见到墙内景致，颇有情趣。再一是空窗，其形式和作用都与洞门相仿，故在洞门之侧选用造型一致的空窗能使风格更趋统一。

（三）展示性园林小品

公园绿地中起提示、引导、宣传作用的设施属展示性小品，包括各种指路标牌、导游图板、宣传廊、告示牌，以及动物园、植物园、文物古迹中的说明牌等。

此类小品的位置、材料和造型也应精心设计，否则不易引起游人注意。首先，除了一些说明标牌，各类牌、板的位置和数量须掌握"宜精不宜多"的原则；其次，材料的选择应坚实耐久；最后，牌、板的造型要与周围景观协调，且其形式亦应予以精心设计，以引人注意。此外，各种牌、板的造型应尽量统一，以免杂乱而影响观瞻。

（四）服务性园林小品

小型售货亭、饮水泉、洗手池、废物箱、电话亭等可以归入服务性园林小品。

公园绿地内的宣传廊平面可布置成直线形、曲线形和弧形，断面依据陈设的内容设计为单面或双面、平面或立体式的。宣传廊一般设于游人较多的地方，但也要注意行人与观

览者间的干扰。宣传廊之前需要有足够的空间，周围有绿树可以遮荫等。展板的高度应与人的视高相适应，上下边线宜在 1.2~2.2 m，故宣传廊高不能高于 2.4 m。

售货亭的体量一般较小，内部能有容纳一两位售货员及适量货品的空间即可。其造型需新颖、别致，并能与周围景物相协调。目前，人们逐渐以铝合金、塑钢等来构筑此类服务性园林小品。

公园绿地有设置公用电话的必要。对于有防寒、遮蔽雨雪要求的电话亭可采用能够关闭的，与售货亭相类似的材料和结构，而公园绿地因风雨天游人不会太多，所以可更注意其造型变化及色彩的要求。

饮水泉和洗手池若安排在一些游人较集中的地方，并经过精心设计，不仅可以方便利用，还能获得雕塑般的装饰效果。

废物箱一般应放置在游人较多的显眼位置，故造型显得非常重要。废物箱需要考虑收集口的大小、高度，便于丢放和清理、回收，废物箱的制作材料要容易清洗。此外，分类收集垃圾和设置专门的电池废物箱也很必要。

（五）游戏健身类园林小品

公园绿地中通常都设有游戏、健身器材和设施，如今还有数量和种类逐渐增多的趋势。

传统的儿童游戏类设施较为简洁单一，材料以木材为主，接触感好，但耐久性较差。用钢材、水泥代替木料，设施的维护要求降低，但也会使触感变差。有些园林中，人们利用城市建设和日常生活中的余料组合设计，形成游戏设施。若能精心设计，则趣味性足、造型优美。而电动游艺机的广泛使用，丰富了儿童活动内容和设施造型。儿童游戏类设施应根据儿童年龄段的活动和心理特点设计，应形象生动，具象征性，色彩鲜明，易于识别，以产生更强的吸引力。

近年来，公园绿地内出现的各种健身器材极大地满足了老年人的需求。目前，公园绿地中所使用的健身器材大多由钢件构成，结构以满足健身运动的要求设计，而造型方面考虑不多。其实这类健身器材的外形经过设计也完全可以更美观，可在色彩和造型方面多加考虑。

二、照明园灯

（一）照明的类型

1. 重点照明

重点照明是为强调某些特定目标而进行的定向照明。即选择定向灯具将光线对准目标，使这些物体打上一定强度的光线，而让其他部位隐藏在弱光或暗色之中，突出意欲表达的物体。重点照明须注意灯具的位置，使用带遮光罩的灯具及小型的便于隐藏的灯具可减少眩光的刺激，同时还能将许多难以照亮的地方显现在灯光之下。

2. 环境照明

环境照明，第一是相对于重点照明的背景光线；第二是作为工作照明的补充光线。它不是专为某一物体或某一活动而设，主要提供一些必要光亮的附加光线，以让人感受到周围的事物。环境照明通常应消除特定的光源点，利用匀质墙面或其他物体的反射使光线变得均匀、柔和，也可采用地灯、光纤、霓虹灯等，以形成一种充满某一特定区域的散射光线。

3. 工作照明

工作照明是为特定的活动所设。要求所提供的光线无眩光、无阴影，使活动不受夜色影响，并且要注意对光源的控制。

4. 安全照明

为确保夜间游园、观景的安全，需要在广场、园路、水边、台阶等处设置灯光；而墙角、屋隅、丛树下的照明，可给人安全感。此类光线要求连续、均匀，并有一定的亮度。可以是独立的光源，也可与其他照明结合使用，但相互之间不应产生干扰。

（二）园林的照明运用

1. 场地照明

在广场的周围选择发光效率高的高杆直射光源可以使场地内光线充足，便于人的活动。若广场范围较大，可布置适当数量的地灯作为补充。场地照明通常依据工作照明或安全照明的要求来设置，在有特殊活动要求的广场上还应布置一些聚光灯之类的光源，以便在活动时使用。

2. 道路照明

对于园林中可能会有车辆通行的主次干道，需要采用具有一定亮度，且均匀的连续照明，便于准确识别路况，所以应根据安全照明要求设计；对于游憩小路则可采用环境照明的手法，使其融入柔和的光线之中。采用低杆园灯的道路照明应避免直射灯光耀眼，通常可用带有遮光罩的灯具。

3. 建筑照明

为在夜晚呈现建筑造型，过去主要采用聚光灯和探照灯，如今已普遍使用泛光照明。若为了突出和显示其特殊的外形轮廓，一般用霓虹灯或成串的白炽灯沿建筑的棱边安设，也可用经过精确调整光线的轮廓投光灯，将需要表现的物体仅仅用光勾勒出轮廓。建筑内的照明除使用一般的灯具外，还可选用传统的宫灯、灯笼，如在古典园林中更应选择传统灯具。

4. 植物照明

使用隐于树丛中的低照明器可以将阴影和被照亮的花木组合在一起。利用不同的灯光组合可以强调园中植物的质感或神秘感。

植物照明设计中最能令人兴奋的是一种被称作"月光效果"的照明方式。灯具被安置在树枝之间，可以将光线投射到园路和花坛之上形成斑驳的光影，从而引发奇妙的想象。

5. 水景照明

夜色之中用灯光照亮水体将让人有别样的感受。大型的喷泉使用红色、橘黄色、蓝色和绿色的光线进行投射，会产生欢快的气氛；小型水池运用一些更为自然的光色则可使人感到亲切。

位于水面以上的灯具应将光源，甚至整个灯具隐于花丛之中或者池岸、建筑的一侧。跌水、瀑布中的灯具可以安装在水流的下方。静态的水池可将灯具抬高使之贴近水面，增加灯具的数量，使之向上照亮周围的花木，以形成倒影，或者将静水作为反光水池处理。

6. 其他灯光

除了上述几种照明之外，还有像水池、喷泉水下设置的彩色投光灯、射向水幕的激光束、园内大量的广告灯箱等。随着大量新颖灯具的涌现，今后的园灯会有更多选择，夜景也会更加绚丽。

（三）灯光的设计

园林中的照明设计是一项十分细致的工作，需要从艺术的角度加以周密考虑，灯光的运用也应丰富而有变化。

雕塑、小品及姿形优美的树木可使用聚光灯予以重点照明，突出被照之物形象及明暗光影，吸引游人视线。由于聚光照明所产生的主体感特别强，所以在一定的区域范围内应尽量少用，以便分清主次。

轮廓照明适合于建筑与小品，更适合于落叶乔木，尤其是冬天，效果更好。通过均匀、柔和地照亮树后墙体，形成光影的对比。对墙体的照明应采用低压、长寿命的荧光灯具，冷色的背光衬托树木枝干的剪影能给人冷峻静谧之感。若墙前为疏竹，则更似中国传统的水墨画。

要表现树木雕塑般的质感，也可使用上射照明。上射照明光线不必太强，照射部位也不必太集中。通常用以对一些长成的大树进行照明。而地面安装的定向投光灯则可作为小树、灌木的照明灯具，便于调整。

灯光下射可使光线呈现出伞状的照明区域，光线柔和，适用于户外活动场所。用高杆灯具或将其他灯具安装在建筑的檐口、树木的枝干上，使光线由上而下倾泻，在特定的区域范围内，形成一个向心空间。在其间活动，感觉温馨、宜人。

室外空间照明中最为自然的手法是月光照明。将灯具固定在树上适宜的位置，一部分向下照射，把枝叶的影子投向地面；一部分向上照射，将树叶照亮，实现月光般的照明效果。

园路的照明设计也可以予以艺术的处理，将低照明器置于道路两侧，使人行道和车道包围在有节奏的灯光之下。这种效应在使用塔形灯罩的灯具时更为显著。若配合附加的环境照明灯光源，效果会更好。

在公园绿地中安全照明是其他照明不可替代的，但对于造景而言，安全照明只是一种功能性的光线，若有可能，应与其他照明相结合，如果单独使用也须注意不能干扰其他照明。

园林照明设计中需要避免如下问题：随意更换光源类型会在一定程度上影响原设计的效果；用彩灯对花木照明，易使植物看起来不真实；任由植物在灯具附近生长会遮挡光线；垃圾杂物散落在地灯或向上投射的光源之上会遮挡光线，影响效果；灯具光源过强会刺激人眼，使人难以看清周围的事物；灯具比例失调也会让人感到不舒服。

（四）常用的园灯的类型

1. 投光器

将光线由一个方向投射到需要照明的物体，产生欢快、愉悦的气氛。投射光源可用一般的白炽灯或高强放电灯，在光源上加装挡板或百叶板，并将灯具隐蔽起来。使用一组小型投光器，通过精确调整使之形成柔和、均匀的背景光线，可勾勒出景物的外形轮廓，形成轮廓投光灯。

2. 杆头式照明器

用高杆将光源抬升至一定高度，扩大照射范围。因光源距地较远，光线呈现出静谧、柔和的气氛。过去光源常用高压汞灯，目前广泛采用钠灯。

3. 低照明器

将光源高度设置在视平线以下，光源用磨砂或乳白玻璃罩护，或将上部完全遮挡。低照明器主要用于园路两旁、墙垣之侧或假山岩洞等处。

4. 埋地灯

常埋置于地面以下，外壳由金属构成，内用反射型灯泡，上面装隔热玻璃。主要用于广场地面，也被用于建筑、小品、植物的照明。

5. 水下照明彩灯

主要由金属外壳、转臂、立柱，以及橡胶密封圈、耐热彩色玻璃、封闭反射型灯泡、水下电缆等组成。颜色有红、黄、绿、琥珀、蓝、紫等，可安装于水下 30～1000 mm 处，是水景照明和彩色喷泉的重要组成部分。

(五) 园灯的构造与造型

1. 汞灯

汞灯的寿命较长，容易维修，是目前国内园林使用最为普遍的光源之一，其功率有从 40 W 到 2000 W 多种规格。

2. 金属卤化物灯

金属卤化物灯比普通白炽灯具有更高的色温和亮度，发光效率高，显色性好，适用于照射游人较多的地方。但没有低瓦数的规格，使用受限。

3. 高压钠灯

高压钠灯是一种高强放电灯，能耗较低，能用于照度要求较高的地方，但发出的光线为橘黄色，不能真实地反映绿色。

4. 荧光灯

荧光灯因其价格低、光效高、寿命长而被广泛运用于广告灯箱，适宜于规模不大的小庭园，不适宜于广场和低温条件下工作。

5. 白炽灯

白炽灯发出的光线与自然光较为接近，可用于庭园照明和投光照明，但寿命较短，须经常更换维修。

目前，我国尚未制定园林照明标准，但为了保证照度，一般控制在 0.3～1.5 LX 的范围。对于杆头式照明器光源的悬挂高度一般为 4.5 m，而路旁、花坛等处的低照明器高度大多低于 1 m。

(六) 园灯的设计要点

园林照明的设计及灯具的选择应在设计之前做一次全面细致的考察，并兼顾局部和整体的关系。若能将重点照明、安全照明和装饰照明等有机地结合，可节省能源和灯具上的花费，更能避免重复施工。

照明设计应突出优化园景，掩藏有缺憾的园景，照明方法应因景而异。景物的投射灯光应依据需要而使强弱有所变化；园路两侧的路灯应照度均匀、连续。为使小空间显得更大，可只照亮前庭而将后院置于阴影之中；而对大的室外空间，处理的手法正相反。室外照明应慎用光源上的调光器和彩色滤光器，但天蓝滤光器是一个例外。

灯光亮度要根据活动需要及保证安全而定。照明设计尤其应注意眩光。所谓眩光是指使人产生极强烈不适感的过亮过强的光线，可将灯具隐藏在花木之中。要确定灯光的照明范围还须考虑灯具的位置，而照明时所形成的阴影大小、明暗要与环境及气氛相协调。

灯具的选择、灯光效果和造型都很重要。外观造型应符合使用要求与设计意图，强调其艺术性。园灯的形式和位置主要依据照明需要而定，但也要考虑园灯在白天的装饰作用。

此外，园灯位置不应过于靠近游人活动及车辆通行的地方。若必须设置，可设地灯、装饰园灯，但不宜选择发热过高的灯具，若无更合适的灯具，则应加装隔热玻璃，或采取其他的防护措施。园灯位置还应考虑方便安装和维修，灯具线路开关及灯杆设置都要采取安全措施，以防漏电和雷击，并对大风、雨雪水、气温变化有一定的抵御能力。寒冷地区的照明工程，还应设置镇流器，以免受低温影响。

风景名胜区、森林公园、
自然保护区与旅游区规划

随着现代社会经济和工业的发展，城市与人口高度密集化，使人类赖以生存的生活环境受到了严重的影响。越来越多的人开始关心人类自身的生存环境，而现有城市公园在景观及活动的内容上已远远不能满足人们日益增长的物质和文化需求。因此，富有特色的风景名胜区、森林公园、自然保护区和旅游区受到了人们的普遍欢迎。风景名胜区和森林公园及森林游憩活动开始渗透到世界各个角落，在国民经济、旅游和林业综合利用中的地位日益突出。

第一节　风景名胜区、森林公园、
自然保护区与旅游区概述

一、风景名胜区

（一）风景名胜区的概念

风景名胜区是指具有观赏、文化或者科学价值，自然景观、人文景观比较集中，环境优美，可供人们游览或者进行科学、文化活动的地域。

风景名胜区事业是国家社会公益事业，与国际上建立国家公园一样，我国建立风景名胜区，是要为国家保留一批珍贵的风景名胜资源（包括生物资源），同时科学地建设管理、合理地开发利用。

中国国家级风景名胜区的英文名称为 National Park of China，徽志图案为圆形，正中部万里长城和山水图案象征祖国的悠久历史、名胜古迹和自然风景；两侧由银杏叶和茶树叶组成的环形图案象征风景名胜区优美的自然生态环境和植物景观。徽志设置于国家级风景名胜区主要入口的标志物上。

（二）风景名胜区的构成

依据风景区发展的历程特征和社会需求规律，可以把风景区的构成归纳为 3 个基本要素及 24 个构成因子（见表 3-1）。

表 3-1　风景名胜区的构成

基本要素	构成因子
游览对象	天景、地景、水景、生景、园景、建筑、胜迹、风物
游览设施	旅行、游览、饮食、住宿、购物、娱乐、保健、其他
运营管理	人员、财务、物资、机构建制、法规制度、目标任务、科技手段、其他

（三）风景名胜区的分类

按等级，可以分为国家级和省级风景名胜区两类；按用地范围，可以分为小型、中型、大型和特大型风景名胜区四类。

按主要特征，可以分为历史圣地类、山岳类、岩洞类、江河类、湖泊类、海滨海岛类、特殊地貌类、城市风景类、生物景观类、壁画石窟类、纪念地类、陵寝类、民俗风情类、其他类风景名胜区共 14 类。

（四）风景名胜区规划的相关概念

1. 风景名胜区规划

风景名胜区规划也称风景区规划，是保护培育、开发利用和经营管理风景区，并发挥其多种功能作用的统筹部署和具体安排。经相应的人民政府审查批准后的风景区规划，具有法律权威，必须严格执行。

2. 风景资源

风景资源也称景源、景观资源、风景名胜资源、风景旅游资源，是指能引起审美与欣赏活动，可以作为风景游览对象和风景开发利用的事物与因素的总称。风景资源是构成风景环境的基本要素，是风景区产生环境效益、社会效益、经济效益的物质基础。

3. 景物

景物是指具有独立欣赏价值的风景素材的个体，是风景区构景的基本单元。

4. 景观

景观是指可以引起视觉感受的某种景象，或一定区域内具有特征的景象。

5. 景点

景点是由若干相互关联的景物所构成、具有相对独立性和完整性，并具有审美特征的基本境域单位。

6. 景群

景群是由若干相关景点所构成的景点群落或群体。

7. 景区

景区是指在风景区规划中，根据景源类型、景观特征或游赏需求而划分的一定用地范围，包含有较多的景物和景点或若干景群，形成相对独立的分区特征。

8. 风景线

风景线也称景线，由一连串相关景点所构成的线性风景形态或系列。

9. 游览线

游览线也称游线，指为游人安排的游览欣赏风景的路线。

10. 功能区

功能区是根据主要功能发展需求而划分的一定用地范围，形成相对独立的功能分区特征。

11. 游人容量

游人容量是指在保持景观稳定性，保障游人游赏质量和舒适安全，以及合理利用资源的限度内，单位时间一定规划单元内所能容纳的游人数量。

12. 居民容量

居民容量是指在保持生态平衡与环境优美、依靠当地资源与维护风景区正常运转的前提下，一定地域范围内允许分布的常住居民数量。

二、森林公园

（一）森林公园的概念

森林公园是指具有一定规模和质量的森林风景资源与环境条件，可以开展森林旅游，并按法定程序申报批准的森林地域。

中国国家森林公园的英文名称为 National Forest Park of China，徽志图案为圆形，外圈是中英文名称，内圈图案展现的是典型的四季森林景观，体现了森林公园为公众提供生态游憩服务的宗旨。

（二）森林公园的类型

按等级，可以分为国家级、省级、市（县）级森林公园。

按地貌景观，可以分为山岳型、江湖型、海岸–岛屿型、沙漠型、火山型、冰川型、洞穴型、草原型、瀑布型、温泉型森林公园十类。

按经营规模，可以分为特大型、大型、中型、小型森林公园四类。

按区位特征，可以分为城市型、近郊型、郊野型、山野型森林公园四类。

（三）森林公园景观资源的相关概念

1. 景物

景物是指具有观赏、科学文化价值的客观存在的物体。如奇峰异石、泉瀑溪潭、森林植被、野生动物、文化遗址等。

2. 景观

景观是指将景物按美学的观点完美结合而构成的画面，通过人的感官给予美的享受。如大自然的山水、树木、光影、云霞、露雾，以及点缀在自然环境中的建筑、人群、飞禽走兽、花草鱼虫，构成一幅幅动静变化的空间画面，给人以视觉、听觉、嗅觉、味觉上美的享受。

3. 森林风景资源

森林风景资源是指森林资源及其环境要素中凡能对旅游者产生吸引力，可以为旅游业所开发利用，并能产生相应的社会效益、经济效益和环境效益的各种物质因素。

4. 风景资源质量

风景资源质量是指风景资源所具有的科学、文化、生态和旅游等方面的价值。

三、自然保护区

（一）自然保护区的概念

自然保护区是指对有代表性的自然生态系统、珍稀濒危野生动植物物种的天然集中分布区、有特殊意义的自然遗迹等保护对象所在的陆地、陆地水体或者海域，依法划出一定面积，并由县级以上人民政府批准进行特殊保护和管理的区域。

凡符合下列条件之一的，应当建立自然保护区：①典型的自然地理区域、有代表性的自然生态系统区域，以及已经遭受破坏但经保护能够恢复的同类自然生态系统区域；②珍稀、濒危野生动植物物种的天然集中分布区域；③具有特殊保护价值的海域、海岸、岛屿、湿地、内陆水域、森林、草原和荒漠；④具有重大科学文化价值的地质构造、著名溶洞、化石分布区、冰川、火山、温泉等自然遗迹；⑤经国务院或者省、自治区、直辖市人民政府批准，需要予以特殊保护的其他自然区域。

中国自然保护区的英文名称为 Nature Reserve of China，徽志图案的主体前景是一双手，背景是地球的图形。通过相互交握的手，利用明暗及色彩的差异，勾勒出一条由远及近奔腾不息的河流。远处的蓝天一望无际，近处的绿地欣欣向荣，徽志图案体现了自然环境的优美和谐，双手体现出保护的含义。

（二）自然保护区的分类

根据自然保护区的主要保护对象，将自然保护区分为三个类别九个类型（见表3-2）。

表3-2　自然保护区类型划分表

类别	类型	保护对象
自然生态系统	森林生态系统类型	森林植被及其生境所形成的自然生态系统
	草原与草甸生态系统类型	草原植被及其生境所形成的自然生态系统
	荒漠生态系统类型	荒漠生物和非生物环境共同形成的自然生态系统
	内陆湿地和水域生态系统类型	水生和陆栖生物及其生境共同形成的湿地和水域生态系统
	海洋和海岸生态系统类型	海洋、海岸生物及其生境共同形成的海洋和海岸生态系统
野生生物类	野生动物类型	野生动物物种特别是珍稀濒危动物和重要经济动物种群及其自然生境
	野生植物类型	野生植物物种特别是珍稀濒危植物和重要经济植物种群及其自然生境
自然遗迹类	地质遗迹类型	特殊地质构造、地质剖面、奇特地质景观、珍稀矿物、奇泉、瀑布、地质灾害遗迹等
	古生物遗迹类型	古人类、古生物化石产地和活动遗迹

（三）自然保护区的分级

自然保护区分为国家级、省（自治区、直辖市）级、市（自治州）级和县（自治县、旗、县级市）级四级。

1. 国家级自然保护区

国家级自然保护区，是指在全国或全球具有极高的科学、文化和经济价值，并经国务院批准建立的自然保护区。

2. 省（自治区、直辖市）级自然保护区

省（自治区、直辖市）级自然保护区，是指在本辖区或所属生物地理省内具有较高的科学、文化和经济价值及休息、娱乐、观赏价值，并经省级人民政府批准建立的自然保护区。

3. 市（自治州）级和县（自治县、旗、县级市）级自然保护区

市（自治州）级和县（自治县、旗、县级市）级自然保护区，是指在本辖区或本地区内具有较为重要的科学、文化、经济价值及娱乐、休息、观赏价值，并经同级人民政府批准建立的自然保护区。

（四）自然保护区的相关概念

1. 自然保护区总体规划

在对自然保护区的资源与环境特点、社会经济条件、资源保护与开发利用现状和潜在可能性等综合调查分析的基础上，明确自然保护区范围与面积、性质、类型、发展方向和一定时期内的发展规模与目标，制订自然保护区一系列行动计划与措施的过程。总体规划是一定时期内自然保护区建设和发展的指导性文件，可为协调自然保护区建设与发展制定目标，提供政策指导，为决策部门选择、确定项目提供依据，同时也为保护区制订管理计划和年度计划提供依据。

2. 核心区

自然保护区中各种自然生态系统保存最完整，主要保护对象及其原生地、栖息地、繁殖地集中分布，需要采取最严格管理措施的区域。

3. 缓冲区

为了缓冲外来干扰对核心区的影响，在核心区外围划定的、只能进入从事科学研究观测活动的区域（地带），是自然性景观向人为影响下的自然景观过渡的区域。

4. 实验区

自然保护区中为了探索自然资源保护与可持续利用有效结合的途径，在缓冲区外围区划出来适度集中建设和安排各种实验、教学实习、参观考察、经营项目与必要的办公、生产生活基础设施的区域。

5. 保护对象

自然保护区范围内依据国家、地方有关法律法规，需要采取措施加以保护、严禁破坏的自然环境、自然资源与自然景观的总称。

四、旅游区

（一）旅游区的概念

旅游区是以旅游及其相关活动为主要功能或主要功能之一的空间或地域。旅游区是表现社会经济、文化历史和自然环境统一的旅游地域单元。一般包含许多旅游点，由旅游线连接而成。

（二）旅游区的相关概念

1. 旅游发展规划

旅游发展规划是根据旅游业的历史、现状和市场要素的变化所制定的目标体系，以及为实现目标体系在特定的发展条件下对旅游发展的要素所做的安排。

2. 旅游区规划

旅游区规划是指为了保护、开发、利用和经营管理旅游区，使其发挥多种功能和作用而进行的各项旅游要素的统筹部署和具体安排。

3. 旅游客源市场

旅游者是旅游活动的主体，旅游客源市场是指旅游区内某一特定旅游产品的现实购买者与潜在购买者。

4. 旅游资源

自然界和人类社会凡能对旅游者产生吸引力，可以为旅游业开发利用并可产生经济效益、社会效益和环境效益的各种事物和因素，均称为旅游资源。

5. 旅游产品

旅游资源经过规划、开发建设形成旅游产品，旅游产品是旅游活动的客体与对象，可分为自然、人文和综合三大类。

6. 旅游容量

旅游容量是指在可持续发展前提下，旅游区在某一时间段内，其自然环境、人工环境和社会经济环境所能承受的旅游及其相关活动在规模和强度上极限值的最小值。

第二节　风景名胜区规划

风景名胜区规划是一项复杂的系统工程，涉及方方面面的工作，本节主要对风景名胜区规划程序、风景名胜区总体规划、风景名胜区专项规划等相关内容做一个简要概述。

一、风景名胜区规划程序

风景名胜区规划是针对资源、社会、经济等各个系统进行的宏观调控，整个风景名胜区规划编制大致可以分为五个阶段：调查研究阶段、制定目标阶段、规划部署阶段、规划优化与决策阶段及规划实施监管与修编阶段。

（一）调查研究阶段

调查研究阶段主要完成前期准备、调查工作、现状评价、综合分析等内容，这一阶段是风景名胜区规划重要的基础调研阶段，资料收集的丰富性与真实性、人员组成的科学性与协作性、现场调研的深入性与灵活性，以及综合分析的准确性与前瞻性都将直接影响规划进度、深度、效能等各个方面。

（二）制定目标阶段

制定目标阶段主要包括确定性质、指导思想、规划目标、制定发展指标、架构宏观发展战略等内容。综合利用各种理论与方法，对风景名胜区发展制定控制性的原则内容，对整个风景名胜资源的保护与利用工作提出大的方向与方针。同时，根据规划目标对风景名胜区的系统分区、结构布局、资源保护与利用方式及强度等诸多内容提出相应的规划方案与构想。这个阶段十分强调政策性与战略性。在完成此阶段内容后需要进行专家评审。

（三）规划部署阶段

在制定目标阶段确定并经过专家评审通过的发展目标、技术指标及发展战略的基础上，对资源保护、社会经济调控、游赏服务设施等子系统进行系统的构建、协调与完善，能使系统的整体性、协调性、连续性得到充分发展。

（四）规划优化与决策阶段

规划方案形成之后，要在征询规划专家、当地政府、国家主管部门等方面意见的基础上，对规划成果的可行性、可操作性、可视化等方面进行相应的优化和精选，使规划成果更能满足规划实施与管理的需要。

（五）规划实施监管与修编阶段

随着社会经济的发展，规划在实施与监管过程中，会不断出现规划中未能预料的变故，规划必须根据内在条件与外部环境的变化不断修编，使自身的系统得到更新与完善，使规划与建设管理永远处于一种良性互动状态。

二、风景名胜区总体规划

编制风景名胜区总体规划，必须对风景名胜区现状进行调查与分析，对风景名胜资源进行科学评价，依据合理的规划依据，确定风景名胜区的范围、性质与发展目标，风景区的分区、结构与布局，风景区的容量、人口与生态原则等基本内容。

（一）风景名胜区现状调查与分析

1. 风景名胜资源调查

风景名胜资源调查主要分为风景名胜资源系统、旅游服务系统及居民社会经济系统调查三个部分，涉及测量资料、自然与资源条件、人文与经济条件、设施与基础工程条件及土地与其他资料五个方面的内容。

（1）风景名胜资源系统调查

风景名胜资源系统调查主要包括自然景源调查和人文景源调查两个部分。自然景源调查是在广泛了解风景名胜区的水文、地质、气候等自然本底条件的基础上，有重点地调查具有景观价值、科学价值的特色景源。包括与环境组合成的各种地貌景观，如：奇峰、怪石、悬崖、峭壁、幽洞的形象、观赏效果；山岳、山地、峡谷、丘陵、沙滩、海滨、溶洞、火山口等景观的分布、形态、面积等；森林类型、组成树种及景观特点植物种类、数量、分布及花期等，特别是古树名木的树种、数量、年龄、姿态；动物的种类、分布、食性、习性，特别是珍稀野生动物、国家保护动物活动区域及生存环境要求等；可供观赏或游乐的江河、涧溪、山泉、飞瀑、碧潭，以及湖泊、水库、池塘等水域的位置、形状、面积、宽度、水质等；海岸的旅游适宜状况；云海、雾海、日出、日落、冰雪等气象景观出现的季节、时间、规模、形态等。人文景源调查不仅要调查现存的特色人文景观，还要调查历史上有影响但已毁掉的人文遗迹及民间传说等，便于开发时充分利用。包括各类古建筑和遗址的种类、数量、面积、建筑风格、艺术价值、建筑年代、保存状况；民族生活习惯、服饰、村寨建筑风格、信仰、传统食品；当地婚丧嫁娶及各种禁忌、礼仪等风俗习惯；各种纪念活动、节庆活动、庆典活动等。除了对风景名胜区范围内的资源进行重点调查以外，同时，也要对风景名胜区周边景区的景点及发展现状进行调查，以便为风景名胜区规划定位与目标确定提供重要的参考与借鉴价值。

（2）旅游服务系统调查

风景名胜区的旅游服务系统调查主要从吃、住、行、购、娱五个方面来展开。包括现有的公路、铁路、水路、航空交通状况，旅游汽车、出租车、观光游船、车站、码头的数量和质量；饭店、旅馆、农舍式小屋、度假村、野营帐篷等多种住宿设施的规模、数量、档次、功能及接待能力；餐馆的规模、数量、分布情况、名特小吃与特色菜肴；零售购物、邮电通信、医疗服务等业务的分布与服务情况。

（3）居民社会经济系统调查

风景名胜区的居民社会经济系统调查主要包括风景名胜区内部及周边城镇的经济状况、接待条件、社会治安、民族团结、风土人情、物产情况等。

2. 风景名胜区现状调查成果编辑

风景名胜区现状调查成果编辑主要包括编写风景名胜区基础资料汇编、编写现状调查报告和完成现状图纸的绘制三个方面的工作。资料汇编要注意保持资料信息的原真性与关联性。现状调查报告主要包括三个部分：一是真实地反映风景名胜资源保护与利用现状，总结风景名胜资源的自然和历史人文特点，并对各种资源类型、特征、分布及其多重性加以分析；二是明确风景名胜区现状存在的问题，全面总结风景名胜区存在的优势与劣势；三是在深入分析现状问题及现状矛盾与制约因素的同时，提出相应的解决问题的对策及规划重点。现状图纸上的主要内容包括风景名胜资源分布、旅游服务设施现状、土地利用现状、道路系统现状、居民社会现状等。

（二）风景名胜资源评价

1. 风景名胜资源分类

（1）自然景观资源

自然景观资源是指以自然事物和因素为主的景观资源，可分为天景、地景、水景、生景四类。天景是指天空景象，包括日月星光、虹霞蜃景、冰雪霜露、风雨云雾等天象景观。地景是指地文景观，包括国土、山峦、沙漠、火山、溶洞、峡谷、洲、岛、礁、屿等地质景观。水景是指水体景观，包括泉水、溪流、江河、湖泊、潭池、瀑布、跌水、沼泽、滩涂、冰川等。生景是指生物景观，包括森林、草地草原、珍稀生物、物候季相等景观。

（2）人文景观资源

人文景观资源是指可以作为景观资源的人类社会的各种文化现象与历史成就，是以人为事物和因素为主的景观资源，可以分为园景、建筑、胜迹、风物四类。园景是指园苑景观，包括古典园林、现代园林、植物园、动物园、陵园等。建筑是指建筑景观，包括景观建筑、民居古建、宫殿衙署等。胜迹是指历史遗迹景观，包括石窟、碑石题刻、人类历史遗迹、人类工程遗迹等。风物是指民俗景观，包括民风民俗、神话传说、地方物产等。

2. 风景名胜资源评价

（1）风景名胜资源的美学价值评价

根据风景名胜资源的形态、色彩、动态、听觉、嗅觉、味觉、触觉、结构、功能等外在美的类型，来评价风景资源的美学质量。

（2）风景名胜资源的科学价值评价

根据风景名胜资源的多样性、稀有性、代表性和脆弱性等指标，对风景名胜资源进行定位、定性和定量分析。

（3）风景名胜资源的综合评价

在景源调查、景源筛选与分类的基础上，对景源进行评分和分级（分为特级、一级、二级、三级、四级），最后形成风景名胜资源评价结论（包括景源等级统计表、评价分析、特征概括三个部分）。

（三）风景名胜区规划依据

1. 相关法律依据

法律依据是指国家制定或认可，并以国家强制力保证其实施的与风景名胜区规划直接或间接相关的行为规范。风景名胜区规划的法律依据主要有：《中华人民共和国城乡规划法》《中华人民共和国环境保护法》《中华人民共和国海洋环境保护法》《中华人民共和国文物保护法》《中华人民共和国土地管理法》《中华人民共和国公路法》和《中华人民共和国森林法》。

2. 国家规章及相关部门规范性文件

与风景名胜区规划相关的国家规章及部门规范性文件有《风景名胜区条例》《国家重点风景名胜区总体规划编制报批管理规定》《国家重点风景名胜区规划编制审批管理办法》《关于做好国家重点风景名胜区核心景区划定与保护工作的通知》等。

3. 地方规章及规范性文件

近年来，各地十分重视风景名胜区的发展，各地方人大和各地方政府颁布或发布了地方风景名胜区管理方面的法规和加快发展地方风景名胜区的通知或决定等。这些地方规章及规范性文件也是各地风景名胜区规划的依据。

4. 相关的国家标准、行业标准或地方标准

相关的风景名胜区规划国家标准、行业标准主要包括《风景名胜区规划规范》《风景名胜区分类标准》《旅游规划通则》《环境空气质量标准》《地表水环境质量标准》《海水水质标准》《景观娱乐用水水质标准》《旅游涉外饭店星级的划分与评定》《导游服务规范》等。

5. 其他国际公约

与风景名胜区规划相关的国际公约主要是《保护世界文化和自然遗产公约》。

（四）风景名胜区范围、性质与发展目标

为便于总体布局、保护和管理，每个风景名胜区必须有确定的范围和外围特定的保护地带。

确定风景名胜区规划范围及其外围保护地带，主要依据以下原则：景源特征及其生态环境的完整性，历史文化与社会连续性，地域单元的相对独立性，保护、利用、管理的必要性与可行性。

风景名胜区范围的界线必须明确、易于标记和计量。风景名胜区的性质必须依据风景名胜区的典型景观特征、游览欣赏特点、资源类型、区位因素及发展对策与功能选择来确定。风景名胜区的发展目标，应根据风景名胜区的性质和社会需求，提出适合本风景名胜区的自我健全目标和社会作用目标两个方面的内容。

（五）风景名胜区规划分区、结构与布局

1. 风景名胜区规划分区

风景名胜区应依据规划对象的属性、特征及其所在环境进行合理区别，并应遵循以下原则：同一区内的规划对象的特性及其所在环境应基本一致；同一区内的规划原则、措施及其成效特点应基本一致；规划分区应尽量保持原有的自然、人文、现状等单元的完整性。

根据不同需要划分的规划分区应符合下列规定：当需要调节控制功能特征时，应进行功能分区；当需要组织景观和游赏特征时，应进行景区划分；当需要确定保护培育特征时，应进行保护区划分；在大型或复杂的风景区中，可以几种方法协调并用。

2. 风景名胜区规划结构

风景名胜区应依据规划目标和规划对象的属性、作用及其构成规律来组织整体规划结构或模型，并应遵循下列原则：规划内容和项目配置应符合当地的环境承载能力、经济发

展状况和社会道德规范，并能促进风景名胜区的自我生存和有序发展；有效调节控制点、线、面等结构要素的配置关系；解决各枢纽或生长点、走廊或通道、片区或网络之间的本质联系和约束条件。

凡含有一个乡或镇以上的风景区，或其人口密度超过 100 人/km² 时，应进行风景名胜区的职能结构分析与规划，并应遵循下列原则：兼顾外来游人、服务职工和当地居民三者的需求与利益；风景游览欣赏职能及旅游接待服务职能应有相应的效能和发展动力；居民社会管理职能应有可靠的约束力和时代活力；各职能结构应自成系统并有机组成风景名胜区的综合职能结构网络。

3. 风景名胜区规划布局

风景名胜区应依据规划对象的地域分布、空间关系和内在联系进行综合部署，形成合理、完善而又有自身特点的整体布局，并应遵循下列原则：正确处理局部、整体、外围三个层次的关系；解决规划对象的特征、作用、空间关系的有机结合问题；调控布局形态对风景名胜区有序发展的影响；构思新颖，体现地方和自身特色。

（六）风景名胜区容量、人口及生态原则

1. 风景名胜区容量

对一定规划范围的游人容量，应综合分析并满足该地区的生态允许标准、游览心理标准、功能技术标准等。生态允许标准应符合游憩用地生态容量的有关规定，具体规定详见《风景名胜区规划规范》。游人容量应用一次性游人容量、日游人容量、年游人容量三个层次表示。一次性游人容量（亦称瞬时容量），以人/次表示；日游人容量，以人次/日表示；年游人容量，以人次/年表示。游人容量的计算方法宜分别采用线路法、卡口法、面积法、综合平衡法。风景名胜区总人口容量测算应包括外来游人、服务职工、当地居民三类人口容量。

2. 风景名胜区人口规模

风景名胜区人口规模的预测应符合下列规定：人口发展规模应包括外来游人、服务职工、当地居民三类人口；一定用地范围内的人口发展规模不应大于其总人口容量；职工人口应包括直接服务人口和维护管理人口；居民人口应包括当地常住居民人口。

风景名胜区内部的人口分布应符合下列原则：根据游赏需求、生境条件、设施配置等因素对各类人口进行相应的分区分期控制；应有合理的疏密聚散变化，使其各得其所；防止因人口过多或不适当集聚而不利于生态与环境；防止因人口过少或不适当分散而不利于管理与效益。

3. 风景名胜区的生态分区

风景名胜区的生态原则应符合下列规定：制止对自然环境的人为消极作用，并提出限制性规定或控制性指标；保持和维护原有生物种群、结构及其功能特征，保护典型而有示范性的自然综合体；提高自然环境的修复能力，提高氧、水、生物量的再生能力与速度。

风景名胜区的生态分区应符合下列原则：将规划用地的生态状况按危机区、不利区、稳定区和有利区四个等级分别加以标明；按其他生态因素划分的专项生态危机区应包括热污染、噪声污染、电磁污染、放射性污染、卫生防疫条件、自然气候因素、振动影响、视觉干扰等内容。

4. 风景名胜区的环境质量

风景名胜区规划应控制和降低各项污染程度，其环境质量标准应符合下列规定：大气环境质量应符合《环境空气质量标准》中规定的一级标准；地表水环境质量一般应按《地表水环境质量标准》中规定的一级标准执行，游泳用水应执行《游泳场所卫生标准》；等等。

三、风景名胜区专项规划

（一）保护培育规划

1. 风景保护分类

（1）生态保护区

对风景区内有科学研究价值或其他保存价值的生物种群及其环境，应划出一定的范围与空间作为生态保护区。在生态保护区内，可以配置必要的安全防护性设施，应禁止游人进入，不得搞任何建筑设施，严禁机动交通及其设施进入。

（2）自然景观保护区

对需要严格限制开发行为的特殊天然景源和景观，应划出一定的范围与空间作为自然景观保护区。在自然景观保护区内，可以配置必要的步行游览和安全防护设施，宜控制游人进入，不得安排与其无关的人为设施，严禁机动交通及其设施进入。

（3）史迹保护区

在风景区内各级文物和有价值的历代史迹遗址的周围，应划出一定的范围与空间作为史迹保护区。在史迹保护区内，可以配置必要的步行游览和安全防护设施，宜控制游人进入，不得安排旅宿床位，严禁增设与其无关的人为设施，严禁机动交通及其设施进入，严禁任何不利于保护的因素进入。

（4）风景恢复区

对风景区内需要重点恢复、培育、抚育、涵养、保持的对象与地区，例如，森林与植被、水源与水土、浅海及水域生物、珍稀濒危生物、岩溶发育条件等，宜划出一定的范围与空间作为风景恢复区。在风景恢复区内，可以采用必要技术与设施，应分别限制游人和居民活动，不得安排与其无关的项目与设施，严禁对其不利的活动。

（5）风景游览区

对风景区的景物、景点、景群、景区等各级风景结构单元和风景游赏对象集中地，可以划出一定的范围与空间作为风景游览区。在风景游览区内，可以进行适度的资源利用行为，适度安排各种游览欣赏项目，应分级限制机动交通及旅游设施的配置，并分级限制居民活动进入。

（6）发展控制区

在风景区范围内，对上述五类保育区以外的用地与水面，均应划为发展控制区。在发展控制区内，可以准许原有土地利用方式与形态，可以安排同风景名胜区性质与容量相一致的各项旅游设施及基地，可以安排有序的生产、经营管理等设施。

2. 风景保护分级

（1）特级保护区

风景名胜区内的自然核心区及其他不应进入游人的区域应划为特级保护区。特级保护区应以自然地形地物为分界线，其外围应有较好的缓冲条件，在区内不得搞任何建筑设施。

（2）一级保护区

在一级景点和景物周围应划出一定范围与空间作为一级保护区，宜以一级景点的视域范围作为主要划分依据。一级保护区内可以设置必需的步行游赏道路和相关设施，严禁建设与风景无关的设施，不得安排旅宿床位，机动交通工具不得进入此区。

（3）二级保护区

在景区范围内，以及景区范围之外的非一级景点和景物周围应划为二级保护区。二级保护区内可以安排少量旅宿设施，但必须限制与风景游赏无关的建设，应限制机动交通工具进入本区。

（4）三级保护区

在风景名胜区范围内，对以上各级保护区之外的地区应划为三级保护区。在三级保护区内，应有序控制各项建设与设施，并应与风景环境相协调。

（二）风景游赏规划

风景游赏规划包括景观特征分析与景象展示构思、游赏项目组织、风景单元组织、游线组织与游程安排、游人容量调控、风景游赏系统结构分析等基本内容。

景观特征分析和景象展示构思应遵循景观多样化和突出自然美的原则，对景物和景观的种类、数量、特点、空间关系、意趣展示及其游览欣赏方式等进行具体分析和安排，并对欣赏点选择及其视点、视角、视距、视线、视域和层次进行分析和安排。

游赏项目组织应包括项目筛选、游赏方式、时间和空间安排、场地和游人活动等内容。

风景单元组织应把游览欣赏对象组织成景物、景点、景群、景苑、景区等不同类型的结构单元。景点组织应包括景点的构成内容、特征、范围、容量，景点的主、次、配景和游赏序列组织，景点的设施配备，景点规划一览表四个部分。景区组织应包括景区的构成内容、特征、范围、容量，景区的结构布局、主景、景观多样化组织，景区的游赏活动和游线组织，景区的设施和交通组织要点四个部分。

游线组织应依据景观特征、游赏方式、游人结构、游人体力与游兴规律等因素，精心组织主要游线和多种专项游线，包括以下内容：游线的级别、类型、长度、容量和序列结构；不同游线的特点差异和多种游线间的关系；游线与游路及交通的关系。

游程安排由游赏内容、游览时间、游览距离限定。游程的确定宜符合下列规定：一日游无须住宿，当日往返；二日游住宿一夜；多日游住宿两夜以上。

（三）典型景观规划

1. 植物景观规划

植物景观规划应维护原生种群和区系，保护古树名木和现有大树，培育地带性树种和特有植物群落；因境制宜地恢复、提高植被覆盖率，以适地适树的原则扩大林地，发挥植物的多种功能优势，改善风景区的生态和环境；利用和创造多种类型的植物景观或景点，重视植物的科学意义，组织专题游览环境和活动；对各类植物景观的植被覆盖率、林木郁闭度、植物结构、季相变化、主要树种、地被与攀缘植物、特有植物群落、特殊意义植物等，应有明确的分区分级的控制性指标及要求；植物景观分布应同其他内容的规划分区相互协调；在旅游设施和居民社会用地范围内，应保持一定比例的高绿地率或高覆盖率控制区。

2. 建筑景观规划

建筑景观规划应维护一切有价值的原有建筑及其环境，严格保护文物类建筑，保护有特点的民居、村寨和乡土建筑及其风貌；风景区的各类新建筑，应服从风景环境的整体需求，不得与大自然争高低，在人工与自然协调融合的基础上，创造建筑景观和景点；建筑布局与相地立基，均应因地制宜，充分顺应和利用原有地形，尽量减少对原有地物与环境的损伤或改造；对风景区内各类建筑的性质与功能、内容与规模、标准与档次、位置与高度、体量与体形、色彩与风格等，均应有明确的分区分级控制措施；在景点规划或景区详细规划中，对主要建筑宜提出总平面布置、剖面标高、立面标高总框架、同自然环境和原有建筑的关系四项控制措施。

3. 溶洞景观规划

溶洞景观规划必须维护岩溶地貌、洞穴体系及其形成条件，保护溶洞的各种景物及其形成因素，保护珍稀、独特的景物及其存在环境；在溶洞功能选择与游人容量控制、游赏对象确定与景象意趣展示、景点组织与景区划分、游赏方式与游线组织、导游与景点组织等方面，均应遵循自然与科学规律及成景原理，兼顾洞景的欣赏、科学、历史、保健等价值，有度有序地利用与发挥洞景潜力，组织适合本溶洞特征的景观特色；应统筹安排洞内与洞外景观，培育洞顶植被，禁止对溶洞自然景物滥施人工；溶洞的石景与土石方工程、水景与给排水工程、交通与道桥工程、电源与电缆工程、防洪与安全设备工程等，均应服从风景整体需求，并同步规划设计；对溶洞的灯光与灯具配置、导游与电器控制，以及光照、音响、卫生等因素，均应有明确的分区分级控制要求及配套措施。

4. 竖向地形规划

竖向地形规划应维护原有地貌特征和地景环境，保护地质珍迹、岩石与基岩、土层与地被、水体与水系，严禁炸山采石取土、乱挖滥填、盲目整平、剥离及覆盖表土，防止水土流失、土壤退化、污染环境；合理利用地形要素和地景素材，应随形就势、因高就低地组织地景特色，不得大范围地改变地形或平整土地，应把未利用的废弃地、洪泛地纳入治山理水范围加以规划利用；对重点建设地段，必须实行在保护中开发、在开发中保护的原则，不得套用"几通一平"的开发模式，应统筹安排地形利用、工程补救、水系修复、表土恢复、地被更新、景观创意等各项技术措施；有效保护与展示大地标志物、主峰最高点、地形与测绘控制点，对海拔高度高差、坡度坡向、海河湖岸、水网密度、地表排水与地下水系、洪水潮汐淹没与侵蚀、水土流失与崩塌、滑坡与泥石流灾变等地形因素，均应有明确的分区分级控制；竖向地形规划应为其他景观规划、基础工程、水体水系流域整治及其他专项规划创造有利条件，并相互协调。

（四）游览设施规划

游览设施规划包括游人与游览设施现状分析，客源分析与游人发展规模，游览设施配备与直接服务人口估算，旅游基地组织与相关基础工程，游览设施系统及其环境分析五个部分。

游人现状分析，包括游人的规模、结构、递增率、时间和空间分布及其消费状况。游览设施现状分析，应表明供需状况、设施与景观及其环境的相互关系。

客源分析与游人发展规模，分析客源地的游人数量与结构、时空分布、出游规律、消费状况等，分析客源市场发展方向和发展目标，预测本地区游人、国内游人、海外游人递增率和旅游收入，合理的年、日游人发展规模不得大于相应的游人容量。

依风景名胜区的性质、布局和条件的不同，各项游览设施既可配置在各级旅游基地中，也可配置在所依托的各级居民点中，其总量和级配关系应符合风景名胜区规划的需求。

（五）基础工程规划

1. 风景名胜区交通规划

风景名胜区交通规划应分为对外交通和内部交通两个方面的内容，应进行各类交通流量和设施的调查、分析、预测，提出各类交通存在的问题及其解决措施等内容。

对外交通应要求快速便捷，布置于风景名胜区以外或边缘地区；内部交通应方便可靠和适合风景名胜区特点，并形成合理的网络系统；对内部交通的水、陆、空等机动交通的种类选择、交通流量、线路走向、场站码头及其配套设施，均应提出明确而有效的控制要求和措施。

2. 风景名胜区道路规划

风景名胜区道路规划应符合以下规定：合理利用地形，因地制宜地选线，同当地景观和环境相配合；对景观敏感地段，应用直观透视演示法进行检验，提出相应的景观控制要求；不得因追求某种道路等级标准而损伤景源与地貌，不得损坏景物和景观；应避免深挖高填，因道路通过而形成的竖向创伤面的高度或竖向砌筑面的高度，均不得大于道路宽度，并应对创伤面提出恢复性补救措施。

3. 风景名胜区邮电通信规划

风景名胜区邮电通信规划应提供风景名胜区内外通信设施的容量、线路及布局，并应符合以下规定：各级风景名胜区均应配备能与国内联系的通信设施；国家级风景名胜区还应配备能与海外联系的现代化通信设施；在景点范围内，不得安排架空电线穿过，宜采用隐蔽工程。

4. 风景名胜区给水排水规划

风景名胜区给水排水规划应包括现状分析，给、排水量预测，水源地选择与配套设施，给、排水系统组织，污染源预测及污水处理措施，工程投资匡算。给、排水设施布局还应符合以下规定：在景点和景区范围内，不得布置暴露于地表的大体量给水和污水处理设施；在旅游村镇和居民村镇采用集中给水、排水系统，主要给水设施和污水处理设施可安排在居民村镇及其附近。

5. 风景名胜区供电规划

风景名胜区供电规划应提供供电及能源现状分析，负荷预测，供电电源点和电网规划三项基本内容。供电规划应符合以下规定：在景点和景区内不得安排高压电缆和架空电线穿过；在景点和景区内不得布置大型供电设施；主要供电设施宜布置于居民村镇及其附近。

（六）居民社会调控规划

凡含有居民点的风景名胜区，应编制居民点调控规划；凡含有一个乡或镇以上的风景名胜区，必须编制居民社会系统规划。居民社会调控规划应包括现状、特征与趋势分析，人口发展规模与分布，经营管理与社会组织，居民点性质、职能、动因特征和分布，用地方向与规划布局，产业和劳力发展规划等内容。

（七）经济发展引导规划

经济发展引导规划包括经济现状调查与分析，经济发展的引导方向，经济结构及其调整，空间布局及其控制，促进经济合理发展的措施等内容。

（八）土地利用协调规划

土地利用协调规划应包括土地资源分析评估，土地利用现状分析及其平衡表，土地利用规划及其平衡表等内容。

土地资源分析评估，应包括对土地资源的特点、数量、质量与潜力进行综合评估或专项评估。土地利用现状分析，应标明土地利用现状特征，风景用地与生产生活用地之间关系，土地资源演变、保护、利用和管理存在的问题。土地利用规划应遵循下列基本原则：突出风景名胜区土地利用的重点与特点，扩大风景用地；保护风景游赏地、林地、水源地和优良耕地；因地制宜地合理调整土地利用，发展符合风景名胜区特征的土地利用方式与结构。

（九）分期发展规划

风景名胜区总体规划一般包括分期发展规划。分期发展规划应符合以下规定：第一期或近期规划，5年以内；第二期或远期规划，5~20年；第三期或远景规划，大于20年。近期发展规划应提出发展目标、重点、主要内容，并应提出具体建设项目、规模、布局、投资估算和实施措施等。远期发展规划应使风景名胜区内各项规划内容初具规模，并应提出发展期内的发展重点、主要内容、发展水平、投资匡算、健全发展的步骤与措施。远景发展规划应提出风景名胜区规划所能达到的最佳状态和目标。

（十）投资匡算与效益分析

1. 投资匡算

主要是对服务及游览设施工程、道路工程、供电工程、通信工程、给排水工程、植物景观工程、景点建设、文物保护和管理机构建设等项目按当地费用标准进行投资匡算。

2. 效益分析

对风景名胜区的营业收入、营业成本和税收等进行估算，计算出规划近期的税后利润额，对投资收益进行比较分析。

第三节　森林公园规划

一、森林风景资源评价

（一）森林风景资源的类型

根据森林风景资源的景观特征和赋存环境，可以划分为以下五个主要类型。

1. 地文资源

地文资源包括典型地质构造、标准地层剖面、生物化石点、自然灾变遗迹、火山熔岩景观、蚀余景观、奇特与象形山石、沙（砾石）地、沙（砾石）滩、岛屿、洞穴及其他地文景观。

2. 水文资源

水文资源包括风景河段、漂流河段、湖泊、瀑布、泉、冰川及其他水文景观。

3. 生物资源

生物资源包括各种自然或人工栽植的森林、草原、草甸、古树名木、奇花异草等植物景观，野生或人工培育的动物及其他生物资源及景观。

4. 人文资源

人文资源包括历史古迹、古今建筑、社会风情、地方产品及其他人文景观。

5. 天象资源

天象资源包括雪景、雨景、云海、朝晖、夕阳、佛光、蜃景、极光、雾凇及其他天象景观。

（二）森林风景资源的质量评价

森林风景资源的质量评价采取分层多重因子评价方法。风景资源质量主要取决于三个方面：风景资源的基本质量、风景资源组合状况、特色附加分。其中，风景资源的基本质量按照资源类型分别选取评价因子进行加权评分；风景资源组合状况评价则主要用资源的组合度进行测算；特色附加分按照资源的单项要素在国内外具有的重要影响或特殊意义评分。

森林风景资源质量评价的计算公式：

$$M = B + Z + T \qquad 式（3-1）$$

式中：M——森林风景资源质量评价分值；

B——风景资源基本质量评价分值；

Z——风景资源组合状况评价分值；

T——特色附加分。

风景资源的评价因子包括典型度、自然度、多样度、科学度、利用度、吸引度、地带度、珍稀度和组合度。

（三）森林公园风景资源的等级评定

1. 基本公式

森林公园风景资源的等级评定根据三个方面来确定：风景资源质量、区域环境质量、旅游开发利用条件。其中风景资源质量总分30分，区域环境质量和旅游开发利用条件各10分，满分为50分。计算公式为：

$$N = M + H + L \qquad 式（3-2）$$

式中：N——森林公园风景资源等级评价分值；

M——森林公园风景资源质量评价分值；

H——森林公园区域环境质量评价分值；

L——森林公园旅游开发利用条件评价分值。

2. 森林公园区域环境质量

森林公园区域环境质量评价指标主要包括大气质量、地表水质量、土壤质量、负离子含量、空气细菌含量等。其评价分值（*H*）由各项指标评价分值累加获得。

3. 森林公园旅游开发利用条件

森林公园旅游开发利用条件评价指标主要包括公园面积、旅游适游期、区位条件、外部交通、内部交通、基础设施条件等。其评价分值（*L*）按各项指标进行评价获得。

4. 森林公园风景资源等级评定

按照评价的总得分，森林公园风景资源质量等级划分为以下三级：

一级为40～50分，符合一级的森林公园风景资源，其资源价值和旅游价值高，难以人工再造，应加强保护，制定保全、保存和发展的具体措施。

二级为30～39分，符合二级的森林公园风景资源，其资源价值和旅游价值较高，应当在保证其可持续发展的前提下，进行科学、合理的开发利用。

三级为20～29分，符合三级的森林公园风景资源，在开展风景旅游活动的同时，进行风景资源质量和生态环境质量的改造、改善和提高。

三级以下的森林公园风景资源，应首先进行风景资源质量和生态环境质量的改善。

二、森林公园建设可行性研究

（一）基本情况

公园名称、申请人、通信地址、邮政编码、负责人姓名、联系电话、公园所属行政区域。

公园的地理坐标、四界范围和规划面积（经、纬度精确到秒；四界范围应以行政区界或明确的自然地形、永久性人工建筑物为基准；面积单位为公顷，保留到小数点后两位；含多个分散景区的应分别描述）。

统计公园内森林覆盖率（%）、原始林面积（hm^2）、次生林面积（hm^2）、人工林面积（hm^2）、公园内林地面积（hm^2）、国有林地面积（hm^2）、集体林面积（hm^2）、其他林地面积（hm^2）等指标。

（二）重点森林风景资源

1. 重点森林风景资源基本情况

简要介绍该森林公园最具代表性的森林风景资源的主要特色、特征、规模、数量、成因等基本情况，或多项景观资源有机组合的状况。

2. 重点森林风景资源评价

与同类资源相比较，该重点森林风景资源在全国、本省（区、市）或本地区的价值或地位，应列出比较的依据。

（三）资源基本条件

1. 地文条件

森林公园所属山系，地质构造和地质年代，地形地貌特征，土壤及母岩状况，以及地文条件对开展旅游的价值或不利影响。

2. 气候条件

森林公园所在区域气候类型，年气温变化和无霜期，光照条件，湿度状况，降水情况（包括年降水量、降雨日数及其分布、年降雪期及积雪厚度）。

3. 水文条件

森林公园范围内的河流、水体的水文状况，包括所属水系、长度、面积流量和蓄水量等。

4. 森林资源条件

森林公园所属自然区系，森林植被特征。森林公园内主要植物种类和植被类型（包括分布情况和生长状况，不含用于城市绿化美化的植物），森林公园内野生动物资源（包括动物种类、分布情况及可见频度，不含人工驯养的动物）。

5. 区域环境质量

大气质量、地表水质量、土壤质量、负离子含量（主要景区景点在旅游旺季的平均值）、空气细菌含量（主要景区景点在旅游旺季的平均值），应分别提供检测单位、检测地点和检测数据。

6. 社会经济条件

森林公园社会经济条件包括森林公园历史沿革和隶属，公园内人口状况，以及森林公园近年来的生产、建设和经营管理现状。所在市、县社会经济概况（含林业发展状况）；所在市、县社会经济发展规划和旅游发展规划（重点介绍森林公园建设在当地社会经济发展规划中所占的地位，以及与当地旅游发展规划的关系）。

7. 基础设施条件

森林公园内部交通（公园内的交通方式、交通设施建设情况），森林公园内通信条件，森林公园内水电条件，森林公园及周边食宿条件，森林公园及周边医疗条件，森林公园及周边商业条件。

（四）森林风景资源调查

1. 自然景观资源调查

（1）生物景观资源调查

森林植被景观，包括公园内山体植被垂直分布带或不同林分所构成的林层、林相景观的类型、特点及生长状况；森林植物景观，包括公园内具有较高保护、科研、审美价值的森林植物种类、数量、年龄、位置、分布及生长状况；古树名木景观，包括公园内古树名木或重要景观树的位置、年龄、高度、胸径、冠幅、生长状况等；野生动物景观，包括公园内具有较高保护、科研、审美价值的野生动物种类、数量、栖息环境、经常出没地点、活动规律等，不含人工驯养的野生动物。

（2）地文景观资源调查

公园内可供观赏和游憩的山峰、峡谷、奇石、溶洞、雪山、冰川遗迹、古生物遗存等地貌景观，分别描述其名称、位置、特征和规模大小，并标明地质类型、海拔、长宽高等主要数据。

（3）天象景观资源调查

公园内可供观赏的云海、雾海、日出、日落等天象景观的出现地点、规模与范围，观赏位置及时间。

（4）水文景观资源调查

公园内可供观赏和游憩的湖泊、水库、瀑布、滩涂、河溪、泉水等水体景观的位置、特征和规模大小，应标明面积、落差、流量和长宽等主要数据，季节性水文景观应标明出现的时间。

2. 人文景观资源调查

历史遗迹，包括公园内可供观赏的历史文物、名胜古迹、革命遗址等；现代工程，包括公园内可供观赏的现代工程设施、构筑物等；民俗风情，包括公园内可供观赏的民族或乡土建筑，园内或所在地特色突出的民俗风情等；史事传说，包括公园内与景物有关的传说故事、历史人物、诗赋游记等的描述和记载；旅游商品，包括公园内或所在地的土特产品和旅游工艺纪念品的品种、产量及销售状况。

3. 可借景观资源调查

在拟设立森林公园范围之外，可借以烘托、陪衬的自然与人文景观的种类、名称、特点、观赏位置。

4. 旅游开发条件调查

（1）开发条件调查

森林公园外部交通，包括铁路、公路、水运和航空；旅游适游期，指森林公园适合开展旅游的起止时间，以及该期间内相应的旅游内容或活动项目；公园所处的旅游区位条件，包括公园所处的旅游区位状况，邻近的旅游区近年来游客流量、游客构成及经济收入；公园进入大区旅游网络的条件及可能性；地方政府和林业部门为支持森林公园所做的工作。

（2）不利因素分析

不利于开展旅游的自然灾害、气候条件、环境质量、风俗习惯等因素的发生范围、危害程度及应对措施。

（五）森林风景资源质量评价

依照《中国森林公园风景资源质量等级评定》，对拟建国家森林公园的风景资源进行逐项评价、打分，综合测评，评定该公园的质量等级，应显示具体的评价、打分过程。

（六）附录

森林公园内属国家一、二级保护的植物名录，森林公园内属国家一、二级保护的动物名录，森林公园区位交通图，森林公园风景资源及景点分布现状图。

三、森林公园总体规划

（一）森林公园的功能布局

1. 基本原则

森林公园规划的指导思想，是以良好的森林生态环境为主体，充分利用森林资源，在已有的基础上进行科学保护、合理布局、适度开发建设，为人们提供旅游度假、休憩、疗养、科学教育、文化娱乐的场所，以开展森林旅游为宗旨，逐步提高经济效益、生态效益和社会效益。在这个指导思想下，森林公园规划应遵循下列基本原则：①森林公园规划建设以自然生态保护为前提，遵循开发与保护相结合的原则。在开展森林旅游的同时，重点保护好森林生态环境。②森林公园建设应以资源为基础，以市场为导向，其建设规模必须与游客规模相适应。应充分利用原有设施，进行适度建设，切实注重实效。③在充分分析各种功能特点及其相互关系的基础上，以游览区为核心，合理组织各种功能系统，既要突出各功能区特点，又要注意总体的协调性，使各功能区之间相互配合、协调发展，构成一个有机整体。④森林公园应以森林生态环境为主体，突出景观资源特征，充分发挥自身优势，形成独特风格和地方特色。⑤规划要有长远观点，为今后发展留有余地。建设项目的具体实施应突出重点、先易后难，可视条件安排分步实施。

2. 功能布局

森林公园按照功能可以划分为游览区、宿营区、游乐区、旅游服务区、生态保护区、管理区等主要分区。这些分区的规划布局，在遵照国家颁布的相关规范准则的基础上，还应满足相关的技术要求。

（1）游览区

游览区是以自然景观为对象的游览观光区域，主要用于景点、景区建设，包括森林景观、地形地貌、河流湖泊、天文气象等内容。为了避免旅游量超过环境容量，必须组织合理的游览路线，控制适宜的游人容量，这是游览区规划的关键。在规划时，应尽量降低游览区的道路密度。主要景观景点应布置在游览主线上，以便于游客在尽可能短的时间内观赏到景观精华，同时，在部分人流集聚的核心景点附近，应设置一定的疏散缓冲地带。在游览区内应尽量避免建设大体量的建筑物或游乐设施。在不破坏生态环境和保证景观质量的前提下，为了方便游客及充实活动内容，可根据需要在游览区适当设置一定规模的饮食、购物、照相等服务与游艺项目。

（2）宿营区

近年来，野营已经成为森林公园中非常受欢迎的游览活动。宿营区是在森林环境中开展野营、露宿、野炊等活动的用地。

宿营地的选择应主要考虑具有良好环境和景观的场地，宜选择背风向阳的地形，视野开阔、植被良好的环境，周边最好有洁净的泉水。营地位置宜靠近管理区或旅游服务区，以方便交通和卫生设施供给。地形坡度应在10%以下。林地郁闭度在0.6~0.8为佳，其林型特征是疏密相间，既便于宿营，又适宜开展其他游览和娱乐活动。

（3）游乐区

对于距离城市50 km之内的近郊森林公园，为弥补景观不足、吸引游客，在条件允许的情况下，建设大型游乐与体育活动项目时，应单独划分游乐区。游乐区的设置应尽量避免破坏自然环境和景观，拟建的游乐设施应从活动性质、设施规模、建筑体量、色彩、噪声等方面进行慎重考核和妥善安排。各项设施之间必须保持合理的间距。部分游乐设施，如射击场和狩猎场等，必须相对独立布置。

（4）旅游服务区

旅游服务区是森林公园内相对集中建设宾馆、饭店、购物、娱乐、医疗等接待服务项目及其配套设施的地区。各类旅游设施应严格按照规划确定的接待规模进行建设，并与邻近城镇的规划协调，充分利用城镇的服务设施。在规划建设中，应尽量避免出现大型服务设施。

（5）生态保护区

生态保护区是以涵养水源、保持水土、维护公园生态环境为主要功能的区域。生态保护区内应保持原生的自然生态环境，禁止建设人工游乐设施和旅游服务设施，严格限制游客进入此区域的时间、地点和人数。森林公园的保护区可以考虑与科普考察区相结合，以发挥森林公园的科学教育功能。

（6）管理区

管理区是行政管理建设用地，主要建设项目为办公楼、仓库、车库、停车场等。管理区的用地选择应充分考虑管理的内容和服务半径。一般来说，中心管理区设置在公园入口处比较合理，在一些面积较大的森林公园，也可以考虑与旅游服务区结合布置。

（二）森林公园支持设施建设规划

1. 森林公园景观系统规划

森林公园是以森林景观为主体，其用地多为自然的山峰、山谷、林地、水面，是在一定的自然景观资源的基础上，采用特殊的营林措施和艺术手法，突出优美的森林景观和自然景观。因此，在进行森林公园的景观规划时，首要的问题是如何充分利用现有林木植被资源，对现有林木进行合理的改造和艺术加工，使原有的天然林和人工林适应森林游憩的需求，突出其森林景观。在森林公园景观系统规划中，森林植被景观类型规划是最基本、最重要的规划，在此基础上应注意林道及林缘、林中空地、林分季相和透景线、眺望点等方面的规划。

2. 森林公园游览系统规划

在森林公园内组织开展的各种游憩活动项目应与城市公园有所不同，应结合森林公园的基本景观特点，开展森林野营、野餐、森林浴等在城市公园中无法开展的项目，满足城镇居民向往自然的游憩需求。

开展各种森林游憩活动对森林环境的影响程度不同。不适当的建设项目、不合理的游人密度会对森林游憩环境造成破坏。因此，在游览系统规划中必须预测各项游憩活动对环境可能产生的影响及影响程度，从而在规划中采用相应的方法，在经营管理上制定不同的措施。

3. 森林公园道路交通系统规划

森林公园除与主要客源地建立便捷的外部交通联系外，其内部道路交通必须满足森林旅游、护林防火、环境保护，以及森林公园职工生产、生活等多方面的需求。在森林公园的道路交通系统规划中，应注意游览道路的选线、走向和引导作用，根据游客的游兴规律，组织游览程序，形成起、承、转、合的序列布局。应结合森林公园的具体环境特点，开发独具情调、特色的交通工具。

4. 森林公园旅游服务系统规划

森林公园旅游服务系统主要包括餐饮、住宿、购物、医疗、导游标志等。休憩、服务性建筑的位置、朝向、高度、体量等应与自然环境和景观统一协调。建筑高度应服从景观需要，一般以不超过林木高度为宜。休憩服务性建筑用地不应超过森林公园陆地面积的2%。宾馆、饭店、休疗养院、游乐场等大型永久性建筑，必须建在游览观光区的外围地带，不得破坏、影响景观。

（1）餐饮

餐饮建筑设计应符合《饮食建筑设计规范》的有关规定。

（2）住宿

应根据旅客规模及森林旅游业的发展，合理地确定旅游床位数。旅游床位建设标准，应符合下列要求：高档28～30 m²/床，低档8～12 m²/床。森林公园中的住宿设施，除建设永久性的宾馆、饭店外，应注重开发森林野营、帐篷等临时性住宿设施，做到永久性与季节性相结合，突出森林游憩的特色。

（3）购物

购物建筑应以临时性、季节性为主，其建筑风格、体量、色彩应与周围环境相协调，应积极开发具有地方特色的旅游纪念品。

（4）医疗

森林公园中应按景区建立医疗保健设施，对游客中的伤病人员及时救护。医疗保健建筑应与环境协调统一。

（5）导游标志

森林公园的境界、景区、景点、出入口等地应设置明显的导游标志。导游标志的色彩、形式应根据设置地点的环境、提示内容进行设计。

5. 森林公园保护工程系统规划

（1）森林公园火灾的防护

开展森林游憩活动，对森林植被最大的潜在威胁是森林火灾。游人吸烟和野炊所引起的森林火灾占有相当大的比例。加强森林公园火灾的防护，首先，要禁止火种上山，特别是干燥季节；其次，要有相关人员上山巡查，发现火警立即处理；再次，要形成必要的防火通信和连动系统，发现火警快速反应；最后，对于山林，还必须有防火通道，即对森林人工分隔，中间由道路隔开，发生火情时可以隔断火的蔓延，另外此通道也是上山救火的必要道路。

（2）森林公园病虫害防护

防止森林病虫害的发生，保障林木的健康生长，给游人优美的森林环境是森林公园管理的一个重要方面。森林病虫害防治的主要方法有：适地适树，加强森林经营管理，生物防治，物理、化学防治。

6. 森林公园基础设施系统规划

森林公园内的水、电、通信、燃气等布置，不得破坏、影响景观，同时应符合安全、卫生、节约和便于维修的要求。电气、上下水工程的配套设施，应设在隐蔽的地带。森林公园的基础设施工程应尽量与附近城镇联网，如经论证确有困难，可部分联网或自成体系，并为今后联网创造条件。

（1）给、排水

森林公园给水工程包括生活用水、生产用水、造景用水和消防用水。其给水方式可采用集中管网给水，也可利用管线自流引水，或采用机井给水。给水水源可采用地下水或地表水。水源水质要求良好，应符合《生活饮用水卫生标准》，水源地应位于居住区和污染源的上游。排水工程必须满足生活污水、生产污水和雨水排放的需要。排水方式一般可采用明渠排放，有条件的应采用暗管渠排放。生产、生活污水必须经过处理后排放，不得直接排入水体或洼地。

给、排水工程设计包括确定水源，确定给、排水方式，布设给、排水管网等。

（2）供电

森林公园的供电工程，应根据电源条件、用电负荷、供电方式，本着节约能源、经济合理、技术先进的原则设计，做到安全适用，维护方便。供电电源应充分利用国家和地方现有电源。在无法利用现有电源时，可考虑利用水力或风力自备电源。供电线路铺设一般不用架空线路，必须采用时尽量沿路布设，避开中心景区和主要景点。供电工程设计内容包括用电负荷计算、供电等级、电源、供电方式确定、变（配）电所设置、供电线路布设等。

（3）供热

森林公园的供热工程，应贯彻保护环境、节省投资、经济合理的原则。热源选择应首先考虑利用余热。供热方式以区域集中供热为主，集中供热产生的废渣、废水、烟尘应按"三废"排放标准进行处理和排放。供热工程设计包括热负荷计算、供热方案确定、锅炉房主要参数确定等。

（4）通信

通信包括电信和邮政两个部分。森林公园的通信工程应根据其经营布局、用户量、开发建设和保护管理工作的需要，统筹规划，组成完整的通信网络。电信工程应以有线为主，有线与无线相结合。邮政网点的规划应方便职工生活，满足游客要求，便于邮递传送。通信工程设计内容包括方案选定、通信方式确定、线路选定、设施设备选型等。

（5）广播电视

森林公园的有线广播，应根据需要，设置在游人相对集中的区域。在当地电视覆盖不到的地方，可考虑建立电视差转台。

（三）森林公园规划成果要求

1. 设计说明书

设计说明书包括总体设计说明书和单项工程设计说明书。其中，总体设计说明书编写的主要内容如下。

（1）基本情况

包括森林公园的自然地理概况、社会经济概况、历史沿革、公园建设与旅游现状等。

（2）森林旅游资源与开发建设条件评价

主要包括森林旅游资源评价、开发建设条件评价。

（3）规划依据与原则

主要包括规划依据、指导思想和规划原则。

（4）总体布局

包括森林公园性质、森林公园范围、总体布局。

（5）环境容量与游客规模

包括环境容量测算和游客规模确定。

（6）景点与游览线路设计

包括景点设计、游览线路设计。

（7）植物景观规划设计

包括设计原则与植物景观设计。

（8）保护工程规划设计

包括设计原则、生物资源保护、景观资源保护、生态环境保护、安全和卫生工程。

（9）旅游服务设施规划设计

包括餐饮、住宿、娱乐、购物、医疗设施、导游标志的规划设计。

（10）基础设施工程规划设计

包括道路交通设计、给水工程设计、排水工程设计、供电工程设计、供热工程设计、通信工程设计、广播电视工程设计、燃气工程设计等。

（11）组织管理

包括管理体制、组织机构、人员编制等。

（12）投资概算与开发建设顺序

包括概算依据、投资概算、资金筹措、开发建设顺序等。

（13）效益评价

包括经济效益评价、生态效益评价、社会效益评价等。

2. 设计图纸

（1）森林公园现状图

比例尺一般为1：10 000至1：50 000。主要内容：森林公园境界、地理要素（山脉、水系、居民点、道路交通等）、森林植被类型及景观资源分布、已有景点景物、主要建（构）筑设施及基础设施等。

（2）森林公园总体布局图

比例尺一般为1：10 000至1：50 000。主要内容：森林公园境界及四邻、内部功能分区、景区、景点、主要地理要素、道路、建（构）筑物、居民点等。

（3）景区景点设计图

比例尺一般为1：1000至1：10 000。主要内容：游览区界、景区划分、景点景物平面布置、游览线路组织等。

（4）单项工程规划图

比例尺一般为1：500至1：10 000。主要内容应按有关专业标准、规范、规定执行。具体图纸包括：森林植被景观规划图、保护工程规划图、道路交通规划图、给水工程规划图、排水工程规划图、供电工程规划图、供热工程规划图、通信工程规划图、广播电视工程规划图、燃气工程规划图、旅游服务设施规划图及其他图纸。

3. 附件

森林公园的可行性研究报告及批准文件，有关会议纪要和协议文件，森林旅游资源调查报告。

第四节　自然保护区与旅游区规划

一、自然保护区

（一）自然保护区的结构与布局

1. 空间结构模式

自然保护区可划分为核心区、缓冲区和实验区。自然保护区内保存完好的天然状态的生态系统，以及珍稀、濒危动植物的集中分布地，应划为核心区。核心区外围可以划定一定面积的缓冲区，只准进入从事科学研究观测活动。缓冲区外围划为实验区，可以进入从事科学实验、教学实习、参观考察、旅游，以及驯化、繁殖珍稀、濒危野生动植物等活动。在面积较大的自然保护区内部及相邻保护区之间，可以设立生态走廊，以提高生态保护效果。

2. 核心区的规划布局要求

核心区应是最具保护价值或在生态进化中起关键作用的保护地区，须通过规划确保生态系统及珍稀、濒危植物的天然状态，总面积（国家级）不能小于 $10~km^2$，所占面积不得少于该自然保护区总面积的1/3。界线划分不应人为地割断自然生态的连续性，可尽量利用山脊、河流、道路等地形地物作为区划界线。

3. 缓冲区的规划布局要求

（1）生态缓冲

将外来影响限制在核心区之外，加强对核心区内生物的保护，是缓冲区最基本的规划要求。实践证明，缓冲区能直接或者间接地阻隔人类对自然保护区的破坏；能遏制外来植物通过人类或者动物的活动进行传播和扩散；能降低有害野生动物对自然保护区周边地区农作物的破坏程度；还能起到过滤重金属、有毒物质的作用，防止其扩散到保护区内；能扩大野生动物的栖息地，缩小保护区内外野生动物生境方面的差距。此外，缓冲区还能为动物提供迁徙通道或者临时栖息地。

（2）协调周边社区利益

在我国，规划和建设缓冲区需要特别重视社区参与。我国大多数自然保护区地处偏远的欠发达地区，缓冲区是周边居民、地方政府、自然保护区管理部门等各种利益关系容易发生冲突的地带。为了创造良好的大环境，提高生态保护效果，在确定缓冲区的位置和范围时，需要与当地社区充分沟通，听取意见，寻求理解，适当补偿居民因不能进入核心区而造成的损失，鼓励当地居民主动参与缓冲区的管理与保护，与地方的社会经济发展要求相协调。

（3）突出重点

从生态保护的要求出发，明确被保护的生态系统的类型及重要物种，对保护对象的生物学特征、保护区所在地区的生物地理学特征、社会经济特征开展研究，确定缓冲区的具体形状、宽度和面积，根本目标是将不利于自然保护区的因素隔离在自然保护区之外。

（4）因地制宜

根据生态保护要求、可利用的土地、建设成本等因素，确定最佳的缓冲区大小。如果现状土地利用矛盾较大，宜建立内部缓冲区，反之则建立外部缓冲区。

4. 区间走廊的规划布局

多个保护区如果连成网络，能促进自然保护区之间的合作。例如，巴西西部的 15 个核心区（由国家公园和自然保护区组成）借助缓冲区和过渡区而连接成为一个大的潘塔纳尔生物圈保护区。

在自然保护区之间建立走廊，能降低物种的绝灭概率，亚种群间的个体流能增加异质种群的平均存活时间，保护遗传多样性和阻止近交衰退。另外，建立生态走廊能够满足一些种群进行正常扩散和迁移的需要。

区间走廊的规划布局，除了考虑动物扩散和迁移运动的特点外，还须考虑走廊的边际效应，以及走廊本身成为一个成熟栖息地所需要的条件。关于走廊连接保护区的方式，走廊建成以后对于生物多样性的影响，走廊适宜的宽度、长度、形态、自然环境、生物群落等，这些问题还需要深入的理论研究和实践检验。

（二）自然保护区规划编制的内容

1. 基本概况

依据该自然保护区科学考察资料和现有信息进行的基本描述和分析评价资料信息不够的应补充完善。评价应重科学依据，使结论客观、公正。

内容包括区域自然生态/生物地理特征及人文社会环境状况，自然保护区的位置、边界、面积、土地权属及自然资源、生态环境、社会经济状况，自然保护区保护功能和主要保护对象的定位及评价，自然保护区生态服务功能/社会发展功能的定位及评价，自然保护区功能区的划分、适应性管理措施及评价，自然保护区管理进展及评价。

2. 自然保护区保护目标

保护目标是建立该自然保护区根本目的的简明描述，是保护区永远的价值观表达与不变的追求。

3. 影响保护目标的主要制约因素

内部的自然因素如土地沙化、生物多样性指数下降等，内部的人为因素如过度开发、城市化倾向等；外部的自然因素如区域生态系统劣变、孤岛效应等，外部的人为因素如公路穿越、截留水源、偷猎等。政策、社会因素如未受到足够重视、处境被动等。社区/经济因素如社区对资源依赖性大或存在污染等。可获得资源因素如管理运行经费少、人员缺乏培训等。

4. 规划期目标

（1）规划期

一般可确定为 10 年，并应有明确的起止年限。

（2）确定规划目标的原则

确定规划目标要紧紧围绕自然保护区保护功能和主要保护对象的保护管理需要，坚持从严控制各类开发建设活动，坚持基础设施建设简约、实用并与当地景观相协调，坚持社区参与管理和促进社区可持续发展。

（3）规划目标的内容包括

自然生态/主要保护对象状态目标，人类活动干扰控制目标，工作条件/管护设施完善目标，科研/社区工作目标。

5. 总体规划的主要内容

管护基础设施建设规划，工作条件/巡护工作规划，人力资源/内部管理规划，社区工作/宣教工作规划，科研/监测工作规划，生态修复规划（非必需时不得规划），资源合理开发利用规划，保护区周边污染治理/生态保护建议。

6. 重点项目建设规划

重点项目建设规划为实施主要规划内容和实现规划期目标提供支持，并作为编报自然保护区能否建设项目可行性研究报告的依据。重点项目建设规划中基础设施如房产、道路等，应以在原有基础上完善为主，尽量节约、节能、多功能，条件装备应实用高效，软件建设应给予足够重视。

重点项目可分别列出项目名称、建设内容、工作/工程量、投资估算及来源、执行年度等，并列表汇总。

7. 实施总体规划的保障措施

政策/法规需求，资金（项目经费/运行经费）需求，管理机构/人员编制，部门协调/社区共管。重点项目纳入国民经济和社会发展计划。

8. 效益评价

效益评价是对规划期内主要规划事项实施完成后的环境效益、经济效益和社会效益的评估和分析，如所形成的管护能力、保护区的变化及对社区发展的影响等。

9. 附录

附录包括自然保护区位置图、区划总图、建筑/构筑物分布图等。

地方自然保护区的规划编制内容可以参照上述内容要点，根据该保护区的等级、规模和特殊条件，做适当的调整。

二、旅游区规划

（一）旅游规划编制的要求

（1）以国家和地区社会经济发展战略为依据，以旅游业发展方针、政策及法规为基础，与城市总体规划、土地利用规划相适应，与其他相关规划相协调，根据国民经济形势，对规划提出改进要求。

（2）坚持以旅游市场为导向，以旅游资源为基础，以旅游产品为主体，经济、社会和环境可持续发展的指导方针。

（3）要突出地方特色，注重区域协同，强调空间一体化发展，避免近距离不合理重复建设，加强对旅游资源的保护，减少对旅游资源的浪费。

（4）鼓励采用先进方法和技术。编制过程中应进行多方案比较，并征求各有关行政管理部门的意见，尤其是当地居民的意见。

（5）所采用的勘察、测量方法与图件、资料，要符合相关国家标准和技术规范。

（6）旅游规划技术指标，应适应旅游业发展的长远需要，具有适度超前性。

（7）编制人员应有广泛的专业构成，如旅游、经济、资源、环境、建筑、园林等方面。

（二） 旅游规划的编制程序

1. 任务确定阶段

（1） 委托方确定编制单位

委托方应根据国家旅游行政主管部门对旅游规划设计单位资质认定的有关规定确定旅游规划编制单位，通常有公开招标、邀请招标、直接委托等形式。

（2） 制订项目计划书并签订旅游规划编制合同

委托方应制订项目计划书并与规划编制单位签订旅游规划编制合同。

2. 前期准备阶段

（1） 政策法规研究

对国家和本地区旅游及相关政策、法规进行系统研究，全面评估社会、经济、文化、环境及政府行为等方面对规划的影响。

（2） 旅游资源调查

对规划区内旅游资源的类别、品位等进行全面调查，编制规划区内旅游资源分类明细表，绘制旅游资源分析图，具备条件时可根据需要建立旅游资源数据库，确定其旅游容量。调查方法可参照《旅游资源分类、调查与评价》。

（3） 旅游客源市场分析

在对规划区的旅游者数量和结构、地理和季节性分布、旅游方式、旅游目的、旅游偏好、停留时间、消费水平进行全面调查分析的基础上，研究并提出规划区旅游客源市场未来的总量、结构和水平。

（4） 对规划区旅游业发展进行竞争性分析

确立规划区在交通可进入性、基础设施、景点现状、服务设施、广告宣传等方面的区域比较优势，综合分析和评价各种制约因素及机遇。

3. 规划编制阶段

确立规划区旅游主题，包括主要功能、主打产品和主题形象；确立规划分期及各分期目标；提出旅游产品及设施的开发思路和空间布局；确立重点旅游开发项目，确定投资规模，进行经济、社会和环境评价；形成规划区的旅游发展战略，提出规划实施的措施、方案和步骤，包括政策支持、经营管理体制、宣传促销、融资方式、教育培训等；撰写规划文本、说明和附件的草案。

4. 征求意见阶段

规划草案形成后，原则上应广泛征求各方意见，对规划草案进行修改、充实和完善。

（三）旅游规划的编制

1. 旅游发展规划

（1）旅游发展规划的分类

旅游发展规划按规划的范围和政府管理层次分为全国旅游业发展规划、区域旅游业发展规划和地方旅游业发展规划。地方旅游业发展规划又可分为省级旅游业发展规划、地市级旅游业发展规划和县级旅游业发展规划等。地方各级旅游业发展规划均依据上一级旅游业发展规划并结合本地区的实际情况进行编制。

（2）旅游发展规划的分期

旅游发展规划按期限分为近期发展规划（3~5年）、中期发展规划（5~10年）和远期发展规划（10~20年）。

（3）旅游发展规划的主要任务

旅游发展规划的主要任务是明确旅游业在国民经济和社会发展中的地位与作用，提出旅游业发展目标，优化旅游业发展的要素结构与空间布局，安排旅游业发展优先项目，促进旅游业持续、健康、稳定发展。

（4）旅游发展规划的主要内容

旅游发展规划的主要内容包括：全面分析规划区旅游业发展的历史与现状、优势与制约因素，以及与相关规划的衔接；分析规划区的客源市场需求总量、地域结构、消费结构及其他结构，预测规划期内客源市场需求总量、地域结构、消费结构及其他结构；提出规划区的旅游主题形象和发展战略；提出旅游业的发展目标及其依据；明确旅游产品开发的方向、特色与主要内容；提出旅游发展重点项目，对其空间及时序做出安排；提出要素结构、空间布局及供给要素的原则和办法；按照可持续发展原则，注重保护与开发利用的关系，提出合理的措施；提出规划实施的保障措施；对规划实施的总体投资分析，主要包括旅游设施建设、配套基础设施建设、旅游市场开发、人力资源开发等方面的投入与产出方面的分析。

（5）旅游发展规划的成果

旅游发展规划的成果包括规划文本、规划图表及附件。规划图表包括区位分析图、旅游资源分析图、旅游客源市场分析图、旅游业发展目标图表、旅游产业发展规划图等。附件包括规划说明和基础资料等。

2. 旅游区规划

旅游区规划按层次分为总体规划、控制性详细规划、修建性详细规划等。

（1）旅游区总体规划

旅游区总体规划的期限一般为10~20年，同时可根据需要对旅游区的远景发展做出轮廓性的规划安排。对于旅游区近期的发展布局和主要建设项目，亦应做出近期规划，期限一般为3~5年。

旅游区总体规划的任务是分析旅游区客源市场，确定旅游区的主题形象，划定旅游区的用地范围及空间布局，安排旅游区基础设施建设内容，提出开发措施。

旅游区总体规划内容包括：对旅游区的客源市场的需求总量、地域结构、消费结构等进行全面分析与预测；界定旅游区范围，进行现状调查和分析，对旅游资源进行科学评价；确定旅游区的性质和主题形象；确定规划旅游区的功能分区和土地利用，提出规划期内的旅游容量；规划旅游区的对外交通系统的布局和主要交通设施的规模、位置，规划旅游区内部的其他道路系统的走向、断面和交叉形式；规划旅游区的景观系统和绿地系统的总体布局；规划旅游区其他基础设施、服务设施和附属设施的总体布局；规划旅游区的防灾系统和安全系统的总体布局；研究并确定旅游区资源的保护范围和保护措施；规划旅游区的环境卫生系统布局，提出防止和治理污染的措施；提出旅游区近期建设规划，进行重点项目策划；提出总体规划的实施步骤、措施和方法，以及规划、建设、运营中的管理意见；对旅游区开发建设进行总体投资分析。

旅游区总体规划的成果包括规划文本、图件及附件。图件包括旅游区区位图、综合现状图、旅游市场分析图、旅游资源评价图、总体规划图、道路交通规划图、功能分区图等其他专业规划图、近期建设规划图等。图纸比例可根据功能需要与可能确定。附件包括规划说明和其他基础资料等。

（2）旅游区控制性详细规划

旅游区控制性详细规划的任务是以总体规划为依据，详细规定区内建设用地的各项控制指标和其他规划管理要求，为区内一切开发建设活动提供指导。

旅游区控制性详细规划的主要内容包括：详细划定所规划范围内各类不同性质用地的界线，规定各类用地内适建、不适建或者有条件地允许建设的建筑类型；规划分地块，规定建筑高度、建筑密度、容积率、绿地率等控制指标，并根据各类用地的性质增加其他必要的控制指标；规定交通出入口方位、停车泊位、建筑后退红线、建筑间距等要求；提出对各地块的建筑体量、尺度、色彩、风格等要求；确定各级道路的红线位置、控制点坐标和标高。

旅游区控制性详细规划的成果包括规划文本图件及附件。图件包括旅游区综合现状图、各地块的控制性详细规划图、各项工程管线规划图等。附件包括规划说明及基础资料。图纸比例一般为 1：1000 至 1：2000。

（3）旅游区修建性详细规划

旅游区修建性详细规划的任务是在总体规划或控制性详细规划的基础上，进一步深化和细化，用以指导各项建筑和工程设施的设计和施工。

旅游区修建性详细规划的主要内容包括：综合现状与建设条件分析，用地布局，景观系统规划设计，道路交通系统规划设计，绿地系统规划设计，旅游服务设施及附属设施系统规划设计，工程管线系统规划设计，竖向规划设计，环境保护和环境卫生系统规划设计。

旅游区修建性详细规划的成果包括规划设计说明书和图件。图件包括综合现状图、修建性详细规划总图、道路及绿地系统规划设计图、工程管网综合规划设计图、竖向规划设计图、鸟瞰或透视等效果图等。图纸比例一般为 1：500 至 1：2000。

旅游区可根据实际需要，编制项目开发规划、旅游线路规划和旅游地建设规划、旅游营销规划、旅游区保护规划等功能性专项规划。

园林规划设计与绿化施工探究

居住区园林绿地规划设计

居住小区环境景观作为城市绿地系统的有机组成部分，其布局和设计方式对提升城市整体景观环境质量至关重要。同时，居住小区环境景观也是离居民生活最近的绿地景观，除了其生态环境功能，还为居民提供了休闲、娱乐，健身、交流、、避难等场所，同时对居住小区的人文环境也有重要作用。

第一节　居住区绿化设计与绿地设计

一、居住区景观

《城市居住区规划设计规范》中规定，城市居住区一般称为"居住区"，指不同居住人口规模的生活聚居地和特指城市干道或自然分界线所围合，并与居住人口规模（30 000—50 000 人）相对应，配有较完善的、能满足该区居住者物质与文化生活所需的公共服务设施的居住生活聚居地。

从宏观角度看，居住区的景观设计是城市甚至整个区域环境设计中重要的一部分，正因此，好的景观设计与城市的发展、生态平衡的保护优化息息相关。居住区的环境景观不仅要给居住者欣赏，同时也是给居住者使用的。因此，居住区景观规划的主要目标就是为人们服务，协调人类活动与周围景观的关系，使景观最大限度地方便居民，同时，景观规划应和居住区的主体风格一致，使居住区的整体风格保持一致。总之，居住区景观不仅要满足视觉方面，还应该满足居民的心理方面，是形式与功能的完美结合。

二、居住区的组成

（一）居住区用地的组成

居住区用地以功能要求分，可由下列四类用地组成：（1）居住区建筑用地由住宅的基底占有的土地和住宅前后左右必要留出的空地，包括通向住宅入口的小路、宅旁绿地和家务院落用地所组成。它是居住区用地中占有比例最大的用地，一般要占居住区用地的50%左右。（2）公共建筑和公共设施用地指居住区各类公共建筑和公用设施建筑物基底占有的用地及周围的专用土地。（3）道路及广场用地以城市道路红线为界，在居住区范围内不属于以上两项的道路，广场、停车场等。（4）公共绿地指居住区公园、小游园、花园式林荫道，组闭绿地等小块公共绿地及防护绿地等。

此外还有在居住区范围内，不属于居住区的其他用地。如：大范围的公共建筑与设施用地，居住区公共用地，单位用地及不适宜建筑的用地等。

（二）居住区建筑的布置形式

居住区建筑的布置形式，与地理位置、地形、地貌、日照、通风及周围的环境等条件都有着紧密的联系，建筑的布置也多是因地制宜地进行布设，而使居住区的总体面貌呈现出多种风格。一般来说，主要有下列六种基本形式：

行列式布置。它是根据一定的朝向、合理的间距，成行成列地布置建筑，是居住区建筑布置中最常用的一种形式。它的最大优点是使绝大多数居室获得最好的日照和通风，但是由于过于强调南北向布置，整个布局显得单调、呆板。所以也常用错落，拼接成组、条点结合、高低错落等方式，在统一中求得变化而使其不致过于单调。

周边式布置。建筑沿着道路或院落周边布置的形式。这种布置有利于节约用地，提高居住建筑面积密度，形成完整的院落，也有利于公共绿地的布置，且可形成良好的街道景观，但是这种布置使较多的居室朝向差或通风不良。

混合式布置。以上两种形式相结合，常以行列式布置为主，以公共建筑及少量的居住建筑沿道路，院落布置为辅，发挥行列式和周边式布置各自的长处。

自由式布置。这种布置常结合地形或受地形地貌的限制而充分考虑日照、通风等条件，居住建筑自由灵活地布置，这种布置显得自由活泼，绿地景观更是灵活多样。

庭园式布置。这种布置形式主要用在低、高层建筑，形成庭园的布置，用户均有院落，有利于保护住户的私密性、安全性，有较好的绿化条件，生态环境条件更为优越一些。

散点式布置。随着高层住宅群的形成，居住建筑常围绕着公共绿地、公共设施，水体等散点布置，它能更好地解决人口稠密、用地紧张的矛盾，且可提供更大面积的绿化用地。

三、居住区绿地设计的原则要求

（一）可达性

无论集中设置或分散设置，公共绿地都必须尽可能接近住所，便于居民随时进入，设在居民经常经过并可自然到达的地方。

当集中公共绿地与建筑交错布置时，要注意两者之间应有明确的界限。小区幼儿园通常放在中心绿地附近，让儿童获得更多的新鲜空气和活动场地。但幼儿园还应有自己的庭园，用空透围墙同绿地隔开，否则难以管理。住宅靠近中心绿地布置时，应有围墙分隔，避免领域的混淆而将无关人员引进住宅里来，文化活动站等公共建筑尽可能与绿地组合在一起。

（二）功能性

绿化布置要讲究实用并做到"二季有花，四季常青"最好，同时还应考虑其经济效益。长青的针叶树可以有一些，但主要应选择是生长快，夏日遮阳、降温、冬天不遮挡阳光的落叶树，名贵树种尽量少用，多数应是适合当地气候及土壤条件的乡土树种。绿地内须有一定的铺装地面供老人、成年人锻炼身体和少年儿童游戏，但不要占地过多而减少绿化面积。按照功能需要，座椅、庭院灯、垃圾箱、沙坑、休息亭等小品也应妥善设置，不宜搞太多昂贵、观赏性的建筑物和构筑物。

通常的规划是将小区级绿地集中起来放在小区的几何中心，对方便居民使用和保持绿地内的安静有好处。但要因地制宜，也可结合地形放在小区一侧，或分成几块，或处理成条状，不要千篇一律。近年来出现了一种模式，不分南北东西、不管有水无水，都要在小区集中绿地内布置一个水池，放在图面上蓝色的一块看起来挺不错。当然利用自然水塘，水流又能保持经常通畅，确实为小区增添情趣和美化景观，也有利于小气候的调节。如果不是这样，硬要用泵放进自来水，还得经常开泵换水。在节电节水的情况下，水池里不是无水就是盛的污水，尤其是在寒冷地区进入冬季后水池或喷泉等于虚设，反而成为不清洁的大坑。所以，要强调绿地的功能性和实用经济性。

（三）亲和性

为了让居民在绿地内感到亲密与和谐，居住区绿地尤其是小区绿地一般面积不大，不可能像城市公园那样有开阔的场地。因此，必须掌握好绿化和各项公共设施及各种小品的尺度，使它们平易近人。当绿地向一面或几面开敞时，要在开敞的一面用绿化设施加以围合，使人免受外界视线和噪声等的干扰。当绿地为建筑所包围产生封闭感时，则宜采取"小中见大"的手法，造成一种软质空间，"模糊"绿地与建筑的边界，同时防止在这样的绿地内放进体量过大的建筑或尺度不适宜的小品。

（四）系统性

居住区绿地设计与总体规划相一致又自成一个完整的系统。居住区绿地是由植物、地面、水面及各种建筑小品组成的，是居住区空间环境中不可缺少的部分，也是城市绿化系统的有机组成部分。绿地规划设计必须将绿地的构成元素结合周围建筑的功能特点、居民的行为心理需求和当地的文化艺术因素等综合考虑，形成一个具有整体性的系统。

整体系统首先要从居住区规划的总体要求出发，反映出自己的特色，然后要处理好绿化空间与建筑物的关系，使二者相辅相成，融为一体。人们长年居住在建筑所围合的人工环境里，必然向往着大自然。因此，在居住区内利用草皮、不规则的树丛、活泼的水面、山石等，创造出接近自然的景观，将室内和室外环境紧密地连接起来，能够让居民感到亲切、舒畅。

绿化形成系统的重要手法就是"点、线、面结合"，保持绿化空间的连续性，让居民随时随地生活在绿化环境之中。对居住区绿地来说宅间绿地和组团绿地是"点"，沿区内主要道路的绿化带是"线"，小区小游园和居住区公园是"面"；点是基础，面是中心。

（五）全面性

居住绿化要满足各类居民的不同需求，因此，绿化设施必须要有各种不同设施设置。通过居民室外环境需求的调查，大多数居民的共同愿望是，居住区内多种花草树木。室内空间要以绿化为主，少搞不必要的亭台楼阁，使环境安静、幽雅。具体到每个人，又因年龄不同要求也不一样。儿童要求有游戏设施，青少年要有宽敞的活动场地，老年人则需要锻炼身体的场所。因此，居住区绿地应根据不同年龄组的居民使用特点和使用程度，做出恰当的安排。

可以认为，居住区绿地比城市绿地更接近群众，同居民的日常生活关系更为密切，因此更具实用性。

（六）艺术性

居住区绿化必须具有必要的生态功能和优美的环境才能起到应有的作用，否则就难以吸引居民的兴趣。

居住区绿化应以植物造景为主进行布局，植物材料的选择和配置，要结合居住区绿化种、养、管，依靠居民的特点，在节省投资且有收益的基础上，突出美学观点，使人赏心悦目，以充分发挥绿地的美化功能。为了居民的休息和景点等的需要，适当布置园林建筑、小品也是必要的，其风格手法应朴素、简洁、统一、大方为好。居住区绿化中既要有统一的格调，又要在布局形式、树种的选择等方面做到多种多样，且各具特色，可将我国传统造园手法运用于居住区绿化中，以提高居住区绿化艺术水平。

四、居住区绿地设计

（一）居住区公园

1. 居住区公园

居住区公园是为整个居住区居民服务的。公园面积比较大，其布局与城市小公园相似，设施比较齐全，内容比较丰富。有一定的地形地貌、小型水体、有功能分区景色分区，除厂花草树木外，还有一定比例的建筑、活动场地、园林小品、休息设施。居住区公园布置紧凑，各功能分区或景区间的节奏变化比较快。居住区公园与城市公园相比，游人成分单一，主要是本居住区的居民，游园时间比较集中，多在早、晚，特别是夏季的晚上是游园高峰，因此，加强照明设施、灯具造型、夜香植物的布置，突出居住区公园的特色。一般 3 万人左右的居住区可以有 $2 \sim 3 \ hm^2$ 规模的公园，居住区公园里树木茂盛是吸引居民的首要条件。另外，居住区公园应在居民步行能达到的范围之内，最远服务半径不超过 1000 m，位置最好与居住区的商业文娱中心结合在一起。

2. 居住小区游园

小游园是为居民提供工余、饭后活动休息的场所，利用率高，要求位置适中，方便居民前往。充分利用自然地形和原有绿化基础，并尽可能和小区公共活动或商业服务中心结合起来布置，使居民的游憩和日常生活活动相结合，使小游园方便到达而吸引居民前往。购物之余，到游园内休息，交换信息，或到游园游憩的同时，顺便购买物品，使游憩、购物两方便。如与公共活动中心结合起来，也能达到同样的效果。

一般 1 万人左右的小区可有一个大于 0.5 hm² 的小游园，服务半径不超过 500 m。小游园仍以绿化为主，多设些座椅让居民在这里休息和交往，适当开辟铺装地面的活动场地，也可以有些简单的儿童游戏设施。游园应面积不大，内容简洁朴实，具有特色，绿化效果明显，受居民的喜爱，丰富小区的面貌。

3. 组团绿地

组团绿地是直接靠近住宅的公共绿地。通常是结合居住建筑组布置，服务对象是组团内居民，主要为老人和儿童就近活动、休息提供场所。有的小区不设中心游园，而以分散在各组团内的绿地、路网绿化、专用绿地等形成小区绿地系统，也可采取集中与分散相结合，点、线、面相结合的原则、以住宅组团绿地为主，结合林荫道、防护绿带及庭院和宅旁绿化构成一个完整的绿化系统。每个团组由 6~8 栋住宅组成，高层建筑可少一些，每个组团的中心有块约 1300 m² 的绿地，形成开阔的内部绿化空间，创造家家开窗能见绿、人人出门可踏青的富有生活情趣的生活居住环境。组团绿地的位置根据建筑组群的不同组合而形成，可有以下七种方式：①利用建筑形成的院子布置，不受道路行人车辆的影响，环境安静，比较封闭，有较强的庭院感；②扩大住宅的间距布置，可以改变行列式住宅的单调狭长空间感，一般将住宅间距扩大到原间距的两倍左右；③行列式住宅扩大山墙间距为组团绿地，打破了行列式山墙间形成的狭长胡同的感觉。组团绿地又与庭园绿地互相渗透，扩大绿化空间感；④住宅组团的一角，利用不便于布置住宅建筑的角隅空地，能充分利用土地，由于在一角，加长了服务半径；⑤结合公共建筑布置，使组团绿地同专用绿地连成一片，相互渗透，有扩大绿化空间感；⑥居住建筑临街一面布置，使绿化和建筑互相衬映，丰富街道景观，也成为行人休息之地；⑦自由式布置的住宅、组团绿地穿插其间，组团绿地与庭院绿地结合，扩大绿色空间、构图亦显得自由活泼。

组团绿地的布置方式有：①开敞式，即居民可以进入绿地内休息活动，不以绿篱或栏杆与周围分隔；②半封闭式，以绿篱或栏杆与周围有分隔，但留有若干出入口；③封闭式，绿地为绿篱、栏杆所隔离，居民不能进入绿地，可望而不可即，使用效果较差。另外，组团绿地从布局形式来分，有规则式、自然式和混合式三类。

（二）宅间绿地

1. 宅间绿化应注意的问题

绿化布局，树种的选择要体现多样化，以丰富绿化面貌。行列式住宅容易造成单调感，甚至不易辨认外形相同的住宅，因此可以选择不同的树种，不同布置方式，成为识别的标志，起到区别不同行列，不同住宅单元的作用。

住宅周围常因建筑物的遮挡造成大面积的阴影，树种的选择上受到一定的限制，因此要注意耐阴树种的配植，以确保阴影部位良好的绿化效果，如桃叶珊瑚、罗汉松、十大功劳、金丝桃、金丝梅、珍珠梅、绣球花等，以及玉簪、紫萼、书带草等宿根花卉的合理选用。

住宅附近管线比较密集，自来水、污水管、雨水管、煤气管、热力管、化粪池等，树木的栽植要留够距离，以免后患。

树木的栽植不要影响住宅的通风采光，特别是南向窗前不要栽植乔木，尤其是常绿乔木，在冬天由于常绿树木的遮挡，使室内晒不到太阳，而有阴冷之感，是不可取的，一般应在窗外 5 m 之外栽植。

绿化布置要注意尺度感，以免由于树种选择不当而造成拥挤、狭窄的不良心理感觉，树木的高度、行数、大小要与庭院的面积、建筑间距，层数相适应。

使庭院、屋基、天井、阳台、室内的绿化结合起来，把室外自然环境通过植物的安排与室内环境联成一体，使居民有一个良好的绿色环境心理感，使人赏心悦目。

2. 宅间绿化布置的形式

（1）低层行列式空间绿化

在每幢房屋之间多以乔木间隔，选用和布置形式应有差异。基层的杂物院、晒衣场、垃圾场，一般都规划种植常绿、绿篱加以隔离。向阳侧种植落叶乔木，用以夏季遮阴，冬季采光背阴一侧选用耐阴常绿乔灌木，以防冬季寒风。东西两侧种植落叶大乔木，减少夏季东西日晒。靠近房基处种植住户爱好的开花灌木，以免妨碍室内采光与通风。

（2）周边式居住建筑群、中部空间的绿化

一般情况可设置较大的绿地，用绿篱或栏杆围出一定的用地，内部可用常绿树分隔空间。可自然式亦可规则式，可开放型，亦可封闭型，设置草坪、花坛、座椅、座凳，既起到隔声、防尘、遮挡视线、美化环境的作用，又可为居民提供休息场所，形式可多样，层次宜丰富。

（3）多单元式住宅四周绿化

由于大多数单元式住宅空间距离小，而且受建筑高度的影响，比较难于绿化，一般南面可选用落叶乔木辅之以草坪，增加绿地面积，北面宜选用较耐阴的乔、灌木进行绿化，在东西两边乔木宜栽植高大落叶乔木，可起到冬季防风，盛夏遮阴的良好效果。为进一步防晒，可种植攀缘植物，垂直绿化墙曲，效果也好。

（4）庭院绿化

一般对于庭院的布置，因其有较好的绿化空间，多以布置花木为主，辅以山石、水池、花坛、园林小品等，形成自然、幽静的居住生活环境，甚至可依居住人嗜好栽种名贵花木及经济林木，赏景的同时，辅以浓浓的生活气息。也可以以草坪为主，栽种树木花草，而使场地的平向布置多样而活泼，开敞而恬静。

（5）住宅建筑旁的绿化

住宅建筑旁的绿化应与庭院绿化、建筑格调相协调。目前，小区规划建设中，住宅单元大部分是北（西）入口，底层庭院是南（东）入口、北入口以对植、丛植的手法，栽植耐阴灌木，如金丝桃、金丝梅、桃叶珊瑚、珍珠梅、海桐球、石楠球等，以强调入口，南入口除了上述布置外，常栽植攀缘植物，如凌霄、常春藤、地锦、山荞麦、金银花等，做成拱门。在入口处注意不要栽种尖刺的植物，如凤尾兰、丝兰等，以免伤害出入的居民，特别是幼小儿童。墙基、角隅的绿化，使垂直的建筑墙体与小平地地面之间以绿色植物为过渡，如植铺地柏、鹿角柏、麦冬、葱兰等，角隅栽植珊瑚树、八角金盘、凤尾竹、棕竹等，使沿墙处的屋角绿树茵茵，色彩丰富，打破呆板、枯燥、僵直的感觉。

（6）生活杂务用场地的绿化

在住宅旁有晒衣场、杂务院、垃圾站等，一要位置适中，二是采用绿化将其隐蔽，以免有碍观瞻。近年来建造的住宅都有生活阳台，首层庭院，可以解决晒衣问题，不另辟晒衣场地，但不少住宅无此设施，在宅旁或组团场地上开辟集中管理的晒衣场，其周围栽植常绿灌木，如珊瑚树、女贞、椤木等，既不遮蔽阳光，又能显得整齐，不碍观瞻，还能防止尘土把晒的衣物弄脏。垃圾站点的设置也要选择适当位置，既便于使用、清运垃圾，又易于隐蔽。一般情况下，在垃圾站点外围密植常绿树木，将其隐蔽，可起到绿化并防止垃圾因风飞散而造成再污染，但是要留好出入口，一般出入口应位于背风面。

（三）居住区道路绿化

1. 主干道旁的绿化

居住区主干道是联系各小区及居住区内外的主要道路，除了人行外，车辆交通比较频繁，行道树的栽植要考虑行人的遮阴与交通安全，在交叉口及转弯处要依照安全三角视距要素绿化，保证行车安全。主干道路面宽阔，选用体态雄伟、树冠宽阔的乔木，使主干道绿树成荫；在人行道和居住建筑之间可多行列植或丛植乔灌木，以起到防止尘埃和隔音的作用；行道树以馒头柳、桧柏和紫薇为主，以贴梗海棠、玫瑰、月季相辅；绿带内以开花繁密，花期长的半支莲为地被；在道路拓宽处可布置些花台、山石小品，使街景花团锦簇，层次分明，富于变化。

2. 次干道旁的绿化

居住小区道路，是联系各住宅组团之间的道路，是组织和联系小区各项绿地的纽带，对居住小区的绿化面貌有很大作用。这里以人行为主，也常是居民散步之地，树木配置要活泼多样，根据居住建筑的布置、道路走向及所处位置、周围环境等加以考虑。树种选择上可以多选小乔木及开花灌木，特别是一些开花繁密的树种，叶色变化的树种，如合欢、樱花、五角枫、红叶李、乌桕、栾树等。每条道路又选择不同树种，不同断面种植形式，使每条路各有个性，在一条路上以某一二种花木为主体，形成合欢路、樱花路、紫薇路、丁香路等。如北京古城居住区的古城路，以小叶杨作为行道树，以丁香为主栽树种，春季丁香盛开，一路丁香一路香，紫白相间一路彩，给古城路增景添彩，也成为古城居民欣赏丁香的美好去处。

3. 住宅小路的绿化

住宅小路是联系各住宅的道路，宽 2 m 左右，供人行走，绿化布置时要适当后退 0.5~1 m，以便必要时急救车和搬运车驶近住宅。小路交叉口有时可适当放宽，与休息场地结合布置，也显得灵活多样，丰富道路景观。行列式住宅各条小路，从树种选择到配置方式采取多样化，形成不同景观，也便于识别家门。如北京南沙沟居住小区，形式相同的住宅建筑间小路，在平行的一条宅间小路上。分别栽植馒头柳、银杏、柿、元宝枫、核桃、油松、泡桐、香椿等树种，既有助于识别住宅，又丰富了住宅绿化的艺术风貌。

第二节　生态型居住区景观规划设计

一、生态型居住区的特征

（一）与自然的亲和性

生态型居住区的亲和性反映在人和自然的和谐统一。生态型居住区内部是一个完整的生态系统，区内的自然要素，既能形成和谐的运行机制，又能与外部生态系统取得良好的衔接，满足人类及各类生物的生存需要。居住区内的人们在追求回归自然、贴近自然的同时，也把自然环境融入住区中、建筑群中，做到了自然环境与人工环境相融合，自然与人文景观各要素相协调，创造人与自然和谐统一的"第二自然"。

（二）与社会的和谐性

城市生态型居住区是城市生态系统的基本组织单位，其社会性主要体现在生活内容、生活方式、社会氛围等几个方面，其和谐性体现在居住区内能有效地配置丰富的服务和娱乐设施，能满足居住区内各年龄层次、各类居民的多样化需要，能营造良好的社会氛围，促进居民的交流和感情投入，保证居住区的可持续发展。

（三）经济高效性与健康舒适性

所谓高效性指其内部各元素能高效地运转与转换，资源和能源能被高效地利用，居住区内配备有先进的物资和能源供给系统，能高效地处理污水和废物，减少经济损耗和生态环境的污染。

二、生态型居住区景观

生态居住景观是以生态学原理为指导，坚持可持续发展的原则，通过规划景观实现人与自然在居住这个系统内有序循环，从而达到一个健康、低能耗、无污染、景观和谐的平衡环境。生态居住区景观对我国实施可持续发展具有重要的作用，其可通过自我调节，达到资源和能源使用的最大化，废弃物产生最小化，人居景观最优化。

生态居住区景观有以下发展趋势：

（1）传承优良规划思想

中国古代景观的创造有水平优劣之分，这种景观的创造贵在"虽由人作，宛自天开"，既不是纯自然景观，也不是全人工的景观，而是一种人工与自然的结合的景观。其中，"天人合一""和实生物""万物齐一"等优良景观规划思想是其规划的基础。

（2）注重生态规划

居住区景观生态规划是把居住区内部看作一个完整的生态系统，区内的各种要素和谐发展，自给自足。同时，居住区景观生态规划是在尽可能维持原有环境的基础上把人工环境融入自然环境中，使人工景观与自然环境相融合、相协调。

（3）考虑人口老龄化

城市发展中，我国人口老龄化现象不断加剧，使我们在居住区景观规划中更加关注老年人的需要。景观规划满足老年人的身心特点，不仅可以增加老年人的幸福感，而且还可以促进家庭和睦、社会和谐。

（4）节约土地资源

发展架空层景观，架空层景观是各种景观要素的组合，包括景观结构、景观功能、景观文化、人的感受和人的社会活动等，反应架空层的总体视觉发展架空层景观不仅可以解决居民的地面返潮问题，还可以使地面景观空间扩大、延伸。

（5）融入现代科技

随着我国科技的进步，现代化技术越来越多地应用到人们的生活和工作中。为了适应社会的进步，居住区也有了新的发展方向——智能化居住区。智能化居住区将现代科技应用到居住区的各个部分，不仅使人们的生活更加方便，还最大化地利用现有的能源与资源。发展智能化居住区景观是社会发展的需要。

三、生态居住区景观规划原则

（一）整体性原则

生态型居住区景观以人为本，追求人与景观和谐共处，使居住区内各个元素之间、各元素与居住区景观之间、各元素与外界环境之间，不仅有信息与能量的交替，还有信息的传达，使其成为一个整体。居住区景观是城市景观的有机组成，要在空间布局、绿化环境、人文特色、交通组织等方面与城市的开发空间、绿色空间、人文历史、交通系统连接布置，使其在整体上融入城市的大环境中。

（二）功能性原则

人是居住区的使用者，居住区景观规划首要是满足人的最基本的需求，以人为本，注意提升人的价值，满足使用者活动的需求。不同活动使不同人群之间相互渗透、融合，他们之间相互启发、带动，才能形成居住区整体活跃健康的社区生活。因此，居住区景观规划要充分考虑不同人群的需求，设置不同的活动空间，使各个人群的人们都有享受自然美景的权力。自然美、社会美和人为美是对居住区景观规划的三大审美需求，且环境景观是否便利和安逸是衡量现代居住区景观规划成败的关键。

（三）美学性原则

古往今来，美是人们永恒的追求。目前，我国居住区景观建设进入了一个新的发展时期。随着时代的发展和人们生活水平的提高，人们对居住环境有了新的要求，从"满足居住"到"室外环境"的更替，这就要求居住区营造优美的环境景观。这样的环境不仅可以起到美化城市的作用，而且给生活在住区内的居民带来许多好处：人们可以到户外呼吸新鲜的空气、欣赏美丽的景色。

（四）生态性原则

所谓生态性，就是指设计过程中要保证现有的对生物体（这里主要指居住于此环境中的人）有益的生态环境不被破坏，并且在此基础上，改善原有的不良的生态环境，将人工环境与自然环境相互融合，达到使整体环境得以改善和美化的目的。因此，首先，应对居住区的环境进行分析调查，尽量保护并利用现有的地形地貌；其次，在充分尊重生态系统的前提下，以生态性原则为基础进行人工景观的创造，应当注意创造的景观要与环境相协调，互为一体。

（五）历史人文原则

重视居住园林景观设计的人文原则，是从精神文化的角度去把握景观的内涵特征的。文化是一个民族、一个城市的标志，而居住区是一个城市的基本构成单元，规划时应该注意当地的历史文化，将居住区的景观规划结合城市环境设计，并充分体现城市的历史文化传统。居住区的文化性体现在居住区景观的各个部分，大到一个居住区的主题，小到一个小品景观。

（六）经济节约原则

节约是中华民族的传统美德，因此，在居住区景观规划中要以节约为导向，不仅考虑景观的建设成本，还应注重建设后期的维护管理费用。设计要以本地区的经济发展、人们的生活水平和接受能力为立足点，充分考察设计地区的地形、土壤等自然条件，根据当地居民的喜好，地区发展情况，打造符合本地风土人情的居住绿地。景观材料应该选取当地特色的景观元素，因地制宜地制定符合当地风俗民情的景观。尽量减少硬质景观，使乔灌草软质景观与硬质景观相结合，不仅舒适健康，而且可以减少不必要的成本造价。

四、生态型居住区景观规划方法

（一）生态型居住区景观规划设计宏观规划方法

1. 自然景观生态格局修复法

景观是在某一地域内土地及土地上的空间和物体所构成的综合体，它是复杂的自然过程和人类活动在大地上的烙印，是一个完整的生态系统。居住区景观的生态系统包括自然生态系统和人工生态系统，两者之间有着显著的区别。人工生态系统具有自然系统的动态变化性、区域性、自我维持和自我调节性能，但因为物种的单一，又比自然生态系统显得不稳定，处于非平衡状态，需要通过外界人工的修复才能保证系统的相对稳定和有序。因此，居住区景观的生态化设计就是最大限度地利用自然生态环境，减少对自然生态环境的破坏，防止居住区生态环境恶化。为此，常采用生境修复的方法主动创造一个"以自然为骨架"，其他景观元素围绕骨架合理布局的良好人居环境。

2. 人工景观生态格局创建法

居住区是人们生活和居住的主要场所，不仅要追求人与自然的和谐统一，创建出优美的自然景观，更应当体现出人与人的和谐共存，因此生态型居住区在对自然景观进行创建和修复的同时，要围绕居住生活需求，积极构建人工景观生态格局，建立集商业、娱乐、教育等于一体的"完整居住区"。而这种人工景观的创建必须通过居住区整体布局的高效性和合理性来实现。

合理布局的前提是选择合理的区位，区位是否合理则反映出该住区是否具有发展成为生态居住区的条件和潜力。在合理的区位内构建人工景观应与区位内的气候、水文、土壤、植被、地质、地貌等条件相适应，与城市交通、物质能量供给、民俗等地方特色相适应。同时，利用区位周边已有的大型景观，按照"借景"原则，使人工景观布局在已有景观周围或绿带、水带周围。

居住区布局的高效性则主要体现为采用多样化、多功能的完整的区域生态系统。即通过各种建筑、开放空间等基本功能单元的生态位重叠，在较小的空间内，为居民提供多样性的生活环境。为了构建这种多样性的人工景观，应该在对自然景观减少破坏的基础上，与自然条件相适应，相互补充。

（二）生态型居住区景观规划设计详细设计方法

1. 生态型居住区的植被设计

（1）生态型居住区的植物配置设计

植物群落是指在特定空间和时间范围内，具有一定的植物种类组成和一定的外貌及结构与环境形成一定相互关系并具有特定功能的植物集合体。植物群落的结构特征可以是表现在空间（垂直结构和水平结构），也可以是表现在生活型上的，体现了特定的时间和空间范围内，植物与植物或者植物与环境之间的相互关系。由于植物群落与居住区的光照、土壤、空气等微气候能形成一个完整的生态系统，因而原生的植物群落比人工的植物群落生存能力更强，常采用结构较为稳定的乔木层、灌木层、草本层和地被层组成的复层群落形式。虽然这种结构能满足生态性的需求，但是却忽略了居民对审美和活动的需要。因此，生态型居住区的植物群落结构设计是在考虑到物种的生态学结构特性后，合理的选配植物，避免物种间的竞争，从而形成结构合理、功能健全、种群稳定、种间互补的复层群落结构，形成具有自生能力、自我维护能力、能抵抗干扰的生态环境，同时结合功能和艺术构图的要求。居住区内常见的生态植物配置群落有以下几种方式：

乔木+草坪：

乔木与草坪的植物搭配结构是居住区景观设计中应用较为广泛的一种设计手法，这种搭配方法也被景观环境设计者称为"疏林草地"，其特点是种植范围内林木稀疏、视野开阔、便于活动。一般具有稀疏的上层乔木，下层以草本植物为主体。居民夏季可到乔木下纳凉，冬季可到草坪上晒日光浴，所以这种景园环境深受人们的喜爱。疏林草地的乔木郁闭度（是指树冠投影面积与林地总面积之比）一般在0.4~0.6，这种植物配置模式遵循以"树木为主，花草点缀；乔木为主，灌木为辅"的原则。在有限的绿地上把乔木、灌木、草坪、藤本植物进行科学搭配，既提高了绿地的绿量和生态效益，又为人们的游玩提供了开阔的活动场所。将传统的植物风格与现代草坪融为一体，形成一个完整的景观。草坪的应用使绿地虚实相间，达到了步移景异的效果。乔木加草坪的结构设计手法，一般有三种形式，即疏林草地、疏林花地和疏林广场。疏林草地设计中乔木一般采用大于成年树树冠直径为准，树木间距为10~20 m，树木间的草地可设置少量供人们休闲活动的项目。疏林花地为了保证林下花卉的生长，多采用较大的林木间距或选用窄冠树种，以达到较好的采光条件。疏林间的花卉供人们观赏，因而需要在林间设置游步道，沿步道还可设置椅、凳等休息设施。疏林广场是在乔木下做硬地铺装的设计形式，多设置于人们休息和活动较频繁的景园环境。

灌木+草坪：

灌木与草坪的配置方式，由于没有乔木的遮挡，所以荫闭区少，不利于居民活动，但有利于植物的生长。并且由于灌木的根系和枝干较为发达，可以截留雨水或阻挡地表径流，可用于地下管线、构筑物或屋顶花园等限制植物根系深度的地段。

乔木+灌木+草坪：

采用乔木下加灌木和地被植物的配置模式是一种多层结构设计模式，构成了复层混交的植物群落，以得到最大的综合生态效益，有利于植物的稳定。与单层种植结构相比，不仅提高了单位面积绿量，而且植物释氧固氮、蒸腾吸收、减尘滞尘、减菌杀菌、减污防风等综合生态效益为单一草坪的4~5倍。同时，由于这种复层生态群落具有很明显的层次性，能提高绿化的绿视率和三维绿量。所以，鉴于目前普通居住区植物配置平面化，生态性极差的现象，生态型居住区植物配置结构应采用以乔木为主、灌木和花草为辅的复层结构，使居住区内景观层次丰富，季节变化明显，并且更有效地利用空间，能够提高土地利用率，发挥其生态效益。

常绿乔木+灌木：

这种配置模式中、下层植物的郁闭度高，缺乏层次性。景观多比较严肃，色彩较单调，主要突出了冬季的特点，多用于小面积的衬托性背景景观。因而，实际设计中应该将常绿和落叶树种科学合理的混合搭配。

单一草坪：

单一草坪的优点是草坪的均一性、色泽、质感较好，结合坡地地形设计，效果更佳。但是由于草坪草种单一，遗传背景过于简单，对环境的适应性较差。同时，因为其根系浅，需要消耗的水资源量较大。干旱地区，草坪的浇灌用水可占到居民用水的1/3～1/2，加之总体绿量较少，所以生态效益较差。生态型居住区景观设计中不宜采用大面积的草坪，可选用混合草坪或缀花草坪等形式来代替。并在设计中考虑居民的使用要求，增加设施。

（2）生态型居住区的绿地结构布局

①居住区绿地系统布置模式应用

居住区绿地系统布置常采用的模式有：集中绿地型、组团围合型、嵌入自然型、带状网络型、散点布局型等。集中绿地型主要应用在高层低密度的居住区，居住区内的功能设施，如游泳池、中心广场、草坪等均在此中心绿地内。组团围合型是以围合型组团为基本单元，由不同主题的组团围合而成，常应用于低层高密度居住区。嵌入自然型一般适用于具有良好的自然生态条件，居住区用地较为宽松，远离城市的郊区居住区。这种布置模式将居住区内各邻里或住宅群间用绿地隔开，达到与自然的有机协调，从景观和生态角度来讲，这种布置模式较好。带状网络型以带状的公共绿地贯穿于居住区内，同时与住宅群空间绿地相互连通，这种模式即能拥有较高的建筑密度，又能根据建筑布局灵活变化绿地宽度，所以被广泛运用。散点布局型是将不同大小的绿地布置在居住区内，有利于均匀分布绿地，但不利于各绿地间的相互联系，因而绿地的生态效益得不到很好的发挥。以上各模式在设计中，应充分考虑到居住区的规模、地理自然条件和建筑布局等因素，有机组合配置不同的布置模式，发挥整体的优势。

②绿化空间立体化的应用

传统的绿化空间主要集中在基地平面，无法扩大建筑密度大，绿地有限居住区的绿化质量。目前，广泛运用的立体绿化模式，能有效地增加绿化面积，保持绿化网络的联系，是居住区节约土地的有效方法，具有除尘、降噪、增湿等功能，尤其是在城市中心区的高密度住宅群居住区内，采用这种模式可以改善景观效果和小区的微气候。根据绿化位置不同立体绿化可分为：屋顶绿化、墙面绿化、阳台绿化、围墙绿化等。

2. 生态型居住区的水环境设计

在居住区景观环境中，除了植物之外，水体是最具有生命力的，适当的水景构造能丰富空间环境和调节气候，增强居住的舒适感。所以，生态型居住区景观设计中，为了提高环境的质量，经常设计不同形态的水体景观。居住区的水景形态包括：溪流、瀑布、喷泉、湿地、池塘、叠水等，各种形态的水融入环境中，能使环境质量得到极大的提高。生态型居住区水景设计时，不仅要兼顾景观的美学效应，更要考虑其生态功能，考虑到对雨水的利用、周围环境的利用、水景生态环境的创造和水景的维护问题，使得居住区的水景不是死水一潭，真正做到绿色、生态。

（1）水体景观价值的体现

①景观特性体现

水面的景观性体现在能表现出无穷的色彩。这种色彩能随着周围的景色或天空色彩的改变而改变。水面在风、重力等影响下能发出水声，平静的水面能把周围的建筑、树木的影响反射出来，形成清晰的倒影，靠近接触它，又能感受到其晶莹、凉快、滑润的质感。

所以，水是可观、可听、可触的。另外，可以通过驳岸的设计来控制水景的形态同形态的水景能营造亲切、温馨的气氛，容易让人体验到自然的乐趣。

②水面的空间效果

水面也可作为居住区空间构成的重要因素，用水面来分隔建筑群，使建筑滨水而建，如意大利威尼斯的水街。这种分隔空间形式只阻隔人们的活动，而不阻挡人们的视线。同时能烘托建筑，使人感受到强烈的环境特征。

（2）居住区景观水系统的管理

①雨水的收集利用

雨水是天然的降水，利用成本较低。目前，很多居住区设计中，没有考虑到雨水的收集利用，使雨水沿管道白白地流走，而没有进入地下补充地下径流，或直接或间接利用。

因此，如何收集和利用雨水，是生态型居住区水体设计中须特别考虑的问题。

雨水的收集主要是通过人工或天然的方法储留雨水。常见的雨水储留系统包括：屋面蓄水、地面蓄水、地下砾石蓄水等。屋面蓄水是指利用住宅屋顶蓄水，可分别在单体住宅设置，也可集中设置。其蓄水系统包括集水区、输水系统、过滤系统、储水系统和配水系统。屋面蓄水系统将是未来主要使用的一种方法。地面蓄水是利用地面蓄水池收集雨水，一般通过在绿地中挖池开渠建造蓄水池。为了能够利用不同雨量大小的雨水，蓄水池设计成高低水位两部分。雨量较大时，雨水可以通过自然渗透的办法，流入绿地土壤中；雨量较小时，由于低水位底层采用不透水基质，雨水可储存在池中。地下砾石蓄水是指让雨水存储在砾石材料的缝隙中，之后自然地渗透到土壤中去。

生态型居住区收集到的雨水经截污处理后，通过开放的植被系统和雨水管道，进入景观水池，用来补水。另外，还可以用来浇灌花草、冲洗道路、消防用水，实现雨水资源的可持续利用。

②中水的收集利用

中水系统是指住宅内的生活污水经收集、处理后，达到规定的水质标准，在一定范围内重复使用的非饮用水系统，由中水水源、集水处理、加压、管网及计量等设备与设施组成。中水系统的设置应考虑与小区的污水、雨水及景观用水系统考虑，水源宜采用优质杂排水，如淋浴排水、洗衣排水、厨房排水、厕所排水等。中水系统能循环利用水源，节约了用水。

（3）生态型驳岸的设计

驳岸是水域和陆域的分界线，是人们到达水边的最终阶段，可以满足人们亲水的习惯。因此，驳岸对于水景的设计非常重要，尤其是生态驳岸的设计不仅能增强水体的自净，对水中生物过程起到重大作用，还有利于地表水向地下渗透，保持地质的稳定。

目前，居住区水景设计中常见的驳岸模式有以下几种：立式驳岸，这种模式应用在水面场地面积和空间较小的场合，并且水位要保持不变，这样才能获得较好的景观效果；斜式驳岸，这种驳岸模式的优势在于人们容易到达水边，而且较为安全，允许水景水位有变化，但设计这种驳岸需要较大的空间；阶式驳岸，这种驳岸采用水泥或块石砌筑台阶，虽然使人们很容易的接触到水，获得较好的景观视觉环境，但是由于人工化痕迹较重，缺乏了自然的感觉，给人们的心理感觉上大打折扣，很难能获得较好的亲水性。

除了驳岸模式的设计，驳岸材料的选择也是水景处理的重点。不同材料的驳岸包括如下几种。

自然式驳岸。对于坡度缓或腹地大的河段，可以考虑保持自然状态，配合植物种植，达到稳定河岸的目的。如：种植柳树、水杨、白杨、桦树及芦苇、芭蒲等具有喜水特性的植物，由它们生长舒展的发达根系来稳固堤岸，加之其枝叶柔韧，顺应水流，能增加抗洪、护堤的能力。我国传统的治河六柳法即是这方面的总结。

生物有机材料生态驳岸。这种驳岸用可降解或可再生的材料，如竹篱、树桩、草袋、树枝等辅助护坡，然后通过植物生长后根系固着成岸。通过人为措施，重建或修复水陆生态结构后，岸栖生物丰富，景观较自然，形成自然岸线的景观和生态功能。坡度自然，可适当大于土壤自然安息角，水位落差较小，水流较平缓。

结合工程材料的生态驳岸。采用石材干砌、混凝土预制构件、耐水木料、金属沉箱等等构筑高强度、多孔性的驳岸。基本保持自然岸线的通透性及水陆之间的水文联系，具有岸栖生物的生长环境；通过水陆相结合的绿化种植，达到比较自然的景观和生态功能。适于 4 m 以下高差，坡度 70°以下岸线，无急流的水体。

3. 生态型居住区的铺地设计

生态型居住区地面铺装是人们停留和通过的重要场所，不同材质、图案、设计手法的铺地设计能创造出优美的地面和局部空间景观。传统的居住区为了追求铺地的美感，大面积地使用硬质不透水铺装，其结果是地表温度升高，不利于雨水的下渗和植物的生长等。但是生态型居住区铺地景观的设计不仅要求要具有美感，同时必须考虑到生态的要求，减少对原有生态平衡的破坏，减少能耗、节约资源。这是设计师设计时应重点考虑的问题。

（1）铺地的种类

硬质铺装：是相对于草坪、植被等软质铺装而言的，是以石材、砖、混凝土、砾石、木材等为材料进行的地面景观设计。随着景观设计行业的发展及现代科学技术手段的创新，硬质铺装也在不断地推陈出新，逐渐以其丰富的形状、色彩、质感、尺度等成为整个景观设计中十分重要的一个构成因子。

软质铺装：是以灌木和草坪为主要形式的铺地，软质铺装其形式简单、生态环保，能强化景观的统一性。但是其耐磨性差，因而经常与硬质铺装搭配使用，这样才能创造出更好的效果。

（2）生态型铺地设计的详细方法

铺地是居住区景观的重要组成部分，在设计中为了发挥硬质铺装丰富的形状、色彩和质感的优点，同时，为了尽可能地减少对生态系统的破坏和能源的浪费，常采用软质铺装与硬质铺装相结合的方法，如地砖间植草的方法，就有利于植物的生长和雨水的渗透。常见的铺地设计方法有以下三种。

①采用透水性铺装和多孔铺装

多孔铺装的材料常采用去除微小颗粒的沥青和混凝土制成，这样的材质即可以保持一定的强度，又能留出空隙排水，适用于小型停车场和不繁忙的道路。

除了多孔沥青和混凝土外，渗水系统还包括格状砌块，它不仅能支撑车辆，还能提供空隙供排水和草的生长。由于砌砖格状空隙间长有草，所以格状砌砖一般多用于防火通道、过剩的停车场等不常使用的通道上。

在构造透水铺装时应注意，透水铺装的基层不能以混凝土作为基层，这样就丧失了透水的功能，基层材料一般采用透水性强的沙层、砾石等。居住区的人行道路、停车场等硬质铺地在采用透水基层后，可以使雨水渗透到地下去，补充地下水资源。没有完全渗透到地下的雨水能慢慢蒸发，调节居住区的微气候。

②采用植草格和植草砖。

植草砖和植草格是将硬质和软质铺装结合在一起的生态型透水铺装材料，具有很强的抗压能力。并且植草格还可以循环使用，具有一定的抗紫外线和冲压能力，适用于干热地带。

③采用不透水材料的间歇式铺置

采用硬质铺装与植物草坪间歇铺置的方式，具有一定的抗压能力，还可以排水，同时又达到了美观和生态的效果。

采用以上铺地方法，都留有间隙或孔洞供植物生长，增加了居住区的绿地面积，促进了水循环，改善了生态环境。同时能调节地面温度变化，提高了人体的舒适度。

4. 生态型居住区的景观小品设计

景观小品是居住区建筑外部空间重要的组成要素，虽然景观小品在整个景观环境中起不到主导作用，只能是点缀和陪衬，但是景观小品却能以其丰富的材质、色彩和造型对整个居住区景观效果产生影响。正所谓"从而不卑、小而不贱、顺其自然、插其空间、取其特色、求其借景"，将人工景观很好地融入自然中去，能体现出环境的观赏性、实用性和审美价值。

（1）景观小品的分类

居住区常见的景观小品可分为以下四种类型。

服务性小品：为游人服务的饮水泉、洗手池、公用电话亭、时钟塔等；为保护园林设施的栏杆、格子垣、花坛绿地的边缘装饰等；为保持环境卫生的废物箱等。

装饰性小品：各种可移动和固定的花钵、饰瓶，可以经常更换花卉。装饰性的香炉、水缸，各种景墙（如九龙壁）、景窗等，在园林中起点缀作用，有时也兼具其他功能。

展示性小品：各种布告板、导游图板、指路标牌，以及动物园、植物园和文物古建筑的说明牌、阅报栏、图片画廊等，都对游人有宣传、教育的作用。

照明性小品：以草坪灯、广场灯、景观灯、庭院灯、射灯等为主的灯饰小品。

（2）景观小品设计的原则和方法

居住区景观小品不仅能美化环境、丰富园趣，而且能为居民活动和休息提供方便，是包含在建筑外环境空间内的小体量建筑，因而景观小品的设计有别于广场、街道的设计原则和方法。设计时主要遵循以下原则：

即注重装饰和工艺效果，又具有功能和科学性的要求。居住区景观小品属于小体量建筑，设计时不同于广场、街道等景观小品讲究大气，主要利用塑造强烈的形象和色彩视觉感，烘托出居住区景观环境气氛，起到了装饰性的作用。设计时也应满足人们的精神需求，要具有一定的功能性需求，同时兼顾科学性要求。

兼顾整体性和系统性的原则：整体性要求就是指景观小品要符合居住区景观规划设计的总设计思路和整体要求。由于景观小品在居住区中布局比较分散，因而在布局安排时要全面考虑居住区景观整体要求、景观小品的比例尺度、主次关系、形象连续和可识别性等因素，形成一个完整的系统。

选材要具备耐久性和地方性的原则。由于居住区建筑物使用时间较长，因而配套的景观小品材料也应该选择能长久满足人们生活和活动规律的耐久性材料。选材时应尽量选择本土建筑材料，色彩和造型也应符合地方特色和民族传统。

居住区景观小品应与植物造景相结合。居住区景观小品的特点是其色彩和个性鲜明，造型变幻多样。而居住区植物景观的特点是生机勃勃，生命气息强烈。在设计中应将景观小品与植物造景结合起来，体现了居住区中植物的自然美和景观小品的建筑美和谐统一，进一步提高了居住区景观的内涵和艺术性。例如，我国古典园林中就有了在各种亭台楼阁周围种植白皮松、银杏的设计手法，营造出了高贵的气势。

5. 生态型居住区的园路设计

园路是生态型居住区景观构成中的重要因素，不仅有组织交通、组织空间、集散人群的功能，而且还能起到导游和装饰的作用。一般居住区园路按使用功能，可分为主要道路、次要道路、林荫道和滨江道、休闲步道等类型；按园路铺装材质，可分为居住区园路可分为混凝土路、传统石材路、砖制品路、陶瓷制品路等；根据居住区地形、地貌及景观的分布，园路的布局形式可分为自然式、规则式、混合式。

园路设计三要素包括：线形设计、结构设计和铺装设计。

线形设计。在园路的总体布局的基础上进行，可分为平曲线设计和竖曲线设计。平曲线设计包括确定道路的宽度、平曲线半径和曲线加宽等；竖曲线设计包括道路的纵横坡度、弯道、超高等。园路的线形设计应充分考虑造景的需要，以达到蜿蜒起伏、曲折有致；应尽可能利用原有地形，以保证路基稳定和减少土方工程量。

结构设计。园路结构形式有多种。典型的园路结构分为：①面层。路面最上的一层。它直接承受人流、车辆的荷载和风、雨、寒、暑等气候作用的影响。因此，要求坚固、平稳、耐磨，有一定的粗糙度，少尘土，便于清扫。②结合层。采用块料铺筑面层时在面层和基层之间的一层，用于结合、找平、排水。③基层。在路基之上。它一方面承受由面层传下来的荷载，一方面把荷载传给路基。因此，要有一定的强度，一般用碎（砾）石、灰土或各种矿物废渣等筑成。④路基。路面的基础。它为园路提供一个平整的基面，承受路面传下来的荷载，并保证路面有足够的强度和稳定性。如果土基的稳定性不良，应采取措施，以保证路面的使用寿命。此外，要根据需要，进行道牙、雨水井、明沟、台阶、种植地等附属工程的设计。

铺装设计。中国园林在园路面层设计上形成了特有的风格，有下述要求：①寓意性。中国园林强调"寓情于景"，在面层设计时，有意识地根据不同主题的环境，采用不同的纹样、材料来加强意境。北京故宫的雕砖卵石嵌花雨路，是用精雕的砖、细磨的瓦和经过严格挑选的各色卵石拼成的。路面上铺有以寓言故事、民间剪纸、文房四宝、吉祥用语、花鸟虫鱼等为题材的图案，以及《古城会》《战长沙》《三顾茅庐》《凤仪亭》等戏剧场面的图案。②装饰性。园路既是园景的一部分，应根据景的需要做出设计，路面或朴素、粗犷，或舒展、自然、古拙、端庄，或明快、活泼、生动。园路以不同的纹样、质感、尺度、色彩，以不同的风格和时代要求来装饰园林。如杭州三潭印月的一段路面，以棕色卵石为底色，以橘黄、黑两色卵石镶边，中间用彩色卵石组成花纹，显得色调古朴，光线柔和。

第三节　居住区停车场景观规划设计

一、居住区生态式地面停车场景观模式

（一）生态式停车场的内涵

相对于传统停车场，生态式停车场更注重减少对环境的不利影响，运用生态材料和植物来营造更为绿色和环保的停车空间。所谓生态式停车场不仅是表现在形态上的秩序和景观上的视觉美感，还有其实质性的内容，即景观元素的生态性和停车场使用功能的完美结合。我们所说的生态式停车场应当能够与居住区景观环境融为一体，并能最大限度地减少对环境的不利影响，创造出良好的停车空间。在停车场的建设中，通过规划、设计、施工等各个方面的共同努力，尽量做到节能和节约资源，节省材料，运用太阳能，减少废弃物，注重材料、能源和资源的重复利用和循环运用，以贯彻可持续发展的思想。

生态式停车场提倡使用绿色建筑材料。所谓绿色建筑材料，一是提倡使用 3R 材料（可重复使用、可循环使用、可再生使用）；二是选用无毒、无害、不污染环境、有益人体健康的材料和产品。

（二）居住区生态式地面停车场的景观要素分析

1. 地面铺装

（1）植草格

植草格是一种新兴的停车场绿化用材，为都市绿化提供了理想的解决方案。产品由高密度聚乙烯再生塑料制成，可循环利用。产品坚固轻便，且便于安装。其优异的质量和简洁的设计造就了完美的环保绿色系列产品，是园林景观产品中一个新亮点。它的绿化率达到了95%，给都市带来更多的清新空气和视觉效果，每平方米的承重可达200吨，完全满足停车行走的要求，是水泥植草砖的完美替代产品。

植草格具有的优点：极其轻便、易于运输；安装简便、快捷；可达到95%草坪覆盖率；承重能力可达200吨/m²；表面具有良好的渗透性；防止草坪因轮胎挤压而凹陷变形；防止倾斜地面上的泥土移动；100%可重新利用，绿色环保；由于其特殊的孔装结构，雨水可以被直接引入泥土。

植草格将植草区域变为可承重表面，适用于停车场、人行道、出入通道、消防通道、高尔夫球道、屋顶花园和斜坡，固坡护堤，尤其适合于设在各类居住小区、办公楼、开发区的停车场和车辆出入通道，也可在运动场周围、露营场所和草坪上建造临时停车场。

（2）超级植草地坪

超级植草地坪系统源于英国，广泛流行于欧美国家，是绿化地坪与硬化地坪的完美结合，在性能上大大优于传统植草砖。植草地坪是通过钢筋将用模具制作出来的混凝土块连接起来，形成一个整体，再在空隙中填满种植土，播种或栽种草苗的施工工艺。它与传统的植草砖相比有如下优点：整体性、稳定性好。由于有钢筋连接，不会出现传统植草砖的易破碎、局部沉降等现象，而且混凝土块的形状、图案及空隙距离可随意调整，施工起来更灵活。因此，它适用于停车场地的铺设。出苗率、成活率高。由于所有植草的孔隙是彼此连通的，所以与传统的植草砖相比，草的出苗率、成活率高，而且植草地坪系统可以很好地解决暴雨冲刷形成的水土流失和硬化地面渗水能力差的问题，有利于地下水储备。

（3）透水铺装

透水性混凝土铺装是由水、水泥、粗骨料组成的，采用单粒级骨料作为骨架，水泥净浆或加入少量细骨料的砂浆薄层包裹在粗骨料的表面，作为骨料颗粒间的胶结层，骨料颗粒通过硬化的水泥浆薄层胶结而形成多孔的堆积结构。因此，混凝土内部存在着大量的连通空隙，具有良好的透水性和透气性，在下雨或路面积水时，水能够沿着这些贯通的空隙通道顺利渗入地下。在当今城市被各种不透水的路面、场地及大型基础设施所覆盖，越来越缺乏呼吸性的情况下，透水性混凝土铺装能有效地解决普通混凝土给城市带来的诸多不利，是一种营造良好的城市声、光、热及生态环境的有效措施，尤其在补充地下水、城市雨水资源化方面，更是具有长期的综合效益。透水性铺装还提高了地表的透气、透水性，保持土壤湿度，改善城市地表生态平衡。

2. 绿化植物

居住区停车场的植物配置要结合整体居住区的绿化设计，做到整体统一且富于变化。规划形式上以规则式为主，采用乔灌草结合的方式，形成丰富的景观层次。在停车场周边可点缀一些花灌木，注意季相的连续，为停车场增添生机活力，与周围植物造景遥相呼应。植物的选择上尽量选用本地乡土树种，以体现其生态特征。乔木的选择以落叶乔木为主，选用冠大荫浓、抗性良好的树种，并要求具有良好的观赏特性，用以营造色彩丰富的季相景观，如栾树、合欢、元宝枫等。灌木以常绿灌木和花灌木为主，结合当地气候类型，适地选树。由于属中下层植被，要求有一定的耐阴性、耐修剪、抗性好、观赏性强，这类灌木有大叶黄杨、小叶女贞等。草坪植物的选择要注意选用抗性强、耐践踏且有一定耐阴性的草种。

3. 辅助设施

（1）停车场标志

标志系统是停车场不可或缺的一部分，在停车场中起识别、导向和说明等功能，除此之外，它更充当了环境景观中的一项重要的变量，甚至直接决定景观的面貌和它留给人的第一印象。从景观的角度来看景观标志系统，它更有可能成为景观系统中的重要节点，成为环境中的一类公共艺术的展示形式，更多地体现的是环境景观的艺术性及文化价值。停车场的标志系统应当关注当人从车的视角对停车位的需求，以及当人从车上下来以步行者的视角对导向的两种需求。

生态式停车场中的标志设计应符合以下几点要求：醒目；简单易读；加强对比的鲜明性；标志的外部造型要与环境景观相协调；制作标志所用的材料要生态环保。

（2）照明设施

居住区停车场灯光照明的主要目的是保障车辆和行人的安全。增加照明对于引导车辆、划定区域及预防犯罪等都是必要的。

作为景观小品的组成部分，照明设施要同时满足其实用功能和观赏功能，因此，灯具的选择要求外形上要有较高的艺术性，与周围环境景观相协调。要以节能产品为主，符合环保要求。在北方，高压钠灯是最经济的方式；而在冬季无冰冻地区，荧光灯最为经济。新兴的太阳能灯具更符合绿色生态的要求，正在被越来越多地应用到居住区中来。

（三）生态式停车场景观模式

在居住区中营造生态式地面停车场，要结合居住区的规模和用地状况等具体条件，在前期做好规划；原有居住区中的普通停车场亦可进行生态化改造。居住区停车场的设计形式多样，但在景观处理上存在相似之处。反映在空间结构上，基本模式如下：乔木遮阴层（标志设施）—灌木隔离层（照明设施）—生态式铺装。

从生态和实用的角度出发，乔木遮阴层一般选用冠大荫浓遮阴性良好的落叶乔木，为营造通透的空间，其分支点高度一般在 2.5 m 以上，根据树种的不同，乔木间距 5~6 m；灌木隔离层所栽植灌木应耐修剪、具有一定的耐阴性且有良好的抗性，修剪高度宜在 0.5~0.8 m，灌木隔离带的宽度应不小于 1.2 m，同时也应注意照明灯具的选择，灯具造型应与小区环境相协调，与整体风格保持统一；地面铺装应选取生态型材料，车行道采用透水铺装，停车坪处铺设植草地坪，草坪植物应选用耐践踏且耐阴品种。停车场的外围可利用景观植物进行植物造景，与居住区景观环境相衔接。

二、居住区地下及立体式停车场景观设计

（一）地下停车场环境景观设计探讨

1. 地下停车场出入口

（1）遮雨棚

遮雨棚本身可以作为景观小品来进行设计。在造型上可以结合小区特点和人文内涵进行设计，以突出居住区特色，可以作为整体环境中的亮点。

近年来，随着景观材料的日益丰富，停车场出入口遮雨棚的选材也越来越多。景观张拉膜、防腐木、阳光板等材料均可用于出入口遮雨棚的设计和建造中，大大丰富了居住区环境景观。

膜结构是一种建筑与结构完美结合的结构体系。它是用高强度柔性薄膜材料与支撑体系相结合形成具有一定刚度的稳定曲面，能承受一定外荷载的空间结构形式。其造型自由轻巧、阻燃、制作简易、安装快捷、节能、使用安全等优点，因而使它在世界各地受到广泛应用。张拉膜结构主要体现现代气息。在人的个性化、自娱性和多元性环境空间方面展现其独特的魅力。

防腐木是木材经过加工处理后装入密闭的压力防腐罐，用真空压力把防腐药剂压入木材内部，防腐剂渗透进入木材的细胞组织内，能紧密与木材纤维结合，从而达到防腐的目

的。防腐木保持了木材的天然性，自然、环保、美观、安全；并且防腐、防霉、防蛀，一般能够延长使用寿命3～10倍，能满足多种设计要求，易于园艺景观作品的制作。防腐木景观能营造一种细腻优雅的居住环境。

阳光板是一种新型的高强、防水、透光、节能的屋面材料，具有透明度高、质轻、抗冲击、隔音、隔热、难燃、抗老化等特点，是一种高科技、综合性能极其卓越、节能环保型塑料板材，也是目前国际上普遍采用的塑料建筑材料。阳光板的色彩也很多，依造型，可满足不同的设计需要。

（2）出入口周围景观设计

出入口的景观设计要从小区整体环境设计出发，要做到与周围环境相协调，并突出特色。选择不同的植物类型，营造丰富的植物层次。建议多选用垂直绿化植物，增加绿量的同时柔化了硬质景观，美化停车环境。合理配置立体绿化的植物，应根据不同的区不同城市不同气候来进行立体绿化的植物选择，要因地制宜，并且要注意品种之间的合理搭配，如美国地锦的生长势强但攀缘能力稍差，就可以与攀缘能力强但生长势相对较弱的爬山虎混栽。出入口处要增加常绿植物的用量，并且尽量选用抗性较好的树种。地下车库的车辆进出口坡道较长，可利用坡道顶部空间进行绿化，采用棚架绿化的方式，坡道两侧可设绿篱。

2. 地下停车场上的景观处理

在地下停车场顶部混凝土结构层上覆土可以作为绿化用地，充分做到使用功能多样化，提高土地利用率。尽管建筑结构比较结实、牢靠，但鉴于结构荷载的限制，覆土平均厚度宜在50 cm左右，对于这个覆土厚度，只适应种植小型灌木和铺植草皮，这样不便形成良好的社区景观。为了增加景观层次，改善生态效应，而又尽量减少建设投入，可以采用局部加厚覆土形成小土丘，或设置花坛加大覆土厚度等方法；也可局部降低车库顶板标高、形成覆土坑。这样，在满足建筑负荷和植物生长的前提下，布置亭廊、花架、喷泉、水池、雕塑等小品建筑及儿童游戏场地，形成丰富的小区公共景观。地上通风口结合绿地建设，进行简单的装饰，装点成富有情趣可供观赏的建筑小品，与绿地融为一体，构成地面开敞、自然、优美、舒适的居住区外部空间环境。

（二）立体停车场环境景观设计探讨

1. 停车场建筑的景观处理

停车场建筑最生态化的景观处理手法是采用建筑外部的竖向绿化。竖向绿化就是使用攀缘植物在建筑物的立面进行绿化，主要包括绿棚、廊架、灯柱、围墙、院门、漏窗、空窗、石坡等建设小品的立面绿化。墙面绿化是垂直绿化的主要形式，是利用具有吸附、缠绕、卷须、钩刺等攀缘特性的植物绿化建设墙面的绿化形式。

竖向绿化有利于建筑物隔热降温、节约能源。绿化层也是墙面的保护层，它能阻挡风雨，减轻墙面受骤变的冷热作用。在夏季，植物枝叶繁茂，可以遮挡炎炎烈日，降低太阳辐射产生的墙面高温，有明显的降温作用。在冬季，落叶植被不影响建筑墙体对阳光的吸收。据有关试验证明，墙面绿化对室内及外墙降温的影响是显著的。墙面植被对建筑物的隔热降温效果明显，其节能的意义更加重大。

竖向绿化还可减弱噪声，当噪声声波通过浓密的藤叶时，约有26%的声波能够被吸收掉。攀缘植物的叶片多有绒毛或凹凸的脉纹能吸附大量的飘尘，起到过滤和净化空气的作用。由于植物吸收二氧化碳，释放氧气，故有藤蔓盖的住宅内可获得更多的新鲜空气，改善城市热岛效应及形成良好的微气候环境。居住区建筑密集，墙面绿化对居住环境质量的改善更为重要。

竖向绿化具有很好的观赏性，一般绿化的面积和形状都可人为地控制，可让绿化植物呈图案式覆于墙面，形成景观。建筑只有同绿色植物合理配置、相互衬托，才能产生好的景观效果。

2. 周围环境的景观处理

立体式停车建筑作为居住区的有机组成部分，其周围环境的景观设计应与居住区的整体环境融为一体。但由于停车建筑内存放大量的小汽车，是居住区空气污染和噪声超标的主要地方。因此，需采用枝叶密集、耐修剪、抗污染的灌木，密植成宽 1 m、高 1.8 m 的防护绿篱，使其成为相对独立的小区停车场空间。为减少场内车辆的酷热，停车建筑周围可植大冠浓荫落叶乔木，起到一定遮阴作用。

（三）绿化设计

1. 设计原则

居住小区的停车场绿化设计应强调人性化意识，考虑人在使用中的心理需要与观赏心理需要吻合，做到景为人用，在住宅停车场入口、地下停车场人行出入口周围及立体式停车建筑周围等，都引入绿化，使人们在日常停车的每一个关键点都能够接触到绿化，绿化环境不再只是一块绿地，而是一个连续的系统。

2. 植物配置

不同地带一定面积的小区内木本植物种类应达到一定数量，在乔木、灌木、草本、藤本等植物类型的植物配置上应有一定的搭配组合，尽可能做到立体群落种植，以最大限度地发挥植物的生态效益；在植物配置上，应体现出季相的变化，注意常绿植物和落叶植物的搭配。根据当地的气候，有条件的要做到三季有花、四季常绿；在植物种类上以乡土植物为主，可以适当引进一些新优植物。

作为城市环境重要组成部分，居住区停车场绿化应成为城市生物多样性保护的开放空间。居住区绿地中的人工植物群落应是在城市环境中，模拟自然而营造的适合本地区的自然地理条件，结构配置合理，层次丰富，物种关系协调，景观自然和谐的园林植物群落。少种植那些过于娇贵的植物，通过植物自然的生长营造良好的生态环境，也不会给后期的养护带来负担。居住区绿地应是为人服务的地方，应集中体现出城市绿地的价值，在植物种类上应达到一定的数量。通过调查发现不同地区的城市种类，因气候土壤的条件差异而有所不同，一般面积 10 hm^2 左右的小区中的木本植物种类数应能达到当地常用木本植物种数的 40% 以上。

3. 植物选择建议

好的居住区环境绿化除了应有一定数量的植物种类的种植，还应有植物种类和组成层次的多样性做基础，特别应在植物配置上运用一定量的花卉植物来体现季相的变化。在住宅的各个角落，应多种植一些芳香类的植物，如白兰、含笑、桂花、散尾棕等，营造怡人的香味环境，舒缓人们的神经，调节人们的情绪。居住区停车场作为居住区的重要部分，在绿化方面应该与小区的整体绿化协调考虑。

需要注意的是，地下停车场顶部的绿化植物选择要考虑车库顶部楼板承重问题，并且要事先了解地下停车场顶部覆土深度，以便选择合适的树种。这些区域一般要选择浅根性、轻体量的植物，尽量避开选用大树，同时，栽植位置的确定最好参照地下停车场的柱网布置，以减小楼板荷载。

（四）停车场环境景观设计方法

1. 设计立意和主题

作为居住区中的停车场，景观环境设计不仅仅单纯地从美学角度和功能角度对空间环境构成要素进行组合配置，更要从景观要素的组成中贯穿其设计立意和主题。例如，表达某种独特的社区文化，或突出居住区本身所处自然环境的特色。通过构思巧妙的设计立意，给人们的生活环境带来更多的诗情画意。居住区停车场环境景观形态，成为表达整个居住区形象、特色及可识别性的载体。

设计内容所有空间环境的构成要素，包括各类园境小品、休息设施、植物配置，以及居住区内部道路、两种停车场自身乃至人的视线组织等都在居住小区停车场景观环境设计范围之内，从而极大地扩展了传统的"绿化+场地+小品"小区停车场绿化模式的设计对象范围。居住区停车场环境景观设计不仅体现在各种造景要素的组织、策划上，而且还参与到居住空间形态的塑造、空间环境氛围的创造上。在园路景观设计中，运用植物材料和地形相结合，做到疏密有致、层次丰富。同时，景观设计将居住区环境视作城市环境的有机组成部分，从而在更大范围内协调居住区环境与区域环境的关系。

停车场景观设计模式改变了从前那种待建筑设计完成以后，再作环境点缀和修饰的做法，使停车场环境设计参与居住区规划的全过程，从而保证与总体规划、建筑设计协调统一，保证小区开发最大限度地利用自然地形地貌和植被资源，使设计的总体构思能够得到更好的表达。

2. 设计原则

（1）确立以人为本思想

以人为本指导思想的确立，是环境设计理念的一次重要转变，使居住区停车环境设计由单纯的停车设施配置，向营造能够全面满足人的各层次需求的生活环境转变。以人为本精神有着丰富的内涵，在居住区的生活空间内，对人的关怀则往往体现在对人的细致尺度上（如地下停车场人行出口设计），可谓于细微之处见匠心。因此，景观设计更多地从人体工学、行为学及人的需要出发研究人们的日常生活活动，并以此作为设计原则。要创造适于停车的生活环境，更多地需要建立在居住实态的调查研究之上。

（2）融入生态设计思想

生态设计思想的融入，使停车场环境设计将城市居住区环境的各构成要素视为一个整体生态系统；使停车场环境设计从单纯的物质空间形态设计转向居住区整体生态环境的设计；使居住区停车场从人工环境走向绿色的自然化环境。基于生态的环境设计思想，不仅仅是追求如画般的美学效果，还更注重居住区环境内部的生态效果。例如，绿化不仅要有较高的绿地率，还要考虑植物群落的生态效应，乔、灌、草结构的科学配置；居住区停车场环境的水环境则要考虑水系统的循环使用等。

（3）追求生活情趣

社会经济的发展，使人们的居住模式发生了变化，人们在工作之余有了更多的休假时间，也将会有更多的时间停留在居住区环境内休闲娱乐。因此，对生活情趣的追求要求各种小品、设施等造景要素，不仅使停车场在功能上符合人们的生活行为，而且要有相应的文化品位，为人们在家居生活之余提供了趣味性强而又方便、安全的停车休闲空间。

（4）强调可参与性

居住区停车场环境设计，不仅仅是为了营造人的视觉景观效果，其最终目的还是为了居者的停车使用。居住区环境是人们接触自然、亲近自然的场所，居住的参与使居住区环境成为人与自然交融的空间。

（5）兼备观赏性和实用性

居住区停车场景观环境必须同时兼备观赏性和实用性，在绿地系统布局中形成开放性格局，布置有利于发展人际关系的空间，使人轻松自如地融入"家园"群体。让每一个停车居民随时随地都享受新鲜空气、阳光、绿色与和谐的人际关系，成为居民理想中的乐园。

（6）开放的、系统的设计观念

景观设计不再强调居住区停车场空间环境绿地设置的分级，不拘于各级绿地相应的配置要求，而是强调居住区为全体居民所共有，居住区停车场景观为全体住户所共享。开放性的设计思想力求分级配置绿地的界限，使整个居住区的绿地配置、景观组织通过流动空间形成网络型的绿地生态系统。

3. 设计手法

居住区停车场景观组织并不拘于某种风格流派，而是根据具体的设计构思而定，但始终要追求怡人的视觉景观效果。景观设计拓展了灵活多变的构图手法与流畅的曲线形态糅合到环境中，丰富和发展了传统的园林设计方法。设计的目的是为人们创造可观、可停、可参与其中的停车环境，提供轻松舒适的自然空间，为人们营造诗意的停车空间，从而增添人们日常的生活趣味。

道路园林绿地规划设计

城市的发展与进步使得道路园林绿化工作获得了越来越多的关注。本章探讨了道路园林绿化的规划设计要点，并从类型与风格、铺装设计等几个角度提出了几点有效的科学园林规划策略，能够为同行业工作者提供一些帮助。

第一节　园林园路及其铺设规划设计

一、相关概念界定

（一）园路的概念

园路：指园林中的道路工程，包括园路布局、路面层结构和地面铺装等的设计。

园林景观绿地中的道路及广场等各种铺装地坪也是园路，它是园林景观中造景元素之一。最早的园路是"苑囿"，据记载，汉高祖时期的未央宫里，有台、有池、有道路，说明那时的苑内已经有了园路。

当人们在地面上行走时，视轴线一般会向下偏移 10°左右，园路是视野范围内的主要构成要素，在开放的视野空间中占有重要地位，是人们心理、生理和视觉上接触频率最高的界面，对园林景观的影响举足轻重。

园路作为园林风景的造景要素，自身也是园林景观的一部分，它引导人们到景区，沿路组织游人休憩观景，因此，园路本身也就成了观赏对象，是联系各个景区和景点的纽带。

在景观环境中，园路不仅可以引导人们的游览视线，提供休憩场地，而且那具有艺术性的铺地图案及走势的形式美带给人们不同的感受。

（二）铺地的概念

园林铺地，是指在园林环境中运用自然或人工的铺地材料，按照一定的方式铺设于地面形成的地表形式。

铺地主要作用是为了适应地面的频繁使用，让地面在较大负荷下不容易受损，即使下雨天也不用担心泥泞难走。它的设计及铺装材料应该是坚固不易损坏的，并且要考虑到它的拆卸和维修，尽量避免拆卸和维修。

铺地给我们的生活带来了坚固、耐磨、舒适的活动空间，同时铺地的图案和方式还可以给我们的环境空间带来美感，铺设方式的不同还可以起到引导作用，比如盲道。有时还可以起到一些警示作用，比如用粗糙不平的铺设方式提醒人们勿走乱闯。

园路铺地，作为环境空间界的一个方面而存在着，它自始至终伴随着人类，并且影响着环境空间的景观效果，是整个环境空间画面中不可缺少的一部分。

（三）园路与铺地的关系

关系大体可以分为两种：一种是铺地作用在园路上，依附在园路上存在的。给园路以衬托性和辅助性。路为主，铺地为辅，有园路方能体现铺装，有铺装也才能衬托和支撑园路；另一种是铺地作为一个独立的休闲空间而存在，却是由园路来提供引导作用的。例如，铺地作为一个独立的小广场，而园路则起到引导通向广场的正确方向的作用。

二、园路及其铺地的类型与风格

（一）园路的分类

1. 从园路功能分类

一级园路：也称为"主要园路"，具有通行、救护、生产、消防等作用，是园内的主要道路，可以联系园内各个景区、主要风景点及活动设施等，一般宽度为7~8 m。

二级园路：也称为"次要道路"，对主路起辅助作用。沟通各个建筑物、各景点，并且能供小型急用车辆及人力车通行，一般宽度为3~4 m。考虑到游人的不同需要，在园路布局中，还应该为游人由一个景区到另一个景区开辟捷径。

三级园路：一般是步行用的休闲小径、健康步道，也叫"游步道"，一般宽度双人行走1.2~1.5 m、单人0.6~1 m。有的还会深入到山间、水系、丛林中，给人以不同的变化及感受，供游人漫步欣赏游乐。

特殊型园路：园林景观中一些特殊型道路，比如，步石、汀步、磴道、台阶等。

2. 从园路路面分类

一是整体路面，整体路面一般指用混凝土铺设的路面、水泥路面和沥青浇灌的路面，用于较大空间和长度的园路。

二是块石路面，块石一般是人工采集的或者经过烧制加工所形成的块状石头，用这种石面铺设的路面称为"块石路面"。

三是碎石路面，使用碎石、卵石、沙石等铺设的路面，如法国卢浮宫前面的广场的铺地，就是用白色碎石子铺设的，给人以贴近自然、舒适浪漫的感受。

四是简洁性路面，一般是使用废料、三合土等经过加工所形成的材料铺设成暂时性、短期便捷性的园路。

当然还有许多特殊型路面，如片石路面、乱石路面、嵌草铺装路面、耐踏草皮路面等，不同的路面有着不同的风格和感受。

3. 从园路线型分类

直线型的园路给人以简单、庄严、大方的感受。宽度较大的直线型园路多数承担景区内主要交通作用，如消防、救护、大型清洁等。直线在视觉上有延长视线的作用，但一般直线园路过长时就会显得单调、乏味。这时我们可以在园路上设置一些小景观点，比如，雕塑、喷水、景观树池、花坛等，也可以在园路的两侧设置一些座椅和不同特点的小景观或者绿化，以减少直线园路的沉闷感。

曲线型的园路比较自由、随意，舒缓的曲线彰显出神秘感。多数是曲径通幽、峰回路转的小径，一般在地形变化较大之处常用。多数用于连接各个小景点，供游人散步、游走、休闲等。曲线形园路设计时一定要注意不能违背人们自由行走时所形成的曲线。

直线型和曲线型形成两种不同的园林风格，当然两种风格也可以相互补充，即混合型园路。混合型园路，一般是由直曲两种不同类型的园路组成。有时也会有特殊型园路混合其中。

（二）园路的铺地风格

1. 自然式园路的铺地风格

自然式园路，是指园路的造型或者铺地比较自然、随意，体现大自然原本的特色，与自然风光更为贴近，给人以舒适、娴静的感受。"崇尚自然"是中国传统思想所倡导的，因此中国的古典园路多以自然式为主，在国外也有一些自然式园路，作为自然风景园林的代表，如 18 世纪的英国，就采用蜿蜒的小径及自然随意的铺地来展现田园牧场的自然风光。

2. 规则式园路的铺地风格

规则式园路，造型上多以直线型园路为主，铺地上多以规则的石材、砖材、青石板、木材、混凝土等材料为主，给人以大方、明快、规则、有序的感受。在西方古典主义园林中，如文艺复兴时期的意大利园林和法国园林，在道路形式上大多数采用石材作为铺地材料，铺地风格和布局形式多为规则式。近代园林景观中，一些强调交通可达性的园路一般设计成规则式。

3. 混合式园路的铺地风格

不难看出混合式园路，即自然式园路与规则式园路互相结合所形成的园路。随着中西方文化的交流，混合型园路在近代中西方的园林景观中都比较常见，这也是全球一体化的产物。它吸取了自然式园路与规则式园路的优点，也对它们的缺点进行了改进与创新，是现代园林景观中一个重要的创新点。

三、园路铺地的材料与功能性的运用

（一）园路铺地的材料研究

1. 传统铺装材料

我国的古典园林是指以江南私家园林和北方皇家为代表的中国山水园林形式，在世界园林发展史上独树一帜，是全人类宝贵的历史文化遗产。古典园林交通组合体园路，不仅是园林中各节点之间联系的纽带和风景游览的脉络，同时，园路本身又是园林风景的组成部分，蜿蜒起伏的曲线，精美的铺装图案，丰富的寓意，都给人以视觉美和意境美的享受，讲究峰回路转、曲折迂回；由于时代的局限性，我们往往会就地取材或者采用手工加工材料，比如手工加工和自然采集的石材、烧制的砖类和瓦片、卵石、各种木材类等。《园冶》一书中系统全面地总结了我国古典园林的铺装材料，自然的乱石铺装、圆润的乱石铺装、古朴的瓦片石板铺装、组合优美的砖类铺装、传统的木材类铺装等铸就着古典园路铺装的成就和美观。古典园林中铺装的实用性，大多深刻影响着现代铺装材料，得到了丰富的继承和发展。

2. 现代铺装材料

在我们生活的当今时代，经济科技的发展和园林景观施工建设水平的提高，使得园林铺装的材质得到极大的发展和丰富。现今园林铺装材料形式多样，人们已经不再满足于铺装的实用性和就地取材了，而是不断地有新产品的诞生，如压模地坪、塑木材料、聚烯化合物材料、人造文化石、各种精细加工石材、压印混凝土、水刷石、机剥板、金属、玻璃、彩色沥青、彩色橡胶地铺、各种环保型透水砖等，铺地纹样也随之丰富多样，整体构图不断创新。比如，石材类的铺装我们就分为磨光面、火烧面、荔枝面、自然面、蘑菇面等。当今的混凝土有良好的可塑性和经济实用性等优点，运用于铺装路面的彩色混凝土、压印混凝土、混凝土路面砖、彩色混凝土连锁砖、仿毛石砌砖等，可见现代铺装的精细化、多样化。现代园路铺装设计既要重视装饰风格又要求地面纹路简洁、韵律明快、色彩丰富，更具时代性和流动感，切合当代人的生活习惯和心理需求。

新型的铺装材料，新式的施工工艺同步出现，可以说我们的园路铺装设计更加科学化和标准化。采用了一些新型铺装材料和照明切入的设施，使其融入铺装、成为铺装的一部分，如玻璃、金属板、LED 线灯带、光导纤维灯等，取得了光影变换、丰富空间的独特铺装艺术效果。可以说现代的铺装材料不再平面化，更加追求立体化、视觉化、可接融化等高水平的境界。

（二）铺地材料的生态性体现

近年来，人们越来越重视环境的变化，生态的概念已经深入人心，生态型景观成为园林发展的方向，铺装材料的生态性也因此越来越受到人们的关注。现代新型材料逐步登上环境的舞台，无形中已经开始逐渐替代传统的铺装材料。设计者力求在园路铺装设计上采用与自然更加结合的铺装模式。例如，亲水平台采用木质铺装以体现铺装的生态性及与人的亲和性。采取优秀的生态环保性铺装还能够有效地缓解所谓的热岛效应，能够较好地调节地面温度，园路中采用透水砖铺设各种路面场地，可以有效地缓解不透水硬化地面造成的一系列问题所带给城市环境的负面影响。

在建设节约水资源的园林道路中，地面铺装作为城市下垫面的重要组成部分与其上的大气层间存在着热量、水分及其他物质交换及平衡；与此同时，下垫面又是空气运动的界面，环境的气温、太阳的辐射、空气的湿度、风等气象要素直接受到下垫面的性质影响着，它对城市局部小气候的形成起着重要的作用。城市下垫面的性质是形成城市市区特定气候条件的一项重要因素。因此，我们在园路铺装设计和施工中要充分考虑到生态要求。园林地面铺装的生态性原则也就显得尤为重要。

铺地景观是地面景观的重要组成部分。人们因此而大面积地进行各种华丽的硬质地面铺装，虽然华丽实用，但也却出现了一系列问题，大面积的硬质铺装就像一个割裂生态环境循环的一个致命杀手。它阻碍了雨水的渗透，阻碍了大地的呼吸，也阻碍了一些小动物的生活。割断了土地与空气的有机联系，破坏了原有的自然生态环境。这些问题也是现代社会中排在首位的环境问题，铺装也要提倡生态化、人性化。因此，设计师在现代铺装中也做了一系列的改变，例如，采用一些透水材料，并且铺设时适当留缝、铺沙；常用嵌草砖，将铺地与绿化结合；等等。在满足正常使用的前提下最大限度地满足生态要求。

（三）铺地材料的实用性思考

当我们思考与研究园路铺装材料的实用性时，首先想到的肯定是为了行走方便，要满足在结构性能和使用性能上的要求。园路铺装材料在使用中有具备足够的强度，优良的稳定性和平整性，较小的温度收缩变形和良好的抗滑能力，是铺装设计的最基本要求。其次，园路铺装能带来舒适的行走空间，潮湿易滑不平整的路面不但会给使用者带来紧张感，还会使行人步幅发生变化，而对于降水量多的地区来说，在雨天排水的处理很重要。

铺装艺术中重要的环节之一就是铺装材料的选定。我们应该去体验材料使用的可能性，允许使用铺装材料的条件首先要有一定的荷重强度。同时，还要具备平滑性及耐久性等特点。从构筑物的配置及空间功能来考虑，是否与周围环境空间和建筑物协调成为材料确定的参考核心。选定的材料在经济性、行走耐久性及施工可达性等方面都要令人满意。材质一般情况下的如粗涩和光滑等的材料表现状态，内在含义就是纹理的粗细程度。表层使用两种以上材料就可能出现相异质感组合，对于同一材料也可以形成不同质感。铺装的材质要具有人性化，且与周围环境及气氛协调。材质又可分为可触感和视觉及视野质感。稠密的小尺寸铺装会给人一种肌理细腻的感受，同时，不同的铺装材料所具有的尺度也各不相同。作为远景的铺装创意和意向应另当别论，用我们的眼睛边走边看脚下的铺装，园路的整体情况亦可以一览无余。影响视觉进而打乱步行节奏等问题也会因为创作及绘制图形尺度与人视点观察尺度不吻合而产生。所以，就会有从设计图上看十分合适而施工后却显蹩脚的铺装出现。所以说，我们在对园路铺装的功能性的研究，应该是系统化、人性化、美观化等全方位的考虑，使选用的铺装材料能够最大限度地发挥其功能性。

（四）园路铺地材料的色彩

色彩的不同带给人们的心理感应也是不一样的，暖色调给人以活泼、热烈、兴奋的感受，冷色调则给人宁静、平淡、朴素、优雅、清新的感受。

色彩是环境主要的造景要素，是心灵表现的一种手法，它能把"情绪"赋予风景，能强烈地诉诸情感，而作用于人的心理。色彩在环境中占有重要地位，随着科技的发展和对环境审美的要求，铺地的色彩也越来越丰富。铺地的色彩也应该跟整个环境协调起来，如周围的建筑、植物、山水等，综合设计，这样才不会显得孤立、不协调。

园路铺装的色彩一般作为大环境的底色，并且与大环境统一，有的宁静、干净、安定，有的热烈、活泼、鲜明，有的粗糙、野趣、自然。色彩的选择应该能够让大多数人所接受，比如，沉着的色调，要求色彩应该稳重而不沉闷，鲜明而不俗气。

在铺地的色彩中，也同样有着不同的视觉效果和心理感受。喧闹、热烈、活泼的氛围下铺装色彩一般比较兴奋；安静、优雅、闲适的氛围下铺装色彩一般比较沉静；一些儿童游乐区的铺装就比较活泼，纯度相对也较高，带给孩子们愉悦、欢快的感受。再如，寒冷地区的铺装可以选择暖色系，给人温暖感；相反地，炎热的地区铺装也选用冷色系或者清爽系，带给人们清凉。

（五）铺地材料与样式及文化效应的艺术运用

我们在园路的设计、施工过程中，对于铺装的选择不可能选择实用而放弃美观，反之也不会因为美观而放弃实用，所以说对于铺装的选择与组合搭配是密切相关的，要充满艺术美，体现出铺装材料和艺术性的完美融合。从直观的角度来分析，那么常见的有铺装质感、尺度及形式等方面来思考一下园路铺装与艺术性的组合应用。

质感是园路铺装视觉上最直观的表现方式之一，质感是各种各样材质的表面形体和纹理通过视觉和触觉的方式给人们带来不同的心理感受。铺装的美观度重点取决于质感的美，不同的质感和肌理赋予园林铺装多样的表现形式。园林铺装的质感在不同的环境效果作用下变得丰富多彩和让人驻足。铺装材料质感的多样化，给人产生的心理感受也是各异的，如鹅卵石的圆润，青石板的大方、古朴，花岗岩的粗犷，木材的天然、亲切。木材由于其天然的特性特别容易与自然环境融为一体，常用于风景区和滨水公园的木栈道，体现其质朴、自然的风格。鹅卵石多用在景区和公园的小路上，也是江南特色古典园林园路铺装的主要材质，是我国园林铺装的一大特色。新兴材料的加入，更是让质感体现出科技所带来的丰富，塑木材料不仅兼备了木材所具有的特色效果，还克服了木材本身的缺点；玻璃材料的使用，让我们的铺装在视觉上、空间上及构图上都产生了深远的影响。园路铺装材料的质感性，能够更好更优地把园路的美细细地体现和发挥出来。

园路铺装的尺度是影响园林铺装在空间化、平面上及整体景观效果的重要因素，园路铺装的尺寸和其场地环境的比例关系要协调。园路铺装的尺寸包括园路铺装图案的尺寸和铺装材质的尺寸，两者对内对外空间都产生一定的关联和影响。就实际景观效果来说，和大面积的场地相对应的园路应使用大尺度的铺装，铺装图案或样式不易过密，有利于园路与外部空间环境统一。如果铺装图案或样式过于密集会导致铺装显得凌乱、破碎，缺乏一致性，难以产生统一的美感。园路铺装不同的场地和环境中也要注意材质的选择，按照形式美法则，园路铺装要达到空间的对比与调和。如大尺寸花岗岩适合较大空间，尺度较小的地砖和玻璃马赛克，更有利于用在小型空间。通过园路铺装的尺度设计，就能够营造出各种趣味空间。尺度较小适宜比较私密空间和庭院空间，体现精致、优雅；大尺度适宜景观大场地和道路的干道，形成宏伟、庄严、开放的公共空间。所以说，对于园路铺装尺度的把握，能够更好地去塑造园路的美观，也能使园路更好地融入景观环境中去。

园路铺装与艺术性的运用还体现在铺装的形式上，它的设计和体现属于平面构成的应用范畴。点、线、面是园路铺装的平面构成要素。线又分为直线、折线和曲线；面又分为规则和不规则的。另外，对称、重复、节奏、放射等是其主要表现手法。对称能给人有条不紊的印象，用在规则式园林中，作为建筑的空间底界面和背景，起到突出建筑和主题的作用。重复和节奏经常对其交替运用，在园路铺装中体现出具有强烈的美感和方向性，是常运用的园路铺装表现形式。放射指由一个或多个中心向四周的发散，视觉效果明显，容易形成人们的视觉焦点，具有强烈的指向性，是广场铺装的常见构图形式。使用点线面的组合达到实际需要的效果。有规律排列的点、线和图形可以产生强烈的节奏感和韵律感，例如，一些放射线图案，给人极大的向心性的视觉空间感受。在点、线、面自由组合不遵循规律的情况下，那么铺地的形式就千变万化了。铺装图案的不同所给人的空间感也是不一样的。有的自然，有的粗犷，有的安静，有的活泼。这种图案的艺术性带给人们不同的遐想，有的古典别致，有的妙趣自然，有的回归童年等。因此，环境中那种强烈的艺术美能够在园路铺装和艺术性的运用中得到完美的体现。

园路铺装是景观地面设计的精华，是园林空间环境主题和意向的体现手段之一，展示了现代城市的园林创作水平。优秀的园路铺装除了能给人带来视觉上的美感以外，还能营造出一定的主题，能够引起人们情感上的深思，具有深厚的文化内涵。园路铺装文化内涵的表现不仅要满足场地环境的条件、与场地所要表达的主题和内涵相一致，更要放在城市的大环境下，以更广阔的视野审视园林铺装的文化内涵，体现时代精神和地方特色。每一个城市都有独特的个性和品质，走在特色风景区或公园及景观带上，精心设计的园路铺装样式和建筑、小品一样能够引起人们的注意。城市化进程的加快导致了城市特色和个性的丧失，城市文化的断层，基于土地高度开发利用原则下的城市建设使城市外部空间的营造急功近利，变得丧失本身特色，城市肌理和文脉受到严重的破坏。园林铺装的一个重要作用就是通过自身的特点去改善被破坏的都市肌理和文脉，让城市变得有个性、有内涵。中国古典园路铺装讲究意境蕴含，意境的营造是我国园林艺术的精髓所在，是中国园林席位体现的一个特征。苏州园林常见的古典铺地，在寓情于景和意境的创造方面十分突出，是铺装文化内涵的重要体现。如浙江花港观鱼在牡丹亭边山坡的一株古梅树下，以黑黄卵石铺设形成梅花图案，阳光透过梅树照在园路上，树影斑驳变幻，耐人寻味，是体现园林意境的佳作。这种具有丰富文化内涵的园路铺地值得学习与借鉴，融会贯通，有助于现代园林铺装精神价值的提升。

第二节　公园道路景观规划设计

一、公园道路总体规划设计

（一）布局

1. 平面布局

（1）套环式公园道路系统

其特征是由主要道路构成一个闭合的大型环路或一个"8"字形的双环路，再由很多的次要道路和游憩小径从主要道路上分出，相互穿插连接和闭合，构成一些较小的环路。主要道路、次要道路及游憩小径构成的环路之间的关系是环环相套、互通互联的关系，其中少有尽端式道路，该道路系统可以满足游人在游览中不走回头路的愿望。套环式公园道路是最能适应公园环境，并且在实践中也是使用最为广泛的公园道路布局系统，其使用的对象一般为面积较大的空间环境。

（2）树枝式公园道路系统

以山谷、河谷地形为主的风景区和市郊公园，主要道路一般只能布置在谷底，沿着河沟从下往上延伸。两侧山坡上的多处景点，都是从主要道路上分出的一些次要道路，甚至再分出一些小路加以连接，次要道路和小路多数只能是尽端道路，游人到了景点游览之后，要原路返回到主要道路再向上行。这种道路系统的平面形状，游人走回头路的时候很多，从游览的角度看，这是游览性最差的一种公园道路布局形式，只有在地形受限制时，才不得已采用此种方式。

（3）条带式公园道路系统

其特征是主公园道路呈条带状，始端和尽端各在一方，并不闭合成环。在主要道路的一侧或两侧，可以穿插一些次要道路和游憩小径，次路和小路相互之间也可以局部闭合成环路，但主要道路是怎样都不会闭合成环的。在地形狭长的公园绿地中，采用此种方式比较合适，但是条带式公园道路系统不能保证游人不走回头路，所以，只有在林荫道、滨河公园等带状公园绿地中，才采用条带式公园道路系统。

2. 立面布局

公园道路的立面布局需要利用环境条件，通过人工手段和构成公园的各种要素，如：植物、小品、休息设施等组成所需要的立面赏景空间；也可以根据功能需要收放宽度尺寸，采用变断面的形式设置一定的起伏路面，带来游览的乐趣。如游览南京栖霞山，沿蹬道攀登可以发现，转折处道路设有不同的宽狭，且在中途还设有过路亭；设置高中低的乔灌木搭配，以及座凳、雕塑等；除此之外，还有公园道路和小广场相结合等。这样曲直相济，反倒使公园道路多变，生动起来，做到一条路上可休闲、停留和人行、运动相结合，各得其所。

鲁迅先生曾有句名言："世上本无路，走的人多了，也就成了路。"这句话对于公园道路的规划设计来讲，具有非常特殊的意义，也指明了合理的道路设计必须是满足这样一个前提，即给游客提供最大的路程便利。在此基础上开展各种景观设计，能够使人身心愉悦，因为真正的艺术就是孕育在人最基本的感觉与需要当中。

（二）线形

1. 直线形

直线形的公园道路一般适用于公园的入口处，纪念性及寺庙园林中，以给人开敞、大气、气势之感。

道路从空间的中部通过，人们在路上行进的视线对着对景的方向，首先看到对景的全貌，其次看到对景的主体，最后是对景的细部，即从整体到局部到细部的赏景过程，使人们获得赏景的满足，如南京雨花台烈士陵园入口处道路设计。此路段的长度与对景画面的宽度及高度，要适合人们行进时赏景的距离和速度，太短则不能满足，太长又觉得不够紧凑，道路两侧的景观常作对称的布置，以衬托出主景，显示主景雄伟庄重的气氛。

道路从空间一侧通过，视线被引向空间开阔的一方，一般常做自然式的景观，呈长卷连续式的构图。为了控制好画面，沿路有时设上一些平淡的树木做框架，以勾勒出美好的对景。

前者从空间中部通过的公园道路，从起点到终点，其赏景的顺序是不能逆转的，后者从空间一侧通过的公园道路则可逆转，起点和终点可以互换，故前者的主景是明晰、固定的，而后者则是多变化、多趣味的。

2. 曲线形

曲线形的公园道路，在公园应用中相对比较灵活，以给人亲近自然之感，可分为规则式曲线与自然式曲线两种。

规则式曲线是由圆弧所组成，它有一个圆心存在，对景就设在圆心上，因此赏景者是等距离地围着对景转，看到不同角度上的对景的画面，比单纯的直线多变化，且多趣味。

自然式的曲线多呈 S 形，实际上是由几个长短不同的直线连续构成的，所以每一段直线的视线终端要有一个对景。在一个空间里的自然曲线，有几个曲折，就有几个相同数量的对景，这些对景组合成该空间的主体景观。曲线形的公园道路，其起点与终点可以逆转互换，故景观更多变化，对丰富公园空间有很好的作用。在设计自然式曲线道路时，道路平曲线的形状应满足游人平缓自如转弯的习惯，弯道的曲线要流畅，曲率半径要适当，不能过分弯曲，不得矫揉造作。

一般情况下，公园道路用两条相互平行的曲线组成，只在路口或交叉口处有所扩宽。公园道路两条边线成不平行曲线的情况一般要避免，只有少数特殊设计的路线才偶尔采用不平行曲线，如青岛滨海公园的道路与水边对应的采用不平行、不规则的曲线，其简单的几何形式彰显了青岛海滨的时尚气息。

一般来说，在地形变化较大、绿地面积较大的公园中，可运用自然式或混合式的道路形式。道路选线一般要求选最短的距离，尽可能地构成环形，少破坏或不破坏植被。

3. 其他类型

公园道路线形设计应与地形、水体、植物、建筑物、铺装场地及其他设施结合，形成完整的风景构图。

在进行公园道路线形设计时，应该根据实际环境的地形地貌特点，因地制宜地安排线路，不能矫揉造作地故意布置复杂形式。要尽可能地利用原有土地的起伏与分布情况，正确处理自然和人工的关系。如园间小路随地势高低，迂回曲折，使景色若隐若现并减少视觉上的疲劳感；遇湖泊、河流时，在其沿岸布置曲线道路，使游人能在各个角度观赏美景，同时，也可设置小桥、汀步等特殊型公园道路创造出更进一步亲近水体的机会。在遇一些陡坡时可选择环形盘旋而上，即缓解了坡度又能营造出不同的观赏角度。

为了放慢赏景的行进速度或延长赏景的时间，可以采用多曲折的道路，例如，湖面上的九曲桥，就使通过湖面的时间延长了许多，又能增加游人的容纳量。还有拱桥和高差的台阶也可放慢赏景的速度，地形有高差处设台级，既为安全行走，又可放慢行进的速度。公园道路的设置，尤其是老龄人群较多时，在地势起伏不大时，应设置缓坡或者 2 级以上台阶，将安全、方便放在首位。

（三）路口

路口是公园道路建设的重要组成部分。在路口处，要尽量减少相交道路的条数，避免因路口过于集中，而造成游人在路口处犹豫不决、无所适从的现象。在路口的设计中要按路口视距的关系，留足安全视距，避免出现意外事故。道路相交时，除山地陡坡地形之外，一般尽量使用正相交方式。路口处形成的道路转角，如属于阴角，可保持直角状态，如属于阳角，应设计为斜边或改成圆角。

路口设计要有景点特色，在三岔路口中央可设计花坛、雕塑等，要注意各条道路都要以其中心线与花坛的轴心相对，不要与花坛边线相切，路口的平面形状，应与中心花坛的形状相似或相适应，具有中央花坛的路口，都应按照地形来进行设计。

公园道路的路口设计要遵循以下五个原则：①避免多路交叉，这样路况复杂，导向不明。②尽量靠近正交。斜相交时角度如呈锐角，其角度也尽量不小于60°。锐角过小，车辆不易转弯，人行要穿越绿地。③做到主次分明。在宽度、铺装、走向上应有明显区别。④要有景色和特点。尤其在三岔路口，可设计花坛、有特色的地面铺装等装饰性景物，形成对景，让人记忆犹新而不忘。⑤路口处具有提示性。在主次道路交叉口，限制车辆的通行可适当设置圆柱作为障碍，圆柱间的距离应小于车辆的最低宽度，不仅可以起到强制性限制警示作用，还能给在另一端小道游玩的游客以心理上的安全感。

（四）宽度

在公园道路中，人与交通工具是使用的主体，因此，确定公园道路宽度所考虑的因素，包括道路中行走的人数、园务运输的公园道路上所需车道数或单车道的宽度。

距离控制是个人空间各种功能中最为重要的部分，不合适的人际距离通常会有一个或多个负面影响，导致不舒服、缺少保护、唤醒、焦躁和无法沟通等效应；相反，合适的距离则会产生积极的结果。在《隐匿的尺度》一书中，美国人类学家爱德华·霍尔定义了一系列的社会距离，这是人们在不同的交往形式中的习惯距离。而这些数值与公园道路的宽度有着密切的关系。

1. 亲密距离

0~0.45 m，是一种表达温柔、舒适、爱抚及激愤等强烈感情的距离。这样的距离在私密空间里是可以接收的，但在公共场所中就会引起不快，因此公园道路的最小宽度都会大于这个数值。

2. 个人距离

0.45~1.30 m，是亲近朋友或家庭成员之间谈话的距离。公园中的小径、游步道的宽度通常为0.6~1.2 m，设置于山间、水际、林中、花丛，游人在其间散步、交谈、欣赏美景。这种宽度既能满足功能需要，又使游人之间不至于感到局促不安。若小于0.6 m，则不能满足一个人的通行需求，人们就会踩踏路边的草坪。

3. 社交距离

1.30～4.0 m，是大多数商业活动和社交活动中所惯用的距离。公园中的次要道路为2～4 m，用于沟通各景点、建筑。次要道路属于交通类道路，游人相对较多，这样的道路宽度可以满足游人行走、观景的需要，而又不互相干涉。

4. 公共距离

大于 4 m，是用于单向交流的集会、演讲，或者人们只愿旁观而无意参与这样一些较拘谨场合的距离。公园中主要道路的宽度一般是 4～6 m，起着联系全园、组织交通的作用，游人密集，还要满足车辆的通行。道路宽度大于 4 m，游人活动范围较大，且不会和机动车辆发生冲突；而主要道路宽度又不宜小于 4 m，否则不能满足车辆的通行；过宽则又缺乏引导性，带给游人无所适从的感觉。

公园道路的宽度设计，一般景色美好之处要满足人们欣赏的要求，此时公园道路的设计就要辟设滞留的空间，扩大道路面积。例如，路边设置地坪，设上座位，供人们赏景和小憩，也可以在路边设亭、廊等建筑供人们停留。现在不少公园中常常不注意这个问题，常使流通的公园道路又作停留的空间，当游人众多时，这种矛盾十分突出，就好像人行道上挤满了摊贩，妨碍行人一样。

（五）密度

公园道路的分布密度指道路系统分布的多少，它的规划是人流密度客观、合理的反映。人多的地方（如游乐场、入口大门等）密度要大，要设置主要道路及多条次要道路，在综合公园内道路大体占总面积 10%～12%；休闲散步区域则相对要小，在动物园、植物园或小游园内，道路网的密度可以稍大，但不宜超过 25%，尽可能地保护绿地，毕竟游人到公园游览主要是赏景，道路要依景而设，不宜过多。此外，现代公园绿地中还应增加相应的活动场地，因为现代人的旅游方式有参与性强的趋势，人们不仅要求环境优美，而且要求在这样的环境中从事文娱、体育活动，甚至进行某些学术活动，获得知识，因此还要具有相当数量的活动场地。

（六）坡度

坡度设计要求在先保证路基稳定的情况下，尽量利用原有地形以减少土方量。但坡度受路面材料、路面的横坡和纵坡等因素的限制，一般水泥路最大纵坡为 7%、沥青路为6%、砖路为 8%。国际康复协会规定，残疾人使用的最大坡度为 8.33%，因此主要道路的上限为8%，且不易设置梯道，因为要考虑坐轮椅和行走有困难的游人通行方便，同时便于园务车辆通行。

一般来说，主要道路纵坡宜小于8%，横坡宜小于3%。次要道路和游憩小路，纵坡宜小于18%；超过18%，应设计台阶、梯道，台阶踏步数不得少于2级；坡度大于58%的梯道应做防滑处理，宜设置护栏设施。具体坡度还要依据地形、人流量等来综合考虑，坡度≥6，要顺着等高线做盘山路状，考虑自行车时坡度≤8，汽车≤15；如果考虑人力三轮车，坡度还要小，为≤3。人行坡度≥10%时，要考虑设计合阶。

二、公园道路景观设计

（一）公园道路景观构成要素

1. 道路本身

道路是公园形象的第一要素，也是形成道路空间、景观的本体性要素。道路的特征、方向性、连续性、韵律与节奏、道路线型的配合及铺装形式特点构成了这一要素的基本内涵。

2. 绿化

绿化在视觉上给人以柔和而安静的感觉，并把自然界的生机融入公园中，它的形状、色彩和姿态具有可观赏性，丰富了道路的景观，有助于创造优美的视觉环境，提供舒适的游玩条件。

3. 小品

公园中道路边上小品艺术的视觉效果与道路的交通组织，公园的游览性质有密切关系，公园道路景观，我们可以看成是路与小品及其他元素组成的景观。

4. 照明

随着人们生活水平的提高，公园已经成为人们饭后散步的好去处，夜间照明的功能已不仅仅是"照明"了，更重要的是通过五光十色的装饰照明去体现公园夜间景观的魅力，成为夜间重要的景观要素。

（二）公园道路铺装设计

1. 铺装艺术功能

铺装一方面是道路的一部分，自始至终地陪伴着游览者，有很强的实用性；另一方面又作为空间界面而存在，影响着风景观赏效果，是整个空间画面不可忽略的一部分。例如，与其他景观要素（如建筑、植物、水体、小品等）一起参与景的创造，共同构成了整个空间的统一效果。简朴的门的造型及材料的选择，与简单的道路路面形式相融合，透露出自然淳朴的农家气息。同时，铺装以其本身的曲线、质感、色彩、图案等创造不同的视觉趣味，给人以美的享受，青岛滨海公园的音乐广场采用五线谱作为铺装形式，既符合广场主题又增加美观效果。

2. 铺装要素

（1）材料

公园中铺装材料的选择倾向于自然与环境的充分协调，选用的铺面材料彼此之间应该很协调。例如，在现代公园绿地中，可适当选择一些人工化程度较高、色彩较丰富的铺装材料，如瓷砖、人造大理石等，使之与周围的人文环境相协调，体现城市景观的现代感，如青岛滨海公园大块的大理石的使用，配合简单几何的造型，增添了公园的时代气息感。而对于森林公园、名胜风景区铺装就应尽量就地取材，与环境充分协调，甚至在某些地段直接去除表面土层，利用原有地下层作为自然铺装。如扬州留园中采用砖块与卵石辅以植物图案相结合的铺装形式，既达到美观效果又彰显了江南园林的本色。在一些河流、湖泊岸边，自然的卵石或沙地可形成充满野趣的原始铺装，如杭州西溪湿地水道边木质铺装的使用，符合湿地公园的主题特色，给人以回归自然的感觉。另外，大面积的草坪等绿色铺装，即可改变硬质铺装的某些不良特性，更适宜于保护生态并提高环境质量。

随着科技的发展，以前很少在公园中被运用的材料，现在也开始使用了，比如，金属、玻璃材料等。金属材料以它独特的性能——耐腐、轻盈、高雅、光辉、质地、力度，以及良好的强度和可塑性赢得了设计师的青睐。而玻璃作为一种有着独特个性的现代材料，有着与众不同的特点，它清澈明亮，质感光滑坚硬而易脆，对光线可以进行透射、折射、反射等多种物理特性，使得它能在众多材料中脱颖而出；另外，玻璃轻盈剔透的外形还易与石材、金属等形成极强烈的对比，从而达到特殊的景观艺术表现力。

（2）图案

公园道路铺装以其多种多样的图案形态来衬托景观，美化环境，设计时应与景区的意境相结合，选择路面的铺装图案。有的用一些鹅卵石、青色瓦片砌成各种自然的图案，如花、鸟、鱼、虫等，增加了造园的科学性、趣味性、知识性和娱乐性，这种铺装图案常用于一些自然式的公园设计，尤其是中国古典园林。有的却用更好的材料镌刻许多古今中外的重大历史典故，如北京中华世纪坛，在青铜板上镌刻中华民族五千年的荣辱，激励中华儿女奋进。在现代生态公园设计中，常用一些嵌草路面，如预制水泥嵌草路、花岗岩石嵌草路、冰裂纹嵌草路，常用于一些街头绿地、公园、滨河带、林荫带、湿地公园和生态公园的设计，既满足了道路的交通功能，又增加了绿地面积。

图案在公园道路设计中起着装饰路面的作用，它以其多种多样的形态、图案来衬托、美化环境，增加园林景色。

古代铺地的图案主要有以下几种形式：

几何图案。最简洁、最概括的图案形式。其中有简单的方、画、三角形，也有六角形、菱形、米字形、回纹形等比较复杂的图案。

太阳图案。是古代人们对太阳的崇拜反映在铺装上的体现。

植物图案。在古代铺地设计中，植物是非常重要的构形元素，它不仅美观而且还具有特殊的意义。例如，忍冬纹是坚忍不屈的代表；莲花纹象征着高洁、清雅；石榴、葡萄纹等植物果实则象征着丰收；荷花象征"出淤泥而不染"的高尚品德；兰花象征素雅清幽，品格高尚等。这些植物因为其各自的性格象征而深受人们的喜爱。

动物图案。常用的是一些象征吉祥或代表权势的动物造型，如龙、鸟、鱼、麒麟、蝙蝠、昆虫等。

文字图案。主要是一些如"福""寿"等吉祥文字，以及一些名言名句、诗歌辞赋结合几何图案、植物图案运用在地面的铺装图案中，寓意祥瑞或表现意趣，从侧面映衬出景观环境中整体的生活气息和人文氛围。

综合图案。图案的内容是一些历史故事、典故或者神话传说、生肖形象等，如在故宫的铺装图案中就有三国故事、十二生肖图案等。也因场所的不同而有所变化，如拙政园枇杷园采用的枇杷纹；海棠春坞铺地运用的万字海棠纹，以增添富贵之意。表现铺装图案的方法也多种多样，可以用块料拼花、镶嵌、划成线痕、滚花，还能用刷子刷、做成凹线等。

（3）色彩

色彩是人类最基本的审美方式，人们对色彩的视觉感觉不仅比形状、质感反应迅速、直接，而且还会对人们的心理产生作用，引发人们的审美联想和感情效果。公园道路景观设计中色彩的控制和运用是很重要的，恰当地运用色彩可以有效地烘托气氛，协调景观各要素，增加道路的可识别性；但色彩一旦运用不当，则会造成景观呆板或杂乱无章。

①色彩的作用与联想

色彩是环境主要的造景元素，是心灵表现的一种手段，它能把"情绪"赋予风景，能强烈地诉诸情感，而作用于人的心理。铺装的色彩应该和环境、植物、山水、建筑等统一起来，进行综合设计，或宁静、清洁、安静，或热烈、活泼、舒适，或粗糙、野趣、自然。不同的色彩会引起不同的心理反应，如体量感、冷暖感、进退感、轻重感、兴奋感、沉静感等。

色彩在铺装设计中是要认真考虑的问题，因为色彩能表达出公园道路艺术所要求的氛围。一般认为暖色调表现为烘托热烈、兴奋的气氛，对人有激励感，一般用在较热闹的场合；冷色调表现幽雅、宁静、开朗，给人以清新愉快感，一般用在较为庄严肃穆的纪念性公园中；灰暗色调表现忧郁、沉闷。

此外，色彩之间的搭配也决定了铺装景观设计的好坏，不同的颜色组合能造成各异的视觉效果，形成明显的环境氛围。因此在铺装设计中，有意识地利用色彩的变化，可以丰富和加强空间的气氛。

②色彩调和的方法

色彩的运用应讲究调和。常用的方法是按同一色调配色、近似色调配合、对比色调搭配。

按同一色调配色。如公园的铺装，有混凝土铺装、块石铺装、碎石和卵石铺装等，各式各样的东西，如果同时存在，忽视色调的调和，将会大大破坏公园的统一感。如在同一色调内，利用明度和色度的变化来达到调和，这时则容易得到沉静的个性和气氛。

按近似色调配合。在配色时要注意以下两点：一是要在近似色调之间决定主色调和从属的色调，两者不能同等对待；二是如果使用的色调增加，则应减少造型要素的数量。

按对比色调配合。对比色调的配色是由互补色组成的。由于互相排斥或互相吸引都会产生强烈的紧张感，因此对比色调在设计时应谨慎运用。

（4）构成形式

构成形式是通过图形的组合创造美好的平面图形和构图，它的限定条件有"点、线、面"。在公园道路景观铺装设计中，对铺装构成形式的研究是不容忽视的，构成形式要体现形式美原则，即：统一与对比、重复与渐变、放射等。

①构成形式的基本要素——点、线、面

点是最小的构图要素，在构成形式中一般被认为是只具有位置而没有大小的视觉单位，它既没有长度，也没有宽度。在园林的铺装处理中，采用大小不一的点排列形成的小径，会充满动感与情趣。

线是点进行移动的轨迹，并且是一切面与面的边缘的交界。线具有强烈的自身性格，通直的线表现为稳定、平实、挺拔、有力、现代感强；折线表现出节奏、动感、焦虑、不安；曲线表现为柔美、韵律、欢快等。

线移动的轨迹，或者是点密集即形成了面。外轮廓线决定面的外形，可分为几何直线形、几何曲线形、自由曲线形、偶然形等。几何直线形具有简洁、明了、安定、信赖、井然有序之感，如正方形、三角形等；几何曲线形，它比直线更具柔性、理性、秩序感，具有明了、自由、易理解、高贵之感；自由曲线形，它是不具有几何秩序曲线形，因此它较几何曲线形更加自由、富有个性，它是女性的代表，在心理上可产生优雅、柔软之感。

②构成形式的基本形式

重复形式指同一要素连续、反复有规律的排列谓之重复，它的特征就是形象的连接。重复构成形式能产生形象的秩序化、整齐化，画面统一，富有节奏美感，形象的反复出现，具有加强对此形象的记忆作用。

渐变形式是基本形或骨骼逐渐地、有规律顺序变动，一切构成形式要素都可以取得渐变的效果，如基本形的大小渐变、方向渐变、色彩渐变、形状渐变等，通过这些渐变产生美的韵味。

发射形式是特殊的重复和渐变，其基本形环绕一个共同的中心构成发射状的图形。特点是，由中心向外扩张其基本形环绕一个共同的中心构成由外向中心收缩，所以其具有一种渐变的形式，视觉效果强烈、令人注目，具有一定的节奏、韵律等美感。发射构成的图形具有很强的视觉效果，形式感强，富有吸引力，引人注目，因此在景观铺装设计中，尤其是广场的铺装设计中常采用这种形式。

整体形式在景观铺装设计中，尤其是广场的铺装设计，有时会把整个广场作为一个整体来进行整体性图案设计，取得较佳的艺术效果，烘托了广场的主题，充分体现其个性特点，给人留下深刻的印象。

（5）质感

质感是由于感触到素材的结构而有的材质感，铺装材料的表面质感具有强烈的心理诱发作用，是景观铺装中的另一活跃因素，不同的质感可以营造不同的气氛，给人以不同的感受。

在公园道路的铺装设计中，设计师常常利用不同质感的材料进行铺地，将大面积的广场限定成一个个温馨、亲切的小空间，以满足人们的不同需求。巧妙、灵活的利用质感可以给景观铺装带来丰富的内涵和感染力，对质感的研究是景观铺装设计中不可缺少的一环。其在公园道路的表现要注意如下几点：

质感的表现，必须尽量发挥材料本身所固有的美，体现出花岗岩的粗犷、鹅卵石的圆润、青石板的大方等不同的铺地材料的美感。质感粗糙、无光泽的铺装材料给人以粗犷、朴实亲切之感。

质感、环境和距离有着密贴的关系。铺装的好坏不只是看材料，还决定于是否与环境协调。材料的选择要特别注意与建筑物的调和。拙政园的枇杷园内地面采用碎砖拼接出枇杷的纹样，与园内的主题风格相统一。

质感调和的方法，要考虑统一调和、相似调和及对比调和。铺地的拼缝，在质感上要粗糙、刚健，以产生一种强的力感。如果接缝过于细弱，则显得设计意图含糊不清；接缝明显，则产生漂亮整洁的质感，使人感到雅致而愉快。青岛的滨海步行道，其中间木质主要道路与两侧的块石拼接，硬与软的结合充分体现了青岛海滨的时尚感。

质感变化要与色彩变化均衡相称。如果色彩变化多，则质感变化要少一些；如果色彩、图案均十分丰富，则材料的质感要比较简单。

铺装材料的表面质感具有强烈的心理诱发作用。

（三）公园道路植物造景

1. 配置类型

（1）自然配置

尽可能采用植物最原始形态进行配置，避免人工过渡造型、修剪、物种单一、造型整齐、规格一致。应选择优良乡土树种，引进适宜的外来品种，通过不同物种密度、规格的搭配，给人一种自然之美。

（2）人为配置

通过人为修剪造型，从色彩、地域、空间上进行配置，利用物候期差异，配置出人们预先想达到的绿化目的和效果。

（3）自然与人为相结合

公园绿化中，单一的人为配置，往往显得单调、呆板，缺乏艺术和趣味性。因此，多数情况采用自然生长与人工修剪相结合的植物种植方式。同时，公园道路的植物造景可根据公园的功能分区来进行适当的划分，当公园道路经过儿童游乐园，行道树可以修剪造型、几何型、人型或动物型等植物造型制造活泼的气氛，成为一段充满生气道路景观；道路通过公园的静谧区，植物景观以自然式为主，体现安静、祥和的气氛。

最好的绿化效果，应该是林荫夹道。郊区大面积绿化，行道树可和两旁绿化种植结合在一起，自由进出，不按间距灵活种植，实现路在林中走的意境，形成夹景；一定距离在局部稍作浓密布置，形成阻隔，是障景。

2. 各级道路配置方法

（1）主要道路的植物配置

主要道路是公园道路的骨干，其绿化常常代表公园的整体形象和风格，植物配置应该引人入胜，形成与公园定位相一致的气势和氛围。因此，在植物配置上应该表现出大气开放之势，体现主要道路的作用。在选择树种方面以乔木为主，为了形成高低的视觉差异还应该配置一些灌木或草皮等形成乔灌草立体结构，除空间上的立体结构外还应该在视觉方面进行色彩的搭配。在乔木的配置上一般选择多种乡土树种，但应有一个主要树种，一般是落叶树种和常绿相搭配。在入口的主要道路上可定距种植较大规格的高大乔木，如悬铃木、香樟、榉树、栗树等，其余种植杜鹃、红花继木、龙柏等整形灌木，节奏明快富有韵律，形成壮美的主要道路景观。

（2）次要道路的植物配置

次要道路是公园中各景区内的主要道路，是引导游人由主要道路进入景区的主要途径。次要道路常常蜿蜒曲折，因此植物配置也应以自然式为宜。两旁的植物配置应该灵活多样，在视觉上应有疏有密，有高有低，有遮有敞。形式上有草坪、花丛、灌丛、树丛、孤植树等，游人沿路散步可经过大草坪，也可在林下小憩或穿行在花丛中赏花，在植物配置时应以乔木或灌木为主，以便引导游人进入景区。其密度应当适中，太密容易对景物造成遮挡，使游人无法感知景区内的美景；太稀就会使景区内的景物一览无余，使人在外面也可以看见景物就会减少游人到景区内观赏的兴趣，造成景色的浪费。因此，次要道路的植物配置应该灵活多样，园景而置。

（3）游憩小径的植物配置

游憩小径是最接近大自然的道路，应视其具体位置而定，处于不同位置的小路应该有不同的配置风格。

位于山中的小径可称为山径，山径有一定的长度、曲度、坡度和起伏，以显示山林的幽深和陡度。树木要有一定的高度和厚度，树下用低矮的地被植物，少用灌木，以使人产生山林的意境和山林野趣。

湖边、水边的小径使人感觉凉爽，供人们休闲游乐。如湖边的柳树，游人在树下交谈会感到丝丝凉意，水中倒影给人以虚实的幻觉，体现公园美感，给人美的享受。

溪边的小径与小溪相连，尽显自然，在临水一旁多种低矮的植物和一些水生植物，不仅起到一定的保护作用，形成一道美丽的风景，还能起到遮挡游人的视线，道路曲折迂回，人行其中能听到水的潺潺声，给人以听觉上的享受。

花径则应选择四季有花或带有香气的植物。如西洋杜鹃、玉兰、樱花、蜡梅等。配置时距离应小，给人以穿越花丛的感觉，但应该注意背景的选择。为创造简洁、轻松、活泼自然的花园小径气氛，可选用小灌木、草坪、山石相结合的配置方式，形成有高有低、有疏有密的自然景象，一些地段还可以配置小乔木，覆盖一部分地面使之产生阴暗虚实感，通过乔木框视远景。

平地小径可采取乔本和灌木树丛，自然栽植，给游人创造一种田野之趣，让人有一种回归大自然的感觉。

（4）路口的植物配置

路口及道路转弯处的植物配置要求配置对景，起到导游和标志的作用，一般采用观赏树木和地被相搭配的配置方式，但忌繁杂。

道路的植物配置根据道路等级的不同而各异。一般来讲，主要道路车流量多，而人流量少，故植物配置讲究气势上的宏伟；次要道路和游憩小径是游人游玩之地，植物配置讲究细致和多样，形成多样化的景观点或者景观带；路口为各条道路视线的交会处，视野开阔，植物配置以孤木景观树种为主。

总而言之，公园道路的植物配置形式多样，选择的树木也很多，无固定的格式和规律，自然就是美，简单就是美。

（四）公园道路相关小品设计

1. 桥

（1）功能

在水面风景组织中，桥对水景空间划分和组织起到举足轻重的作用，如扬州何园通过石板曲桥、乱石砌成的石桥连接水上建筑水心亭，将园内主体水景空间分成三部分，划分为大小不同的水面，使水的点、线、面形式表现得极为丰富。在江南园林中各式各样的桥使水面空间既相互独立又联系紧密，如苏州拙政园的小飞虹桥既与郁风亭空间相对独立，又能在小庭院中感受水景空间的延伸。

在大型公园中，体量较大的桥可以独立成景，如颐和园的十七孔桥和玉带桥；在小型园林中，体量较小的桥既可以独立成景也可以作为配景出现。如江苏大丰麋鹿自然保护区的仿枯树干做成的桥，作为配景存在，体现了其本身作为桥的自然性与趣味性。

（2）形式

大型水面建桥既要独立造景又要满足交通等多方面综合功能，要求桥面高于水面，多选择造型优美的拱桥。拱桥桥身空透，从而感觉水面空间相互渗透产生倒影，增加水面层次。

在中小规模的公园中，水面往往不大，水体深度也不是很深，园桥的设置主要是用来连接水体两岸的景区，同时兼顾造景的功能，这时适宜平桥的形式。

现代公园设计中，不再单纯地把桥看作只能连接水上的通道，而把桥运用于景观设计中，作为独立的特色景观。如南京明城墙下的水杉林，其间有条狭长的木栈道，用其穿越林中，体现了曲径通幽的意境，消失在远方的木栈道若隐若现，使人产生无尽的遐想。再如，济南泉城公园中的连环拱桥，桥下无水，以鹅卵石铺地代表水的存在，避免了人造湖水脏臭的现象，即符合生态效益，又为人们提供一个可以健身休闲的空间。

目前，有些公园内的桥梁由于体量过大、过重，与周围景色不协调。有点缺乏远见，桥下不能通过画舫或游艇，造成日后水面游赏活动路线不合理。因此，桥的运用应根据公园总体规划确定通行、通航所需尺度并依此进行造景、观景等具体景观要求。

2. 标志

（1）标志意义

标志虽只是公园环境的附属品，但与其他环境设计相比，其使用功能非常突出。从某种程度上说，公园标志是一种游览的组织与策划，好的公园的标志，能够将整个公园空间自然地融入游客的心中，宏观地把握整个空间，使游客能游乐于其中。偌大的公园，如无清晰的引导则可能给游客的心理或体力造成不良影响。

指示导向标志纯粹是从功能需求的角度为游人设置的。位置的安排要满足公园人流交通疏导系统的要求，它一般出现于两个或多个空间相互转换或交叉的地方，为游人指路。从宏观的角度来说，如果观景路线是线，那指示导向标志是线上面的一个个点。从空间设计的角度来说，指示导向标志无疑是营造和管理动态空间的一个比较不错的手段，能促进人和空间之间的互动。

（2）标志类型

依标志在公园景观中的作用和功能不同，公园的标志主要可分为四类：标志牌、指标、解说板、注意标志。

标志牌：常出现于公园入口和具体设施旁，主要有园名、设施名、位置图，其目的是让游人了解园内整体布局，使游人在园内任何一点都知道自己的确切位置等。如公园的平面图是将道路、绿地、景观、场所一一标志出来。一般位于大门主入口附近，造型上也别具特色，如：青岛滨海步行道的指示牌采用海洋与鱼结合的造型，既符合海边的特色又具有强烈的视觉冲击力。

指标牌：常出现于公园道路旁，主要说明距离、方向、时间，其目的是指引游人路线，帮助游人确定园内的具体位置等。其主要承载着公园环境与游人之间的沟通功能，这类标志在设计中应着重以图文并茂为主，在内容上要详细与简单并举，力求把复杂的环境变得简单，使混乱的境况变得有序。

公园环境的标志系统具有很强的功能性，同时也具有较高的视觉审美要求。由于它有形式灵活多样，体型轻巧玲珑，占用地少，造价低廉和美化环境等特点，适宜在各类型的公园绿地中布置，既可以分散在园中，也可以集中放置在一起。

3. 花架

花架是公园环境中以休息和观赏为主要功能的建筑小品，是公园中最接近自然的，也可看作是道路景观的一种形式，提供由室内向室外空间的过渡，具有亭、廊的综合功能与作用，它可通过材料表面的质感给人们传达视觉感受。

花架作为一种建筑小品，本身具有一定的内部空间和外部延伸空间的特点，即兼有三维建筑空间和思维植物空间的双重性。其既能独立完成组织空间的功能又能与其他造园要素一起构成复合的园林空间。如济南泉城公园的大型组合花架，花架在平面构图的形式上和立面造型、色彩的表现上，都有独立或相对独立布置的设计特点，加之与攀缘植物的密切结合，就构成了极具特色的、将硬质景观和软质景观融合在一起的景观形式。

花架、廊与道路的结合体现为，把简单的道路转换为可以遮阴、乘凉、休息的空间，同时其本身也可独立作为人造景观，吸引游客。如花架与地面铺装相结合，春季满架的各类葡萄藤，阻隔游客视线，并与之亲密接触，使人感受到春意盎然。同时架随路弯，人在架中走，总想获知视线远处的景色，给人以探索的乐趣，引领人们进入下一游览空间。

4. 座椅

公园作为人们游览场所，设置相关的休息设施是十分必要的，座椅是公园中分布最广、数量最多的小品，是为游人交谈、阅读和休憩而设置的公共设施之一。公园景观中的座椅除了其使用功能外，还起到了组景、点景的作用。

供休息的座椅一般放置在路边，为保持环境的安静，且互不干扰，座椅一般要间距 8～14 m。座椅所用材料也很丰富，常见的有石板类、木质类、金属类等。从功能完整的角度来设计，座椅边的植物配置应该要做到夏可蔽荫、冬不蔽日。所以，座椅设在落叶大乔木下不仅可以带来阴凉，植物高大的树冠也可以作为赏景的"遮光罩"，使透视远景更加明快清晰，使休息者感到空间更加开阔。

（五）公园道路辅助设施设计

1. 挡土墙

挡土墙指的是为防止路基填土或山坡岩土坍塌而修筑的、承受土体侧压力的墙式构造物，其位于道路两边具有坡体的地方。与公园景观相联系，为融入公园环境，一般采用石质、木质材料等形式。如青岛滨海公园的挡土墙采用彩色块石拼接的形式，体现了青岛海边的时代气息感；南京红山动物园次要道路的挡土墙，道路穿山体而过，为了防止土体下滑，掩埋道路而修建，挡土墙为石质材料，形式上为仿原木形式，这就使得挡土墙的外观变换丰富，成为公园一景。

2. 道牙

道牙，即路沿，设置在道路的两边，一般分为立道牙和平道牙，立道牙在设计中可采用木质或石质材料体现自然韵味，也可与花坛、座椅相结合，既实用又美观。如南京红山动物园的道牙设置为石质材料，形式上为半原木，在道路与草坪中间增添了一道立体景观。

（六）公园道路灯光照明设计

1. 照明分类

公园是供人娱乐、休闲的场所，公园道路是整个公园环境意象的框架，公园道路的夜景照明要体现公园宁静、幽雅、和谐、美丽的特点，应该照明特征明确，贯通顺达，具有强烈的引导性和方向感，同时应避免过多的彩色光污染和影响游人一定的私密性。公园道路具有多种类型，根据道路照明的分类，将其分为功能性照明与非功能性照明。

功能性照明的目的在于满足空间的视觉功能要求，如公园主要道路的照明，其目的是在一定的照明环境质量下满足行人和车辆夜间通行的畅通和安全的需要，应与道路的横断面布置适应，用灯光来给人指引出道路的边界线，是晚间道路不可缺少的组成部分。非功能性照明的目的在于满足人们对环境的审美需求。需要考虑夜间游园是在较为缓慢的节奏下进行的休闲运动，不要求路径具有最大的工作效率，应结合各路段旁相应景观的照明效果，使游客走在每段路径上都有新的感受。

2. 设计原则

（1）功能性

满足在环境空间中的使用目的和基本照明的需要。

（2）饰景性

照明设计与所在环境空间的完美融合和以创造夜间景色气氛为目的的照明。

（3）舒适性

以人的感受特征为出发点，落实照明设施放置的主要和次要视点位置，避免光污染。

（4）隐蔽性

对部分照明器、电气设备尽可能的隐蔽或伪装。

（5）安全性

即安全防范和安全保护。照明不仅应保证人们在夜间开放环境的安全要求，确保社会环境的安定，而且设计应严格遵循电气专业规程规范，具备完善的安全措施，严禁危害人身安全事故的发生。

（6）节能性

通过照明设计的合理布局、照明技术的合理运用、照明灯具的合理选择，减少能源的浪费。

（7）实用性

对于植物的影响不大，且便于日常维护管理。

3. 营造手法

夜晚的公园是人们休息、游玩的去处，它需要的是轻松、闲适、幽雅的气氛，公园中的灯有庭院灯、草坪灯、地灯、射灯等形式，公园道路两侧一般设置高杆的庭院灯，间距为 35~40 m，沿着道路两侧均匀布置，光照不必过强，能满足人行要求即可。草坪灯放置在草坪上，一般沿草地边缘。对灯具的定位应处理好白天与夜间的关系，要尽可能做到见光不见灯，当灯具必须外露时，应考虑到灯具的外形、色彩与环境相协调，减少对自然景观影响。如青岛滨海路的路灯，灯顶采用帆的形式体现了大海的特色，符合地域特色。

园林绿化栽植与施工

园林绿化栽植施工技术与养护管理是研究园林植物栽植及养护管理的一门专业学科，是一门具有较强实践性的应用技术。具体而言，它是研究园林植物在绿化建设中如何种植、施工和养护管理的应用科学，不但涉及园林树木学、花卉学、植物学、植物保护学、造园艺术、植物造景、土壤肥料学等学科，同时又与环境保护学、园林生态学、环境生态学等关系密切。因此，园林绿化栽植施工与养护管理又是一门综合性专业技术。

第一节　园林绿化施工概述

园林绿化栽植施工技术与养护管理是研究园林植物栽植及养护管理的一门专业学科，是一门具有较强实践性的应用技术。具体而言，它是研究园林植物在绿化建设中如何种植、施工和养护管理的应用科学，不但涉及园林树木学、花卉学、植物学、植物保护学、造园艺术、植物造景、土壤肥料学等学科，同时又与环境保护学、园林生态学、环境生态学等关系密切。因此，园林绿化栽植施工与养护管理又是一门综合性专业技术。

一、植树施工的原则

（一）必须符合规划设计要求

园林绿化栽植施工前，施工人员应当熟悉设计图纸，理解设计要求，并与设计人员进行交流，充分了解设计意图，然后严格按照设计图纸要求进行施工，禁止擅自更改设计进行施工。对于设计图纸与施工现场实际不符的地方，应及时向设计人员提出，在征求设计部门的同意后，再变更设计。同时，不可忽视施工建造过程中的再创造作用，可以在遵从设计原则的基础上，合理利用，不断提高，以取得最佳效果。

（二）施工技术必须符合树木的生活习性

不同树种对环境条件的要求和适应能力表现出很大的差异性，施工人员必须具备丰富的园林知识，掌握其生活习性，并在栽植时采取相应的技术措施，提高栽植成活率。

（三）合理安排适宜的植树时期

我国幅员辽阔，气候各异，不同地区树木的适宜种植期也不相同；同一地区树种生长习性也有所不同，受施工当年的气候变化和物候期差别的影响。依据树木栽植成活的基本原理，苗木成活的关键是如何使地上与地下部分尽快恢复水分代谢平衡，因此必须合理安排施工的时间，并做到以下两点：①做到"三随"。所谓"三随"，就是指在栽植施工过程中，做到起、运、栽一条龙，做好一切苗木栽植的准备工作，创造好一切必要的条件，在最适宜的时期内，充分利用时间，随掘苗，随运苗，随栽苗，环环扣紧，栽植工程完成后，应展开及时的后期养护工作，如苗木的修剪及养护管理，这样才可以提高栽植成活率。②合理安排种植顺序。在植树适宜时期内，不同树种的种植顺序非常重要，应当合理安排。原则上讲，发芽早的树种应早栽植，发芽晚的可以推迟栽植；落叶树春栽宜早，常绿树栽植时间可晚些。

（四）加强经济核算，提高经济效益

调动全体施工人员的积极性，提高劳动效率，节约增产，认真进行成本核算，加强统计工作，不断总结经验，尤其是与土建工程有冲突的栽植工程，更应合理安排顺序，避免在施工过程中出现一些不必要的重复劳动。

（五）严格执行栽植工程的技术规范和操作规程

栽植工程的技术规范和操作规程是植树经验的总结，是指导植树施工技术的法规，必须严格执行。

二、栽植成活原理

园林树木栽植包括起苗、搬运、种植及栽后管理四个基本环节。每一位园林工程技术人员应该掌握这些环节与树木栽植成活率之间的关系，掌握树木栽植成活的理论基础。

（一）园林树木的栽植成活原理

正常条件生长的未移植园林树木在稳定的自然环境下，其地下与地上部分存在着一定

比例的平衡关系。特别是根系与土壤的密切结合，使树体的养分和水分代谢的平衡得以维持。掘苗时会破坏大量的吸收根系，而且部分根系（带土球苗）或全部根系（裸根苗）脱离了原有协调的土壤环境，易受风吹日晒和搬运损伤等影响。吸收根系被破坏，导致植株对水分和营养物质的吸收能力下降，使树体内水分向下移动，由茎叶移向根部。当茎叶水分损失超过生理补偿点时，苗木会出现干枯、脱落、芽叶干缩等生理反应，然而这一反应进行时地上部分仍能不断地产生蒸腾等现象，生理平衡因此遭到破坏，严重时会因失水而死亡。为此，栽植过程中及时维持和恢复树体以水分代谢为主的平衡是栽植成活的关键。这种平衡受起苗、搬运、种植及栽后管理技术的直接影响，同时也与栽植季节，苗木的质量、年龄、根系的再生能力等主观因素密切相关。

移植时根系与地上部分以水分代谢为主的平衡关系，或多或少地遭到了破坏，植株本身虽有关闭气孔以减少蒸腾的自动调控能力，但此作用有限。受损根系在适宜的条件下都具有一定的再生能力，但再生大量的新根需要一段时间，恢复这种代谢平衡更需要大量时间。可见，如何减少苗木在移植过程中的根系损伤和减少风干失水，促使其迅速发生新根，与新环境建立起新的平衡关系对提高栽植成活率是尤为重要的。一切利于迅速恢复根系再生能力尽早使根系与土壤重新建立紧密联系，抑制地上茎叶部分蒸腾的技术措施，都能促进树木建立新的代谢平衡，并有利于提高其栽植的成活率。研究表明，在移植过程中，减少树冠的枝叶量，并供应充足的水分或保持较高的空气湿度条件，可以暂时维持较低水平的这种平衡。

园林树木栽植成活的原理，就是要遵循客观规律，符合树体生长发育的实际，提供相应的栽植条件和管理养护措施，协调树体地上部分和地下部分的生长发育关系，以此来维持树体水分代谢的平衡，促进根系的再生和生理代谢功能的恢复。

（二）影响树木移栽成活率的因素

为确保树木栽植成活，应当采取多种技术措施，在各个环节都严格把关。栽植经验证明，影响苗木栽植成活的因素主要有以下十点，如果一个环节失误，就可能造成苗木的死亡。

1. 异地苗木

新引进的异地苗木，在长途运输过程中水分损失较多，有些甚至不适合本地土质或气候条件，这些情况都会造成苗木出现死亡，其中根系质量差的苗木尤为严重。

2. 常绿大树未带土球移植

大树移植若未带土球，导致根系大量受损，在叶片蒸腾量过大的情况下，容易出现萎蔫而死亡。

3. 落叶树种生长季未带土球移植

在生长季节移植落叶树种，必须带土球，否则不易成活。

4. 起苗方法不当

移植常绿树时需要进行合理修剪，并采用锋利的移植工具，若起苗工具钝化易严重破损苗木根系。

5. 土球太小

移植常绿树木时，如果所带土球比规范要求小很多，也容易造成根系受损严重，导致较难成活。

6. 栽植深度不适宜

苗木栽植过浅，水分不宜保持，容易干死，栽植过深则可能导致根部缺氧或浇水不透，而引起树木死亡。

7. 空气或地下水污染

有些苗木抗有害气体能力较差，栽植地附近某些工厂排放的有害气体或水质，会造成植株敏感而死亡。

8. 土壤积水

不耐涝树种栽在低洼地，若长期受涝，很可能缺氧死亡。

9. 树苗倒伏

带土球移植的苗木，浇水之后若倒伏，应当轻轻扶起并固定，如果强行扶起，容易导致土球破坏而死亡。

10. 浇水不当

浇水速度不易过快，应当以灌透为止，如浇水速度过快，树穴表面上看已灌满水，但很可能没浇透而造成死亡。碰到干旱后恰有小雨频繁滋润的天气，也应当适当浇水，避免造成地表看似雨水充足，地下实则近乎干透而导致树木死亡的现象。

（三）提高树木栽植成活率的原则

1. 适地适树

充分了解规划设计树种的生态习性及对栽植地区生态环境的适应能力，具备相关的成功驯化引种试验和成熟的栽培养护技术，方能保证成活率。尤其是花灌木新品种的选择应用，要比观叶、观形的园林树种更加慎重，因为此类树种除了树体成活以外，要求花果观赏性状的完美表达。因此，实行适地适树原则的最简便做法，就是选用性状优良的乡土树种，作为景观树种中的基调骨干树种，特别是在生态林的规划设计中，更应贯彻以乡土树种为主的原则，以求营造生态植物群落效应。

2. 适时适栽

应根据各种树木的不同生长特性和栽植地区的气候条件，决定园林树木栽植的适宜时期。落叶树种大多在秋季落叶后或春季萌芽开始前进行栽植；常绿树种栽植，在南方冬暖地区多行秋植，或在新梢停止生长的雨季进行。冬季严寒地区，易因秋季干旱造成"抽条"而不能顺利越冬，常以新梢萌发前春植为宜；春旱严重地区可行雨季栽植。随着社会的发展和园林建设的需要，人们对环境生态建设的要求更加迫切，园林树木的栽植已突破了时限，"反季节"栽植已随处可见，如何提高栽植成活率也成为相关研究的重点课题。

3. 适地适栽

根据树体的生长发育状态、树种的生长特点、树木栽植时期及栽植地点的环境条件等，园林树木的栽植方法可分为裸根栽植或带土球栽植两种。近年来，随着栽培技术的发展和栽培手段的更新，生根剂、蒸腾抑制剂等新的技术和方法在栽培过程中也逐渐被采用。除此之外，我们还应努力探索研究新技术方法和措施。

第二节　园林树木栽植施工技术

一、园林树木栽植施工理论知识

（一）移植期

移植期是指栽植树木的时间。树木是有生命的机体，在一般情况下，夏季树木生命活动最旺盛，冬天其生命活动最微弱或近乎休眠状态，可见树木的种植是有季节性的。移植的最佳时间是在树木休眠期，也有因特殊需要进行非植树季节栽植树木的情况，但须经特殊处理。

华北地区大部分落叶树和常绿树在3月中上旬至4月中下旬种植。常绿树、竹类和草皮等在7月中旬左右进行雨季栽植。秋季落叶后可选择耐寒、耐旱的树种，用大规格苗木进行栽植，这样可以减轻春季植树的工作量。一般常绿树、果树不宜秋天栽植。

华东地区落叶树的种植，一般在2月中旬至3月下旬，也可以在11月上旬至12月中下旬。早春开花的树木，应在11月至12月种植。常绿阔叶树以3月下旬最宜，也可以在6—7月、9—10月进行种植。香樟、柑橘等以春季种植为好。针叶树春、秋都可以栽种，但以秋季为好。竹子一般在 9—10 月栽植为好。

东北和西北北部严寒地区，在秋季树木落叶后、土地封冻前种植成活更好。冬季采用带冻土移植大树，其成活率也很高。

（二）栽植对环境的要求

1. 对温度的要求

植物的自然分布和气温有密切的关系，不同的地区就应选用能适应该区域条件的树种，并且栽植当日平均温度等于或略低于树木生物学最低温度，栽植成活率高。

2. 对光的要求

一般光合作用的速度，随着光的强度的增加而加强。在光线强的情况下，光合作用强，植物生命特征表现强；反之，光合作用减弱，植物生命特征表现弱，故阴天或遮光的条件有利于提高种植成活率。

3. 对土壤的要求

土壤是树木生长的基础，它是通过水分、肥分、空气、温度等来影响植物生长的。适应植物生长的土壤成分包括矿物质 45%，有机质 5%，空气 20%，水 30%（以上按体积比）。

土壤水分和土壤的物理组成有密切的关系，对植物生长有很大影响。当土壤不能提供根系所需的水分时，植物就产生枯萎，当达到永久枯萎点时，植物便死亡。因此，在初期枯萎以前，应开始浇水。掌握土壤含水率，可及时补水。

土壤养分充足对于种植的成活率和种植后植物的生长发育有很大影响。

树木有深根性和浅根性两种。种植深根性的树木应有深厚的土壤，移植大乔木比移植小乔木、灌木需要更多的根土，所以栽植地要有有效深度。

二、准备工作

（一）清理障碍物

在施工场地上，凡对施工有碍的障碍物如堆放的杂物、违章建筑、坟堆、砖石块等要清除干净。一般情况下，已有树木能保留的尽可能保留。

（二）整理现场

根据设计图纸的要求，将绿化地段与其他用地界限区划开来，整理出预定的地形，使其与周围排水趋向一致。整理工作一般应在栽植前三个月以内进行：①对8°以下的平缓耕地或半荒地，应满足植物种植所需的最低土层厚度要求：草木花卉 30 cm；草坪地被 30 cm；小灌木 45 cm；大灌木 60 cm；浅根乔木 90 cm，深根乔木 150 cm。通常翻耕 30~50 cm 深度，以利蓄水保墒，并视土壤情况，合理施肥以改变土壤肥性。平地整地要有一定倾斜度，以便排除过多的雨水。②整理工程场地应先清除杂物、垃圾，随后换土。种植地的土壤含有建筑废土及其他有害成分，如：强酸性土、强碱土、盐碱土、黏土、砂土等，应根据设计规定，采用客土或改良土壤的技术措施。③对低湿地区，应先挖排水沟降低地下水位，防止返碱。通常在种植前一年，每隔 20 m 左右就挖出一条深 1.5~2.0 m 的排水沟，并将掘起来的表土翻至一侧培成城台，经过一个生长季，土壤受雨水的冲洗，盐碱减少，杂草腐烂，土质疏松，不干不湿，即可在垅台上种树。④对新堆土山的整地，应经过一个雨季使其自然沉降后，才能进行整地植树。⑤对荒山整地，应先清理地面，刨出枯树根，搬除可以移动的障碍物，在坡度较平缓，土层较厚的情况下，可以采用水平带状整地。

三、定点与放线

（一）行道树的定点放线

道路两侧成行列式栽植的树木，称行道树。要求栽植位置准确，株行距相等（在国外有用不等距的）。一般是按设计断面定点。在已有道路旁定点，以路牙为依据，然后用皮尺、钢尺或测绳定出行位，再按设计定株距，每隔 10 株于株距中间钉一木桩（不是钉在所挖坑穴的位置上），作为行位控制标记的依据，以确定每株树木坑（穴）位置，然后用白灰点标出单株位置。

由于道路绿化与市政、交通、沿途单位、居民等关系密切，植树位置的确定，除和规定设计部门配合协商外，在定点后还应请设计人员验点。

（二）自然式定位放线

1. 坐标定点法

根据植物配置的疏密度先按一定的比例在设计图及现场分别打好方格，在图上用尺量出树木在某方格的纵横坐标尺寸，再按此位置用皮尺标示在现场相应的方格内。

2. 仪器测放法

用经纬仪或小平板仪依据地上原有基点或建筑物、道路将树群或孤植树依照设计图上的位置依次定出每株的位置。

3. 目测法

对于设计图上无固定点的绿化种植，如灌木丛、树群等，可用上述两种方法画出树群的栽植范围，其中每株树木的位置和排列可根据设计要求在所定范围内用目测法进行定点。定点时应注意植株的生态要求并注意自然美观。定好点后，多采用白灰打点或打桩，标明树种、栽植数量、坑径等。

四、栽植穴、槽的挖掘

（一）栽植穴质量、规格要求

栽植穴、槽的质量，对植株以后的生长有很大的影响。除按设计确定位置外，应根据根系或土球大小、土质情况来确定坑（穴）径大小。一般来说，栽植穴规格应比规定的根系或土球直径大 60~80 cm，深度加深 20~30 cm，并留 40 cm 的操作沟。坑（穴）或沟槽口径应上下一致，以免植树时根系不能舒展或填土不实。栽植穴、槽的规格可参见表 6-1 至表 6-5。

表 6-1　常绿乔木类种植穴规格　　　　　　　　　　　　　　　　（单位：cm）

树高	土球直径	种植穴深度	种植穴直径
150	40~50	50~60	80~90
150~250	70~80	80~90	100~110
250~400	80~100	90~110	120~130
400 以上	140 以上	120 以上	180 以上

表 6-2　落叶乔木类种植穴规格　　　　　　　　　　　　　　　　（单位：cm）

胸径	种植穴深度	种植穴直径
2~3	30~40	40~60
3~4	40~50	60~70
4~5	50~60	70~80
5~6	60~70	80~90
6~8	70~80	90~100
8~10	80~90	100~110

表 6-3　花灌木类种植穴规格　　　　　　　　　　　（单位：cm）

冠径	种植穴深度	种植穴直径
200	70~90	90~100
100	60~70	70~90

表 6-4　竹类种植穴规格　　　　　　　　　　　（单位：cm）

种植穴深度	种植穴直径
盘根或土球深度	比盘根或土球大
20~40	40~50

表 6-5　绿篱类种植穴规格　　　　　　　　　　　（单位：cm）

苗高	种植方式	
	单行（深×宽）	双行（深×宽）
50~80	40×40	40×60
100~120	50×50	50×70
120~150	60×60	60×80

（二）栽植穴挖掘注意事项

栽植穴的形状应为直筒状，穴底挖平后使底土稍耙细，保持平底状。穴底不能挖成尖底状或锅底状时，在新土回填的地面挖穴，穴底要用脚踏实或夯实，以免灌水时渗漏太快。在斜坡上挖穴时，应先将坡面铲成平台，然后再挖栽植穴，而穴深则按穴口的下沿计算。

挖穴时挖出的坑土若含碎砖、瓦块、灰团太多，就应另换好土栽树。若土中含有少量碎块，则可除去碎块后再用。如果挖出的土质太差，也要换成客土。

栽植穴挖好之后，可开始种树。若种植土太瘦瘠，就先要在穴底垫一层基肥。基肥一定要用经过充分腐熟的有机肥，如堆肥、厩肥等。基肥层以上还应当铺一层壤土，厚5cm以上。

五、掘苗（起苗）

（一）选苗

在起苗之前，首先要进行选苗。除了根据设计对规格和树形的特殊要求外，还要注意选择生长健壮、无病虫害、无机械损伤、树形端正和根系发达的苗木。做行道树种植的苗木分枝点应不低于2.5 m。选苗时还应考虑起苗包装运输的方便。苗木选定后，要挂牌或在根基部位画出明显标记，以免挖错。

（二）掘苗前的准备工作

起苗时间最好是在秋天落叶后或土冻前、解冻后，因此正值苗木休眠期，生理活动微弱，起苗对它们影响不大，起苗时间和栽植时间最好能紧密配合，做到随起随栽。

为了便于挖掘，起苗前1~3天可适当浇水使泥土松软，对起裸根苗来说也便于多带宿土，少伤根系。

（三）掘苗规格

掘苗规格主要指根据苗高或苗木胸径确定苗木的根系大小。苗木的根系是苗木的重要器官，受伤的、不完整的根系将影响苗木生长和成活，苗木根系是苗木分级的重要指标。因此，起苗时要保证苗木根系符合有关的规格要求，参见表6-6至表6-8。

表6-6　小苗的掘苗规格

苗木高度（cm）	应留根系长度（cm）	
	侧根（幅度）	直根
<30	12	15
31~100	17	20
101~150	20	20

表6-7　大、中苗的掘苗规格

苗木胸径（cm）	应留根系长度（cm）	
	侧根（幅度）	直根
3.1~4.0	35~40	25~30
4.1~5.0	45~50	35~40
5.1~6.0	50~60	40~50
6.1~8.0	70~80	45~55
8.1~10.0	85~100	55~65
10.1~12.0	100~120	65~75

表 6-8　带土球苗的掘苗规格

苗木高度（cm）	土球规格（cm）	
	横径	纵径
<100	30	20
101~200	40~50	30~40
201~300	50~70	40~60
301~400	70~90	60~80
401~500	90~100	80~90

（四）掘苗

掘苗时间和栽植时间最好能紧密配合，做到随起随栽。掘苗时，常绿苗应当带有完整的根团土球，土球散落的苗木成活率会降低。土球的大小一般可按树木胸径的 10 倍左右确定。对于特别难成活的树种要考虑加大土球。土球高度一般可比宽度少 5~10 cm。一般的落叶树苗也多带有土球，但在秋季和早春起苗移栽时，也可裸根起苗。裸根苗木若运输距离比较远，需要在根兜里填塞湿草，或在其外包裹塑料薄膜保湿，以免根系失水过多，影响栽植成活率。为了减少树苗水分蒸发，提高移栽成活率，掘苗后、装车前应进行粗略修剪。

六、包装运输与假植

（一）包装

落叶乔、灌木在掘苗后、装车前应进行粗略修剪，以便于装车运输和减少树木水分的蒸腾。

包装前应先对根系进行处理，一般是先用泥浆或水凝胶等吸水保水物质蘸根，以减少根系失水，再包装。泥浆一般是用黏度比较大的土壤，加水调成糊状。水凝胶是由吸水极强的高分子树脂加水稀释而成的。

包装要在背风庇荫处进行，有条件时可在室内、棚内进行。包装材料可用麻袋、蒲包、稻草包、塑料薄膜、牛皮纸袋、塑膜纸袋等。无论是包裹根系，还是全苗包装，包裹后要将封口扎紧，减少水分蒸发，防止包装材料脱落。将同一品种相同等级的存放在一起，挂上标签，便于管理和销售。

包装的程度视运输距离和存放时间而定。运距短，存放时间短，包装可简便一些；运距长，存放时间长，包装要细致一些。

（二）装运

1. 根苗

①装运乔木时，应将树根朝前，树梢向后，按顺序安（码）放。②车后厢板，应铺垫草袋、蒲包等物，以防碰伤树根、干皮。③树梢不得拖地，必要时要用绳子围绕吊起，捆绳子的地方也要用蒲包垫上，避免勒伤树皮。④装车不得超高，且压得不要太紧。⑤装完后用苫布将树根盖严、捆好，以防树根失水。

2. 带土球苗

①2 m 以下的苗木可以立装，2 m 以上的苗木必须斜放或平放。土球朝前，树梢向后，并用木架将树冠架稳。②土球直径大于 20 cm 的苗木只装一层，小土球可以码放 2～3 层。土球之间应安（码）放紧密，以防摇晃。③土球上不准站人或放置重物。

3. 卸车

苗木在装卸车时应轻吊轻放，不得损伤苗木和造成散球。起吊带土球（台）的小型苗木时，应用绳网兜土球使其吊起，不得用绳索缚捆根茎起吊。重量超过 1t 的大型土球，应在土球外部套钢丝缆起吊。

4. 假植

（1）带土球的苗木假植

假植时，可将苗木的树冠捆扎收缩起来，使每一棵树苗都是土球挨土球，树冠靠树冠，密集地挤在一起。然后，在土球层上面盖一层壤土，填满土球间的缝隙，再对树冠及土球均匀地洒水，使上面湿透，仅保持湿润就可以了；或者把带着土球的苗木临时性地栽到一块绿化用地上，土球埋入土中 1/3～1/2 深，株距根据苗木假植时间长短和土球、树冠的大小而定。一般土球与土球之间相距 15～30 cm 即可。苗木成行列式栽好后，浇水并保持一定湿度即可。

（2）裸根苗木假植

裸根苗木应当天种植，自起苗开始，暴露时间不宜超过 8 h，当天不能种植的苗木应进行假植。对裸根苗木，一般采取挖沟假植方式，先在地面挖浅沟，沟深 40～60 cm；然后将裸根苗木一棵棵紧靠着呈 30°角斜栽到沟中，使树梢朝向西边或朝向南边。如树梢向西，开沟的方向为东西向；若树梢向南，则沟的方向为南北向。苗木密集斜栽好以后，在根免上分层覆土，层层插实。要经常对枝叶喷水，保持湿润。

不同的苗木假植时，最好按苗木种类和规格分区假植，以方便绿化施工。假植区的土质不宜太泥泞，地面不能积水，在周围边沿地带要挖沟排水。假植区内要留出起运苗木的通道。在太阳特别强烈的日子里，假植苗木上面应该设置遮光网，减弱光照强度。对珍贵树种和非种植季节所需苗木，应在合适的季节起苗，并用容器假植。

七、苗木种植前的修剪

（一）根系修剪

为保持树姿平衡，保证树木成活，种植前应对苗木根系进行修剪，应将劈裂根、病虫根、过长根剪除，并对树冠进行修剪，保持地上地下平衡。

（二）乔木类修剪

①具有明显主干的高大落叶乔木应保持原有树形，适当疏枝，对保留的主侧枝应在健壮芽上短截，可剪去枝条的 1/5～1/3。②无明显主干、枝条茂密的落叶乔木，对干径 10 cm 以上的，可疏枝保持原树形；对干径为 5～10 cm 的苗木，可选留主干上的几个侧枝，保持原有树形进行短截。③枝条茂密如圆头形树冠的常绿乔木可适量疏枝。枝叶集生树干顶部的苗木可不修剪。具轮生侧枝的常绿乔木用作行道树时，可剪除基部 2～3 层轮生侧枝。④常绿针叶树，不宜修剪，只剪除病虫枝、枯死枝、生长衰弱枝、过密的轮生枝和下垂枝。⑤用作行道树的乔木，定干高度宜大于 3 m，第一分枝点以下枝条应全部剪除，分枝点以上枝条酌情疏剪或短截，并应保持树冠原型。⑥珍贵树种的树冠宜做少量疏剪。

（三）灌木及藤蔓类修剪

①带土球或湿润地区带宿土裸根苗木及上年花芽分化的开花灌木不宜做修剪，当有枯枝、病虫枝时应予剪除。②枝条茂密的大灌木，可适量疏枝。③对嫁接灌木，应将接口以下砧木萌生枝条剪除。④分枝明显、新枝着生花芽的小灌木，应顺其树势适当强剪，促生新枝，更新老枝。⑤用作绿篱的乔灌木可在种植后按设计要求整形修剪。苗圃培育成型的绿篱，种植后应加以整修。⑥攀缘类和蔓性苗木可剪除过长部分。攀缘上架苗木可剪除交错枝、横向生长枝。

（四）苗木修剪质量要求

①剪口应平滑，不得劈裂。②枝条短截时应留外芽，剪口应距留芽位置以上 1 cm。③修剪直径 2 cm 以上大枝及粗根时，截口应削平并涂防腐剂。

八、定值

（一）定植的方法

①将苗木的土球或根免放入种植穴内，使其居中。②将树干立起扶正，使其保持垂直。③分层回填种植土，填土至一半后，将树根稍向上提一提，使根茎部位置与地表相平，让根群舒展开，每填一层土就要用锄把将土压紧实，直到填满穴坑，并使土面能够盖住树木的根茎部位。④检查扶正后，把余下的穴土绕根茎一周进行培土，做成环形的拦水围堰。其围堰的直径应略大于种植穴的直径，堰土要拍压紧实，不能松散。⑤种植裸根树木时，将原根际埋下 3~5 cm 即可，种植穴底填土呈半圆土堆，置入树木填土至1/3 时，应轻提树干使根系舒展，并充分接触土壤，随填土分层踏实。⑥带土球树木应踏实穴底土层，尔后置入种植穴，填土踏实。⑦绿篱成块种植或群植时，应按由中心向外顺序退植。坡式种植时应由上向下种植。大型块植或不同彩色丛植时，应分区分块。⑧假山或岩缝间种植，应在种植土中掺入苔藓、泥炭等保湿透气材料。⑨落叶乔木在非种植季节种植时，应根据不同情况分别采取以下技术措施：苗木应提前采取疏枝、环状断根或在适宜季节起苗用容器假植等处理；苗木应进行强修剪，剪除部分侧枝，保留的侧枝也应疏剪或短截，并保留原树冠的1/3，同时应加大土球体积；可摘叶的应摘去部分叶片，但不得伤害幼芽；夏季可采取搭棚遮阴、树冠喷雾、树干保湿等措施，保持空气湿润；冬季应防风防寒；干旱地区或干旱季节，种植裸根树木应采取根部喷布生根激素、增加浇水次数等措施。⑩对排水不良的种植穴，可在穴底铺 10~15 cm 沙砾或铺设渗入管、盲沟，以利排水。栽植较大的乔木时，在定植后应加支撑，以防浇水后大风吹倒苗木。

（二）注意事项和要求

①树身上、下应垂直。如果树干有弯曲，其弯向应朝当地风方向。行列式栽植应保持横平竖直，左右相差最多不超过树干一半。②栽植深度：裸根乔木苗，应较原根茎土痕深5~10 cm；灌木应与原土痕齐；带土球苗木比土球顶部深2~3 cm。③行列式植树，应事先栽好"标杆树"。其方法是每隔20株左右，用皮尺量好位置，先栽好一株，然后以这些标杆树为瞄准依据，全面开展栽植工作。④灌水堰筑完后，将捆拢树冠的草绳解开取下，使枝条舒展。

九、栽植后的养护管理

（一）立支柱

为了防止较大苗木被风吹倒，应立支柱支撑；多风地区尤应注意，沿海多台风地区，往往须埋水泥预制柱以固定高大乔木。

1. 单支柱

用固定的木棍或竹竿斜立于下风方向，深埋入土 30 cm 厚。支柱与树干之间用草绳隔开，并将两者捆紧。

2. 双支柱

用两根木棍在树干两侧垂直钉入土中。支柱顶部捆一横档，先用草绳将树干与横挡隔开以防擦伤树皮，然后用绳将树干与横挡捆紧。

行道树立支柱应注意不影响交通，一般不用斜支法，常用双支柱、三脚撑或定型四脚撑。

（二）灌水

树木定植后应在 24 h 内浇上第一遍水，定植后第一次灌水称为头水。水要浇透，使泥土充分吸收水分，灌头水主要目的是通过灌水将土壤缝隙填实，保证树根与土壤紧密结合以便根系发育，故亦称为压水。水灌完后应做一次检查，由于踩不实树身就会倒歪，应注意扶正，树盘被冲坏时要修好。之后应连续灌水，尤其是大苗，在气候干旱时，灌水极为重要，千万不可疏忽。常规做法为定植后应连续灌 3 次水，之后视情况适时灌水。第一次连续 3 天灌水后，要及时封堰（穴），即将灌足水的树盘撒上细面土封住，称为封堰，以免蒸发和土表开裂透风。

（三）扶植封堰

1. 扶直

浇的第一遍水渗入后的次日应检查树苗是否有倒歪现象，若有应及时扶直，并用细土将堰内缝隙填严，将苗木固定好。

2. 中耕

水分渗透后，用小锄或铁耙等工具，将土堰内的土表锄松，称"中耕"。中耕可以切断土壤的毛细管，减少水分蒸发，有利于保墒。植树后浇三次水之间，都应中耕一次。

3. 封堰

浇第三遍水并待水分渗入后，用细土将灌水堰内填平，使封堰土堆稍高于地面。如果土中含有砖石杂质等物应挑拣出来，以免影响下次开堰。华北、西北等地秋季植树，应在树干基部堆成 30 cm 高的土堆，以保持土壤水分，并能保护树根，防止风吹摇动，影响成活。

第三节　大树移植的施工

一、大树移植概念

在园林建设中，为了加速形成景观，在短期内达到绿化设计的效果，往往需要进行大树移栽。大树是指胸径在 10 cm 以上，或树高 4~6 m 以上，或树龄 10~50 年或更长的树木。

（一）大树移栽的目的意义

一是调整绿地树木密度，初植密度大，随着生长调整密度。二是对建设工地原有树木进行保护，原则有二：尽可能保留和必要性移植。三是城市景观建设需要：易形成景观，但不能过分强调大树。大树进城，要适度控制。

（二）大树移植特点

一是成活困难。年龄大，发育深，细胞再生能力下降，根系恢复慢。水平根、垂直根范围小，新根形成缓慢，有效的吸收根处于深层和树冠投影附近，而移植所带土球内吸收根很少，且高度木栓化，故极易造成树木移栽后失水死亡。树体高大，蒸腾作用大，地上部蒸腾面积远远超过根系的吸收面积，树木常因脱水而死亡。土球易破裂。二是移植周期长。做移植前断根处理，需几个月或几年。三是工程量大、费用高。规格大，技术高，机械化程度高。四是限制因子多。

（三）大树移植原则

1. 树种选择原则
移植成活容易的，寿命长的。

2. 树体选择原则
树体规格适中：并非规格越大越好，严禁破坏自然资源。

树体年龄：慢生树 20~30 年生，速生树 10~20 年，中生树 15 年，乔木树种高 4 m、胸径 15~25 cm。

生态适应性原则：就近选择，使移栽的树木能适应新栽植地的环境，提高成活率。

科学配置：突出大树在园林景观中的位置，形成主景、视觉焦点。

科技领先原则：降低水分蒸腾；促进萌生根系；恢复树冠生长。

二、大树移植技术

（一）大树移植前准备

（1）按设计要求的品种、规格及选树标准（正常生长的幼壮龄树木，未感染病虫害，未受机械损伤，树形美观、树冠完整）号树，号树后在树身用红漆做标志，并将树木的品种、规格（高、干、分枝率、冠幅）登记。（2）对该树的土质、周围环境、地下管线、交通路线及障碍物进行详细调查，以确定是否有条件按规格标准掘起土球，是否具备安全运输条件。（3）准备各种工具、材料、运输、安全标志及通行证、挖掘大树的有关审批手续等。

（二）移栽时间选择

选择最佳时期，可以提高成活率。

春季移植：早春为好，树液开始流动，枝叶开始萌芽生长，根系易愈合，再生能力强。

夏季移植：树体蒸腾量大，不利于移植，须处理，例如，加大土球、强度修剪、树体遮阴。

秋季移植：水分和温度适宜，有利于根系的恢复，移植成活率高。

冬季移植：使用较少，不宜于低温、寒冷的地方。南方冬季移植应保温防冻。

（三）大树移植前的处理

1. 断根处理

为了提高大树移栽的成活率，保证所带土球内有足够的吸收根是关键。为此，一般在移植前，对大树进行促根断根待形成大量的吸收根后才移植，在大树移植前 1~3 年，分期切断树体根系，以促进侧、须根生长。（1）以树干为圆心，以胸径的 3~4 倍为半径画圆环挖沟断根。沟宽为 30~50 cm、深 50~80 cm。（2）用 0.1% 浓度的萘乙酸涂抹根的切口，促生新根。（3）拌着肥料的泥土填入夯实，定期浇水。一次性断根对树木损伤较大，若时间充裕，最好分年分段断根。

2. 平衡修剪

在大树移植前须对大树进行修剪，修剪的强度依树种而异。萌芽力强的、树龄大的、枝叶稠密的应多剪，常绿的、萌芽力弱的宜轻剪。根据修剪的程度可分为以下修剪方式：

（1）全株式

全株式原则上保留原有的枝干树冠，只将徒长枝、交叉枝、病虫枝及过密枝剪去，适用于萌芽力弱的树种，如雪松、广玉兰等，栽后树冠恢复快、绿化效果好。

（2）截枝式

只保留树冠的一级分枝，将其上部截去，常应用于香樟、小叶榕等一些生长较快、萌芽力强的树种。

（3）截干式

截干式修剪，只适宜生长快、萌芽力强的树种，将整个树冠截去，只留一定高度的主干，如悬铃木、国槐等。由于截口较大易引起腐烂，应将截口用蜡或沥青封口。

3. 注意事项

树冠用麻绳收冠，以防装卸、运输时碰折枝梢，绳着力点垫软物，以免擦伤树皮。树体高大并有倾斜时，在挖前用竹竿或木棒将树支撑，以防倒伏。

三、大树移植方法

（一）带土球方箱移植法

此法吊装运输比较安全，不易散坨，因而，常用于移植胸径在 20 cm 以上的常绿大树或古树，尤其适于移植沙质土壤中的大树。

1. 掘树和运输

掘树前，先要确定根部所带土台的大小，一般土台的边长是树木胸径的 7~10 倍，高 80~100 cm。土台大小确定以后，以树干为中心，比土台大 10 cm 画一正方形线，并铲去正方形内的表面浮土，然后沿线外缘挖一宽 60~80 cm 的沟，沟深与所确定土台的高度相等。碰到较大的侧根用锯锯断，截口留在土台里。土台上端的尺寸与箱板尺寸一致，土台下端尺寸应比上端略小 5 cm。土台侧面应略突，以便于箱板紧紧卡住土台。

土台修整好之后，先上四周侧板，然后上底板。土台表面比箱板高出 1 m 以便吊起时下沉，最后在土台表面铺一层蒲包，上"井"字形板。木箱上好后，即用吊车吊装，在大型卡车上运往栽植地。装车时，树冠一般向后，树干与支架或车厢接处要垫蒲包片、麻袋等，以防磨伤树皮。

2. 栽植

（1）挖穴

挖前按设计要求定点，并测量标高。栽植穴的宽深要分别比木箱大 50～60 cm，深 20～25 m。挖好穴后在穴底回填些疏松的土壤，然后施入基肥，并把基肥与土壤拌匀，最后在穴底将土堆成方形土台。

（2）吊树入穴

先在树干上捆好汽车轮胎片、麻袋、蒲包片等，然后用两根等长的钢丝绳兜住木箱底下部，将钢丝绳的两头扣在吊钩上，即可将树直接吊入穴中。若树木的土台坚实，可在树木还未全部落地时将木箱中间的底板拆除，若土质松散可不拆除。在木箱吊至栽植穴上方靠近地面时，用脚蹬木箱的上沿，调整树木方向，校正树木位置，使木箱落入穴中的方形土台上。将木箱放稳后，拆除两边底板，抽出钢丝绳，用竹、木将树体支稳。

（3）拆除箱板和回填土

先拆除上板，然后回填土壤。填土至穴深的 1/3 时，再拆除四周的箱板，接着再填土，边填边捣实，直至填满为止。

（4）浇水

沿穴边缘筑堰，浇透定根水。

（二）带土球软材料包装移植法

在移植较小规格的树木及土球较坚实的大树时采用此法。

1. 掘树

（1）确定土球的大小

一般按土球直径为树木胸径的 7～10 倍、高度为土球直径的 2/3（深根性树种可加大）来确定。若选用苗圃假植的大树，则按假植时所带的土球的大小来挖即可。

（2）挖掘

以树干为中心，按比土球直径大 3～5 cm 的尺寸画圆圈。然后沿圈挖沟，沟宽 60～80 cm。挖至应挖深度的 1/2 时，边挖边修整土球。使之上大下小，碰到粗根时用枝剪剪断或用手锯锯断。挖树前用竹竿或木杆支撑树木，防止挖掘过程中树木倒伏，压伤施工人员或行人。

（3）打包

打包的方法有多种：简易式、井字式、五星式、网格式。根据运输距离的远近确定打包的方式。需远距离运输时采用精包装，即用草绳在土球的上中部扎 20 cm 左右的腰箍外，球体表面全部用草绳紧密缠绕满即网格式包。在短距离地，可用半精包装，即球体表面用草绳缠绕，草绳间的距离 3~5 cm，用同样的方法包 2~3 层或用五星式或井字式包扎。

2. 吊装和运输

在吊运中要保护好土球，避免破碎散坨。起吊时绳索的一头拴住土球腰的下部，另一头拴在主干的中部，大部分重量落在土球的一端，在土球与绳索间插入厚木板，以免绳索嵌入土球切断草绳，造成土球破损。树干拴绳处要包裹轮胎片等。

装车时，土球向前，树冠向后。土球两旁垫木板或砖块，使土球稳定不滚动。树干与车厢接触处用软材料垫起，防止擦伤树皮。用绳索将树冠捆起，以免树冠拖地而受损伤。运输途中要尽量避免风吹日晒，并且要慢速行驶。

3. 栽植

先按设计要求定点，在定植点上挖栽植穴。栽植穴要比土球直径大 30~40 cm，比土球高度深 20~30 m。在穴底回填些土壤，施入基肥，并把基肥与土壤混匀，最后把穴土堆成半圆状。

吊树入穴，起吊时，应使树直立，在靠近地面时调整树木的方向，使栽植方向与原方向一致，或将树形好的一面朝向主要观赏方向。然后慢慢将树放入穴内的土堆上，解除包装。用竹、木支稳树木后，边填土边捣实土壤，直至填满为止。

再沿栽植穴边缘筑堰，浇第一次水，水量不要太大，起到压实土壤的作用即可。2~3天后浇第二次水，水量要足。再过一周浇第三次水，待水下渗后即可松土地、封堰。

（三）裸根移植法

大规格的落叶乔木及裸根移植容易成活的常绿树常用此法移植。

1. 重剪

移植前对树冠进行重修剪。主干明显的树种，如银杏、毛白杨等，应将树梢剪去，适当疏枝。对主干弱的和萌芽力、成枝力强的树种，如国槐、法桐、元宝枫等，可将分枝点以上的树冠截去，或按需定干和留主枝。

2. 挖掘

树木带根的幅度一般为其胸径的 8~10 倍，并尽量多带须根。先以树干为中心画圆圈，然后沿圈向外挖沟断根，沟宽 60~80 cm，向下挖至 70 cm 左右仍不见侧根时，应缩小半径向土球中部挖，以便切断主根。粗根用手锯锯断，不可用锹斩断，以防劈裂。主根和全部侧根切断后，将沟的一侧挖深些，轻轻推倒树干。

3. 装运

远距离运输时，装车前要对树木进行保湿包装，即用湿的稻草、苔藓、麻袋、蒲包片等包裹树木的根部及树干。装车时，车厢底板垫湿物，树上盖帆布，以防风吹日晒。运输途中要适当喷水保湿，装卸时要轻抬轻放。

4. 栽植

栽植穴的规格要比根幅大 20~30 cm，加深 10~20 cm。栽前适当修剪树木的伤枝、伤根。回填些熟土，施入基肥，并将穴土堆成半圆状，然后吊树入穴，将根立在土堆上，回填土壤。填土至一半时，抱住树干上提或摇动，接着填土，要边填边捣实，直至填满为止。最后筑堰浇透水。

栽植深度，与原土痕印相平或深 3~5 cm，若栽植点地下水位高、土壤潮湿，则应挖浅穴堆土栽植。所移植的大树若是没提前断根、修剪的树木，最好在栽后浇 50~100 mg/kg 的 ABT 生根粉溶液，或在掘树时用生根粉液涂抹根的截口，以促发新根。栽时对粗枝的截口，要用蜡、沥青、油漆等封口。

第七章
园林绿化养护管理与虫害防治

园林植物在定植后，需要精心管理，才能使其正常地生长发育，并且发挥最佳的绿化和美化功能。本章主要介绍园林植物养护与病虫害防治的一般管理措施，即土壤、水分、养分管理及其在冻害、霜害等逆境下的保护和修补措施等。

第一节　园林绿化养护管理

一、养护管理的意义

园林树木所处的各种环境条件比较复杂，各种树木的生物学特性和生态习性各有不同，因此，为各种园林树木创造优越的生长环境，满足树木生长发育对水、肥、气、热的需求，防治各种自然灾害和病虫害对树木的危害，通过整形修剪和树体保护等措施调节树木生长和发育的关系，并维持良好的树形，使树木更适应所处的环境条件，尽快持久地发挥树木的各种功能效益，将是园林工作一项重要而长期的任务。

园林树木养护管理的意义可归纳为以下五个方面：①科学的土壤管理可提高土壤肥力，改善土壤结构和理化性质，满足树木对养分的需求。②科学的水分管理可以使树木在适宜的水分条件下，进行正常的生长发育。③施肥管理可对树木进行科学的营养调控，满足树木所缺乏的各种营养元素，确保树木生长发育良好同时达到枝繁叶茂的绿化效果。④及时减少和防治各种自然灾害、病虫害及人为因素对园林树木的危害，能促进树木健康生长，使园林树木持久地发挥各种功能效益。⑤整形修剪可调节树木生长和发育的关系并维持良好的树形，使树木更好地发挥各种功能效益。

俗话说"三分种植，七分管理"，这就说明园林植物养护管理工作的重要性。园林植物栽植后的养护管理工作是保证其成活、实现预期绿化美化效果的重要措施。为了使园林植物生长旺盛，保证正常开花结果，必须根据园林植物的生态习性和生命周期的变化规律，因地、因时地进行日常的管理与养护，为不同年龄、不同种类的园林植物创造适宜生长的环境条件。通过土、水、肥等养护与管理措施，可以为园林植物维持较强的生长势、预防早衰、延长绿化美化观赏期奠定基础。因此，做好园林植物的养护管理工作，不但能有效改善园林植物的生长环境，促进其生长发育，也对发挥其各项功能效益，达到绿化美化的预期效果具有重要意义。

园林植物的养护管理严格来说应包括两个方面的内容：① "养护"，即根据各种植物生长发育的需要和某些特定环境条件的要求，及时采取浇水、施肥、中耕除草、修剪、病虫害防治等园艺技术措施。② "管理"，主要指看管维护、绿地保洁等管理工作。

二、园林绿化树木养护标准

根据园林绿地所处位置的重要程度和养护管理水平的高低，将园林绿地的养护管理分成不同等级，由高到低分别为一级养护管理、二级养护管理和三级养护管理等三个等级。

（一）园林绿化一级养护管理质量标准

第一，绿化养护技术措施完善，管理得当，植物配置科学合理，达到黄土不露天。

第二，园林植物生长健壮。新建绿地各种植物两年内达到正常形态。园林树木树冠完整美观，分枝点合适，枝条粗壮，无枯枝死杈；主侧枝分布匀称、数量适宜、修剪科学合理；内膛疏空，通风透光；花灌木开花及时，株形饱满，花后修剪及时合理。绿篱、色块等修剪及时，枝叶茂密整齐，整型树木造型雅观。行道树无缺株，绿地内无死树。

落叶树新梢生长健壮，叶片形态、颜色正常。一般条件下，无黄叶、焦叶、卷叶，正常叶片保存率在 95% 以上。针叶树针叶宿存 3 年以上，结果枝条在 10% 以下。花坛、花带轮廓清晰，整齐美观，色彩艳丽，无残缺，无残花败叶。草坪及地被植物整齐，覆盖率 99% 以上，草坪内无杂草。草坪绿色期：冷季型草不得少于 300 天，暖季型草不得少于 210 天。

病虫害控制及时，园林树木无蛀干害虫的活卵、活虫；园林树木主干、主枝上，平均每 100 cm^2 介壳虫的活虫数不得超过 1 只，较细枝条上平均每 30cm，不得超过 2 只，且平均被害株数不得超过 1%。叶片无虫粪、虫网。虫食叶片每株不得超过 2%。

第三，垂直绿化应根据不同植物的攀缘特点，及时采取相应的牵引、设置网架等技术措施，视攀缘植物生长习性，覆盖率不得低于 90%。开花的攀缘植物应适时开花，且花繁色艳。

第四，绿地整洁，无杂挂物。绿化生产垃圾（如树枝、树叶、草屑等）和绿地内水面杂物，重点地区随产随清，其他地区日产日清，及时巡视保洁。

第五，栏杆、园路、桌椅、路灯、井盖和牌示等园林设施完整、安全，维护及时。

第六，绿地完整，无堆物、堆料、搭棚，树干无钉拴刻画等现象。行道树下距树干2 m 范围内无堆物、堆料、圈栏或搭棚设摊等影响树木生长和养护管理的现象。

（二）园林绿化二级养护质量标准

第一，绿化养护技术措施比较完善，管理基本得当，植物配置合理，基本达到黄土不露天。

第二，园林植物生长正常。新建绿地各种植物 3 年内达到正常形态。园林树木树冠基本完整。主侧枝分布匀称、数量适宜、修剪合理；内膛不乱，通风透光。花灌木开花及时、正常，花后修剪及时；绿篱、色块枝叶正常，整齐一致。行道树无缺株，绿地内无死树。

落叶树新梢生长正常，叶片大小、颜色正常。在一般条件下，黄叶、焦叶、卷叶和带虫粪、虫网的叶片不得超过5%，正常叶片保存率在90%以上。针叶树针叶宿存 2 年以上，结果枝条不超过20%。花坛、花带轮廓清晰，整齐美观，适时开花，无残缺。草坪及地被植物整齐一致，覆盖率95%以上。除缀花草坪外，草坪内杂草率不得超过2%。草坪绿色期：冷季型草不得少于270 天，暖季型草不得少于180 天。

病虫害控制及时，园林树木有蛀干害虫危害的株数不得超过 1%；园林树木的主干、主枝上平均每100 cm^2 介壳虫的活虫数不得超过 2 只，较细枝条上平均每30 cm 不得超过5 只，且平均被害株数不得超过3%。叶片无虫粪，虫咬叶片每株不得超过5%。

第三，垂直绿化应根据不同植物的攀缘特点，采取相应的牵引、设置网架等技术措施，视攀缘植物生长习性，覆盖率不得低于80%，开花的攀缘植物能适时开花。

第四，绿地整洁，无杂挂物，绿化生产垃圾（如树枝、树叶、草屑等）、绿地内水面杂物应日产日清，做到保洁及时。

第五，栏杆、园路、桌椅、路灯、井盖和牌示等园林设施完整、安全，基本做到维护及时。

第六，绿地完整，无堆物、堆料、搭棚，树干无钉拴刻画等现象。行道树下距树干2 m 范围内无堆物、堆料、搭棚设摊、圈栏等影响树木生长和养护管理的现象。

（三）园林绿化三级养护质量标准

第一，绿化养护技术措施基本完善，植物配置基本合理，裸露土地不明显。

第二，园林植物生长正常，新建绿地各种植物 4 年内达到正常形态。园林树木树冠基本正常，修剪及时，无明显枯枝死杈。分枝点合适，枝条粗壮，行道树缺株率不超过 1%，绿地内无死树。落叶树新梢生长基本正常，叶片大小、颜色正常。正常条件下，黄叶、焦叶、卷叶和带虫粪、虫网叶片的株数不得超过 10%，正常叶片保存率在 85% 以上。针叶树针叶宿存 1 年以上，结果枝条不超过 50%。花坛、花带轮廓基本清晰、整齐美观，无残缺。草坪及地被植物整齐一致，覆盖率 90% 以上。除缀花草坪外，草坪内杂草率不得超过 5%。草坪绿色期：冷季型草不得少于 240 天，暖季型草不得少于 160 天。

病虫害控制比较及时，园林树木有蛀干害虫危害的株数不得超过 3%；园林树木主干、主枝上平均每 100 cm² 介壳虫的活虫数不得超过 3 只，较细枝条上平均每 30cm² 不得超过 8 只，且平均被害株数不得超过 5%。虫食叶片每株不得超过 8%。

第三，垂直绿化能根据不同植物的攀缘特点，采取相应的技术措施，视攀缘植物生长习性，覆盖率不得低于 70%。开花的攀缘植物能适时开花。

第四，绿地基本整洁，无明显杂挂物。绿化生产垃圾（如树枝、树叶、草屑等）、绿地内水面杂物能日产日清，能做到保洁及时。

第五，栏杆、园路、桌椅、路灯、井盖和牌示等园林设施基本完整，能进行维护。

第六，绿地基本完整，无明显堆物、堆料、搭棚、树干无钉拴刻画等现象。行道树下距树干 2 m 范围内无明显的堆物、堆料、圈栏或搭棚设摊等影响树木生长和养护管理的现象。

三、园林植物的土壤管理

（一）土壤的概念和形成

土壤是园林植物生长发育的基础，也是其生命活动所需水分和营养的源泉。因此，土壤的类型和条件直接关系园林植物能否正常生长。由于不同的植物对土壤的要求是不同的，栽植前了解栽植地的土壤类型，对于植物种类的选择具有重要的意义。据调查，园林植物生长地的土壤大致有以下十种类型。

1. 荒山荒地

荒山荒地的土壤还未深翻熟化，其肥力低，保水保肥能力差，不适宜直接作为园林植物的栽培土壤，如需荒山造林，则须要选择非常耐贫瘠的园林植物种类，如荆条、酸枣等。

2. 平原沃土

平原沃土适合大部分园林植物的生长，是比较理想的栽培土壤，多见于平原地区城镇的园林绿化区。

3. 酸性红壤

在我国长江以南地区常有红壤土。红壤土呈酸性，土粒细、结构不良。水分过多时，土粒吸水成糊状；干旱时水分容易蒸发散失，土块易变得紧实坚硬，常缺乏氮、磷、钾等元素。许多植物不能适应这种土壤，因此需要改良。例如，增施有机肥、磷肥、石灰，扩大种植面，并将种植面连通，开挖排水沟或在种植面下层设排水层等。

4. 水边低湿地

水边低湿地的土壤一般比较紧实，水分多，但通气不良，而且北方低湿地的土质多带盐碱，对植物的种类要求比较严格，只有耐盐碱的植物能正常生长，如柳树、白蜡树、刺槐等。

5. 沿海地区的土壤

滨海地区如果是沙质土壤，盐分被雨水溶解后就能够迅速排出；如果是黏性土壤，因透水性差，会残留大量盐分。为此，应先设法排洗盐分，如淡水洗盐和增施有机肥等措施，再栽植园林植物。

6. 紧实土壤

城市土壤经长时间的人流践踏和车辆碾压，土壤密度增加，孔隙度降低，导致土壤通透性不良，不利于植物的生长发育。这类土壤需要先进行翻地松土，增添有机质后再栽植植物。

7. 人工土层

建筑的屋顶花园、地下停车场、地下铁道、地下储水槽等上面栽植植物的土壤一般是人工修造的。人工土层这个概念是针对城市建筑过密现象，而提出的解决土地利用问题的一种方法。由于人工土层没有地下毛细管水的供应，而且土壤的厚度受到限制，土壤水分容量小，因此人工土层如果没有及时的雨水或人工浇水，则土壤会很快干燥，不利于植物的生长。又由于土层薄，受外界温度变化的影响比较大，导致土壤温度变化幅度较大，对植物的生长也有较大的影响。由此可见，人工土层的栽植环境不是很理想。由于上述原因，人工土层中土壤微生物的活动也容易受影响，腐殖质的形成速度缓慢，由此可见人工土层的土壤构成选择很重要。为减轻建筑，特别是屋顶花园负荷和节约成本，要选择保水、保肥能力强，质地轻的材料，如混合硅石、珍珠岩、煤灰渣、草炭等。

8. 市政工程施工后的场地

在城市中由于施工将未熟化的新土翻到表层，使土壤肥力降低。机械施工、碾压，则会导致土壤坚硬、通气不良。这种土壤一般需要经过一定的改良才能保证植物的正常生长。

9. 煤灰土或建筑垃圾土

煤灰土或建筑垃圾土是在生活居住区产生的废物，如煤灰、垃圾、瓦砾、动植物残骸等形成的煤灰土，以及建筑施工后留下的灰槽、灰渣、煤屑、砂石、砖瓦块、碎木等建筑垃圾堆积而成的土壤。这种土壤不利于植物根系的生长，一般需要在种植坑中换上比较肥沃的壤土。

10. 工矿污染地

由于矿山、工厂等排出的废物中的有害成分污染土地，致使树木不能正常生长。此时除选择抗污染能力强的树种外，也可以进行换土，不过换土成本太高。

除以上类型外，还有盐碱土、重黏土、沙砾土等土壤类型。在栽植前应充分了解土壤类型，然后根据具体的植物种类和土壤类型，有的放矢地选择植物种类或改良土壤的方法。

（二）园林植物生长过程中的土壤改良

1. 深翻熟化

（1）深翻时间

深翻时间一般以秋末冬初为宜。此时，地上部分生长基本停止或趋于缓慢，同化产物消耗减少，并已经开始回流积累。深翻后正值根部秋季生长高峰，伤口容易愈合，容易发出部分新根，吸收和合成营养物质积累在树体内，有利于树木翌年的生长发育；深翻后经过冬季，有利于土壤风化积雪保墒；深翻后经过大量灌水，土壤下沉，土粒与根系进一步密接，有助于根系生长。早春土壤化冻后也可及早进行深翻，此时地上部分尚处于休眠期，根系活动刚开始，生长较为缓慢，伤根后也较易愈合再生（除某些树种外）。由于春季养护管理工作繁忙，劳动力紧张，往往会影响深翻工作的进度。

（2）深翻深度

深翻深度与地区、土壤种类、植物种类等有关，一般为 60~100 cm。在一定范围内，翻得越深效果越好，适宜深度最好距根系主要分布层稍深、稍远一些，以促进根系向纵深生长，扩大吸收范围，提高根系的抗逆性。黏重土壤深翻应较深，沙质土壤可适当浅耕。地下水位高时深翻宜浅，下层为半风化的岩石时则宜加深以增厚土层。深层为砾石，应翻得深些，拣出砾石并换好土，以免肥、水淋失。地下水位低，土层厚，栽植深根性植物时则宜深翻，反之则浅。下层有黄淤土、白干土、胶泥板或建筑地基等残存物时深翻深度则以打破此层为宜，以利于渗水。

为提高工作效率，深翻常结合施肥、灌溉同时进行。深翻后的土壤，常维持原来的层次不变，就地耕松掺施有机肥后，再将新土放在下部，表土放在表层。有时为了促使新土迅速熟化，也可将较肥沃的表土放置沟底，而将新土覆在表层。

（3）深翻范围

深翻范围视植物配置方式确定。如是片林、林带，由于梢株密度较大可全部深翻；如是孤植树，深翻范围应略大于树冠投影范围。深度由根茎向外由浅至深，以放射状逐渐向外进行，以不损伤 1.5~2 cm 以上粗根为度。为防止一次伤根过多，可将植株周围土壤分成四份，分两次深翻，每次深翻对称的两份。

对于有草坪或有铺装的树盘，可以结合施肥采用打孔的方法松土，打孔范围可适当扩大。而对于一些土层比较坚硬的土壤，因无法深翻，可以采用爆破法松土，以扩大根系的生长吸收范围。由于该法须在公安机关批准后才能应用，且在离建筑物近、有地面铺装或公共活动场所等地不能使用，故该法在园林上应用还比较少。

2. 土壤化学改良

（1）施肥改良

施肥改良以施有机肥为主，有机肥能增加土壤的腐殖质，提高土壤保水保肥能力，改良熟土的结构，增加土壤的孔隙度，调节土壤的酸碱度，从而改善土壤的水、肥、气、热状况。常用的有机肥有厩肥、堆肥、禽肥、鱼肥、饼肥、人粪尿、土杂肥、绿肥及城市中的垃圾等，但这些有机肥均须经过腐熟发酵后才可使用。

（2）调节土壤酸碱度

土壤的酸碱度主要影响土壤养分的转化与有效性、土壤微生物的活动和土壤的理化性质等，因此与园林植物的生长发育密切相关。绝大多数园林植物适宜中性至微酸性的土壤，然而我国许多城市的园林绿地中，南方城市的土壤 pH 值常偏低，北方常偏高。土壤酸碱度的调节是一项十分重要的土壤管理工作。

土壤的酸化处理。土壤酸化是指对偏碱性的土壤进行必要的处理，使其 pH 值有所降低从而适宜酸性园林植物的生长。目前，土壤酸化主要通过施用释酸物质来调节，如施用有机肥料、生理酸性肥料、硫黄等，通过这些物质在土壤中的转化，产生酸性物质，降低土壤的 pH 值。如盆栽园林植物可用 1：50 的硫酸铝钾，或 1：180 的硫酸亚铁水溶液浇灌来降低盆栽土的 pH 值。

土壤碱化处理。土壤碱化是指往偏酸的土壤中施加石灰、草木灰等碱性物质，使土壤pH值有所提高，从而适宜一些碱性园林植物生长。比较常用的是农业石灰，即石灰石粉（碳酸钙粉）。使用时石灰石粉越细越好（生产上一般用300~450目），这样可增加土壤内的离子交换强度，以达到调节土壤pH值的目的。

（3）生物改良

①植物改良

植物改良是指通过有计划地种植地被植物来达到改良土壤的目的。其优点是一方面能增加土壤可吸收养分与有机质含量，改善土壤结构，降低蒸发，控制杂草丛生，减少水、土、肥流失与土湿的日变幅，又利于园林植物根系生长；另一方面，是在增加绿化量的同时避免地表裸露，防止尘土飞扬，丰富园林景观。这类地被植物的一般要求是适应性强，有一定的耐阴、耐践踏能力，根系有一定的固氮力，枯枝落叶易于腐熟分解，覆盖面大，繁殖容易，并有一定的观赏价值。常用的种类有五加、地瓜藤、胡枝子、金银花、常春藤、金丝桃、金丝梅、地锦、络石、扶芳藤、荆条、三叶草、马蹄金、萱草、沿阶草、玉簪、羽扇豆、草木樨、香豌豆等，各地可根据实际情况灵活选用。

②动物与微生物改良

即利用自然土壤中存在的大量昆虫、原生动物、线虫、菌类等改善土壤的团粒结构、通气状况，促进岩石风化和养分释放，加快动植物残体的分解，有助于土壤的形成和营养物质转化。

利用动物改良土壤，一方面，要加强土壤中现有有益动物种类的保护，对土壤施肥、农药使用、土壤与水体污染等要严格控制，为动物创造一个良好的生存环境；另一方面，使用生物肥料，如根瘤菌、固氮菌、磷细菌、钾细菌等，这些生物肥料含有多种微生物，它们生命活动的分泌物与代谢产物，既能直接给园林植物提供某些营养元素、激素类物质、各种酶等，促进树木根系的生长，又能改善土壤的理化性能。

（4）疏松剂改良

使用土壤疏松剂，可以改良土壤结构和生物学活性，调节土壤酸碱度，提高土壤肥力。如国外生产上广泛应用的聚丙烯酰胺，是人工合成的高分子化合物，使用时先把干粉溶于80℃以上的热水，制成2%的母液，再稀释10倍浇灌至5 cm深的土层中，通过其离子链、氢键的吸引使土壤形成团粒结构，从而优化土壤水、肥、气、热的条件，达到改良土壤的目的，其效果可达3年以上。

土壤疏松剂的类型可大致分为有机、无机和高分子三种，其主要功能是膨松土坡，提高置换容量，促进微生物活动；增加孔隙，协调保水与通气性、透水性；使土壤粒子团粒化。目前，我国大量使用的疏松剂以有机类型为主，如泥炭、锯末粉、谷糠、腐叶土、腐殖土、家畜厩肥等，这些材料来源广泛，价格便宜，效果较好，使用时要先发酵腐熟，并与土壤混合均匀。

（5）培土（压土与掺沙）

这种改良的方法在我国南北各地区普遍采用，具有增厚土层、保护根系、增加营养、改良土壤结构等作用。在高温多雨、土壤流失严重的地区或土层薄的地区可以采用培土措施，以促进植物健壮生长。

北方寒冷地区培土一般在晚秋初冬进行，可起保温防冻、积雪保墒的作用。压土掺沙后，土壤经熟化、沉实，有利于园林植物的生长。

培土时应根据土质确定培土基质类型，如土质黏重的应培含沙质较多的疏松肥土甚至河沙；含沙质较多的可培塘泥、河泥等较熟重的肥土和腐殖土。培土量和厚度要适宜，过薄起不到压土作用，过厚对植物生长不利。沙压黏或黏压沙时要薄一些，一般厚度为 5~10 cm，压半风化石块可厚些，但不要超过 15cm。如连续多年压土，土层过厚会抑制根系呼吸，而影响植物生长和发育。有时为了防止接穗生根或对根系的不良影响，可适当扒土露出根茎。

（6）客土栽培

所谓客土栽培，就是将其他地方土质好、比较肥沃的土壤运到本地来，代替当地土壤，然后再进行栽植的土壤改良方式。此法改良效果较好，但成本高，不利于广泛应用。客土应选择土质好、运送方便、成本低、不破坏或不影响基本农田的土壤，有时为了节约成本，可以只对熟土层进行客土栽植，或者采用局部客土的方式，如只在栽植坑内使用客土。客土也可以与施有机肥等土壤改良措施结合应用。

园林植物在遇到以下情况时需要进行客土栽植：①有些植物正常生长需要的土壤有一定酸碱度，而本地土壤又不符合要求，这时要对土壤进行处理和改良。例如，在北方栽植杜鹃、山茶等酸性土植物，应将栽植区全换成酸性土。如果无法实现全换土，至少也要加大种植坑，倒入山泥、草炭土、腐叶土等并混入有机肥料，以符合对酸性土的要求。②栽植地的土壤无法适宜园林植物生长的，如坚土、重黏土、砂砾土及被有毒的工业废物污染的土壤等，或在清除建筑垃圾后仍不适宜栽植的土壤，应增大栽植面，全部或部分换入肥沃的土壤。

四、园林植物的灌排水管理

（一）园林植物科学水分管理的意义

做好水分管理，是园林植物健康生长和正常发挥功能与观赏特性的保障。植株缺乏水分时，轻者会植株萎蔫，叶色暗淡，新芽、幼苗、幼花干尖或早期脱落；重者新梢停止生长，枝叶发黄变枯、落叶，甚至整株干枯死亡。水分过多时会造成植株徒长，引起倒伏，抑制花芽分化，延迟开花期，易出现烂花、落蕾、落果现象，甚至引起烂根。

做好水分管理，能改善园林植物的生长环境。水分不但对园林绿地的土壤和气候环境有良好的调节作用，而且还与园林植物病虫害的发生密切相关。如：在高温季节进行喷灌可降低土温，提高空气湿度，调节气温，避免强光、高温对植物的伤害；干旱时土壤洒水，可以改善土壤微生物生活环境，促进土壤有机质的分解。

做好水分管理，可节约水资源，降低养护成本。我国是缺水国家，水资源十分有限，而目前的绿化用水大多为自来水，与生产、生活用水的矛盾十分突出。因此，制订科学合理的园林植物水分管理方案，实施先进的灌排技术，确保园林植物对水分需求的同时减少水资源的损失浪费，降低养护管理成本，是我国现阶段城市园林管理的客观需要和必然选择。

（二）园林植物的灌水

1. 灌溉水的水源类型

灌溉水质量的好坏直接影响园林植物的生长，雨水、河水、湖水、自来水、井水及泉水等都可作为灌溉水源。这些水中的可溶性物质、悬浮物质以及水温等各有不同，对园林植物生长的影响也不同。如：雨水中含有较多的二氧化碳、氨和硝酸，自来水中含有氯，这些物质不利于植物生长；而井水和泉水的温度较低，直接灌溉会伤害植物根系，最好在蓄水池中经短期增温充气后利用。总之，园林植物灌溉用水不能含有过多的对植物生长有害的有机、无机盐类和有毒元素及其化合物，水温要与气温或地温接近。

2. 灌水的时期

（1）生长期灌水

园林植物的生长期灌水可分为花前灌水、花后灌水和花芽分化期灌水三个时期。

花前灌水。可在萌芽后结合花前追肥进行，具体时间因地、因植物种类异。

花后灌水。多数园林植物在花谢后半个月左右进入新的迅速生长期，此时如果水分不足，新梢生长将会受到抑制，一些观果类植物此时如果缺水则易引起大量落果，影响以后的观赏效果。夏季是植物的生长旺盛期，此期形成大量的干物质，应根据土壤状况及时灌水。

花芽分化期灌水。园林植物一般是在新梢生长缓慢或停止生长时，开始花芽分化，此时也是果实的迅速生长期，都需要较多的水分和养分。若水分供应不足，则会影响果实生长和花芽分化。因此，在新梢停止生长前要及时而适量地灌水，可促进春梢生长而抑制秋梢生长，也有利于花芽分化和果实发育。

（2）休眠期灌水

在冬春严寒干旱、降水量比较少的地区，休眠期灌水非常必要。秋末或冬初的灌水一般称为灌"封冻水"，这次灌水是非常必要的，因为冬季水结冻、放出潜热有利于提高植物的越冬能力和防止早春干旱。对于一些引种或越冬困难的植物以及幼年树木等，灌封冻水更为必要。而早春灌水，不但有利于新梢和叶片的生长，还有利于开花与坐果，同时还可促使园林植物健壮生长，是花繁果茂的关键。

（3）灌水时间的注意事项

在夏季高温时期，灌水最佳时间是在早晚，这样可以避免水温与土温及气温的温差过大，减少对植物根系的刺激，有利于植物根系的生长。冬季则相反，灌水最好于中午前后进行，这样可使水温与地温温差减小，减少对根系的刺激，也有利于地温的恢复。

3. 灌水量

灌水量受植物种类、品种、砧木、土质、气候条件、植株大小、生长状况等因素的影响。一般而言，耐干旱的植物洒水量少些，如松柏类；喜湿润的植物洒水量要多些，如水杉、山茶、水松等；含盐量较多的盐碱地，每次洒水量不宜过多，灌水浸润土壤深度不能与地下水位相接，以防返碱和返盐；保水保肥力差的土壤也不宜大水灌溉，以免造成营养物质流失，使土壤逐渐贫瘠。

在有条件灌溉时，切忌表土打湿而底土仍然干燥，如土壤条件允许，应灌饱灌足。如已成年大乔木，应灌水令其渗透到80~100 cm深处。洒水量一般以达到土壤最大持水量的60%~80%为适宜标准。园林植物的灌水量的确定可以借鉴目前果园灌水量的计算方法，根据土壤的持水量、灌溉前的土壤湿度、土壤容重、要求土壤浸湿的深度，计算出一定面积的灌水量，即：

灌水量=灌溉面积×要求土壤浸湿深度×土壤容重×（田间持水量−灌溉前土壤湿度）

灌溉前的土壤湿度，每次灌水前均须测定，田间持水量、土壤容重、土壤浸湿深度等项，可数年测定一次。为了更符合灌水时的实际情况，用此公式计算出的灌水量，可根据具体的植物种类、生长周期、物候期，以及日照、温度、干旱持续的长短等因素进行或增或减的调整。

4. 灌水方法和灌水顺序

（1）灌水方法

地上灌水。地上灌水包括人工浇灌、机械喷灌和移动式喷灌等。

人工浇灌，虽然费工多、效率低，但在山地等交通不便、水源较远、设施较差等情况下，也是很有效的灌水方式。人工浇灌用于局部灌溉，灌水前应先松土，使水容易渗透，并做好穴（深15~30 cm），灌溉后要及时疏松表土以减少水分蒸发。

机械喷灌，是固定或拆卸式的管道输送和喷灌系统，一般由水源、动力机械、水泵、输水管道及喷头等部分组成，目前已广泛用于园林植物的灌溉。喷灌是一种比较先进的灌水方法，其优点主要有：①基本避免产生深层渗漏和地表径流，一般可节水60%~70%。②减少对土壤结构的破坏，可保持原有土壤的疏松状态，另外对土壤平整度的要求不高，地形复杂的山地亦可采用。③有利于调节小气候，减少低温。④节省劳动力，工作效率高。

但是喷灌也有其不足之处：①有可能加重某些园林植物感染白粉病和其他真菌病害的发生程度。②有风时，尤其风力比较大时喷灌，会造成灌水不均匀，且会增加水分的损失。③喷灌设备价格和管理维护费用较高，会增加前期投资，使其应用范围受到一定限制。

移动式喷灌，一般是由洒水车改建而成，在汽车上安装储水箱、水泵、水管及喷头组成一个完整的喷灌系统，与机械喷灌的效果相似。由于其具有机动灵活的优点，常用于城市街道绿化带的灌水。

地面灌水。这是效率较高的灌水方式，水源有河水、井水、塘水、湖水等，可进行大面积灌溉。

地下灌水。地下灌水是借助埋设在地下的多孔管道系统，使灌溉水从管道的孔眼中渗出，在土壤毛细管作用下，向周围扩散浸润植物根区土壤的灌溉方法。地下灌水具有蒸发量小、节约用水、保持土壤结构和便于耕作等优点，但是要求设备条件较高，在碱性土壤中应注意避免"泛碱"。

（2）灌水顺序

园林植物由于干旱需要灌水时，由于受灌水设备及劳动力条件的限制，要根据园林植物的缺水程度和急切程度，按照轻重缓急合理安排灌水顺序。一般来说，新栽的植物、小苗、观花草本和灌木、阔叶树要优先灌水，长期定植的植物、大树、针叶树可后灌；喜水湿、不耐干旱的先灌，耐旱的后灌。因为新植植物、小苗、观花草本和灌木及喜水湿的植物根系较浅，抗旱能力较差，而阔叶树类蒸发最大，其需水多，所以要优先灌水。

（三）园林植物的排水

1. 需要排水的情况

在园林植物遇到下列情况之一时，需要进行排水：①园林植物生长在低洼地区，当降雨强度大时汇集大量地表径流而又不能及时渗透，形成季节性涝湿地。②土壤结构不良，渗水性差，特别是有坚实不透水层的土壤，水分下渗困难，形成过高的假地下水位。③园林绿地临近江河湖海，地下水位高或雨季易遭淹没，形成周期性的土壤过湿。④平原或山地城市，在洪水季节有可能因排水不畅，形成大量积水。⑤在一些盐碱地区，土壤下层含盐量高，不及时排水洗盐，盐分会随水位的上升而到达表层，造成土壤次生盐渍化，不利植物生长。

2. 排水方法

（1）明沟排水

在园林规划及土建施工时就应统筹安排，明沟排水是在园林绿地的地面纵横开挖浅沟，使绿地内外连通，以便及时排除积水。这是园林绿地常用的排水方法，关键在于做好全园排水系统。操作要点是先开挖主排水沟、支排水沟、小排水沟等，在绿地内组成一个完整的排水系统，然后在地势最低处设置总排水沟。这种排水系统的布局多与道路走向一致，各级排水沟的走向最好相互垂直，但在两沟相交处最好成锐角（45°～60°）相交，以利于排水流畅，防止相交处沟道阻塞。

此排水方法适用于大雨后抢排积水，地势高低不平不易出现地表径流的绿地排水视水情而定，沟底坡度一般以0.2%～0.5%为宜。

（2）暗沟排水

暗沟排水是在地下埋设管道形成地下排水系统，将低洼处的积水引出，使地下水降到园林植物所要求的深度。暗沟排水系统与明沟排水系统基本相同，也有干管、支管和排水管之别。暗沟排水的管道多由塑料管、混凝土管或瓦管做成。建设时，各级管道须按水力学要求的指标组合施工，以确保水流畅通，防止淤塞。

此排水方法的优点是不占地面，节约用地，并可保持地势整齐、便利交通，但造价较高，一般配合明沟排水应用。

（3）滤水层排水

滤水层排水实际就是一种地下排水方法，一般用于栽植在低洼积水地及透水性极差的土地上的植物，或是针对一些极不耐水的植物在栽植之初就采取的排水措施，其做法是在植物生长的土壤下层填埋一定深度的煤渣、碎石等透水材料，形成滤水层，并在周围设置排水孔，遇积水就能及时排除。这种排水方法只能小范围使用，起到局部排水的作用。如屋顶花园、广场或庭院中的种植地或种植箱，以及地下商场、地下停车场等的地上部分的绿化排水等，都可采用这种排水方法。

（4）地面排水

地面排水又称地表径流排水，就是将栽植地面整成一定的坡度（一般在 0.1%～0.3%，不要留下坑洼死角），保证多余的雨水能从绿地顺畅地通过道路、广场等地面集中到排水沟排走，从而避免绿地内植物遭受水淹。这种排水方法既节省费用又不留痕迹，是园林绿地使用最广泛、最经济的一种排水方法。不过这种排水方法需要在场地建设之初，经过设计者精心设计安排，才能达到预期效果。

五、园林植物的养分管理

（一）园林植物的营养诊断

1. 造成园林植物营养贫乏症的原因

（1）土壤营养元素缺乏

这是引起营养贫乏症的主要原因。但某种营养元素缺乏到什么程度会发生营养贫乏症是一个复杂的问题，因为不同植物种类，即使同种的不同品种、不同生长期或不同气候条件都会有不同表现，所以不能一概而论。理论上说，每种植物都有对某种营养元素要求的最低限位。

（2）土壤酸碱度不合适

土壤 pH 值影响营养元素的溶解度，即有效性。有些元素在酸性条件下易溶解，有效性高，如铁、硼、锌、铜等，其有效性随 pH 值降低而迅速增加；另一些元素则相反，当土壤 pH 值升高至偏碱性时，其有效性增加。

（3）营养成分的平衡

植物体内的各营养元素含量保持相对的平衡是保持植物体内正常代谢的基本要求，否则会导致代谢紊乱，出现生理障碍。一种营养元素如果过量存在常会抑制植物对另一种营养元素的吸收与利用。这种现象在营养元素间是普遍存在的，当其作用比较强烈时就会导致植物营养贫乏症的发生。生产中较常见的有磷-锌、磷-铁、钾-镁、氮-钾、氮-硼、铁-锰等。因此，在施肥时需要注意肥料间的选择搭配，避免某种元素过多而影响其他元素的吸收与利用。

（4）土壤理化性质不良

如果园林植物因土壤坚实、底层有隔水层、地下水位太高或盆栽容器太小等原因限制根系的生长，会引发甚至加剧园林植物营养贫乏症的发生。

（5）其他因素

其他能引起营养贫乏症的因素有低温、水分、光照等。低温一方面可减缓土壤养分的转化，另一方面也削弱植物根系对养分的吸收能力，所以低温容易促进营养缺乏症的发生。雨量多少对营养缺乏症的发生也有明显的影响，主要表现为土壤过旱或过湿而影响营养元素的释放、流失及固定等。如干旱促进缺硼、钾及磷症，多雨容易促发缺镁症等。光照也影响营养元素吸收，光照不足对营养元素吸收的影响以磷最严重，因而在多雨少光照而寒冷的大气条件下，植物最易缺磷。

2. 园林植物营养诊断的方法

（1）形态诊断法

植物缺乏某种元素，在形态上会表现某一症状，根据不同的症状可以诊断植物缺少哪一种元素。工作人员采用该方法要有丰富的经验积累，才能准确判断。该诊断法的缺点是滞后性，即只有植物表现出症状才能判断，不能提前发现。以下是常见植物缺素症状表现：

氮。当植物缺氮时，叶子小而少，叶片变黄。缺氮影响光合作用使苗木生长缓慢、发育不良。而氮素过量也会造成苗木疯长，苗本延缓和幼微枝条木质化，易受病虫危害和遭冻害。

磷。植物缺磷时，地上部分表现为侧芽退化，枝梢短，叶片变为古铜色或紫红色。叶的开张角度小，紧夹枝条，生长受到抑制。磷对根系的生长影响明显，缺磷时根系发育不良，短而粗。苗木缺磷症状出现缓慢，一旦出现再补救，则为时已晚。

钾。植物缺钾表现为生长细弱，根系生长缓慢；叶尖、叶缘发黄、枯干。钾对苗木体内氨基酸合成过程有促进作用，因而能促进植物对氮的吸收。

钙。缺钙影响细胞壁的形成，细胞分裂受阻而发育不良，表现为根粗短、弯曲、易枯萎死亡；叶片小，淡绿色，叶尖边缘发黄或焦枯；枝条软弱，严重时嫩梢和幼芽枯死。

镁。镁是叶绿素的重要组成元素，也是多种酶的活化剂。植物缺镁时，叶片会产生缺绿症。

铁。铁参与叶绿素的合成，也是某些酶和蛋白质的成分，还参与植物体内的代谢过程。缺铁时，嫩叶叶脉间的叶肉变为黄色。

锰。锰能促进多种酶的活化，在植物体代谢过程中起重要作用。缺锰常引起新叶叶脉间缺绿，有黄色或灰绿色斑点，严重时呈焦灼状。

锌。锌参与植物体内生长素的形成，对蛋白质的形成起催化作用。缺锌时表现为叶子小、多斑易引起病害。

硼。硼能促进碳水化合物的运输与代谢。缺硼时表现为枯梢、小枝丛生，叶片小，果实畸形或落果严重。

（2）综合诊断法

植物的生长发育状况一方面取决于某一养分的含量，另一方面还与该养分与其他养分之间的平衡程度有关。综合诊断法是按植物产量或生长量的高低分为高产组和低产组，分析各组叶片所含营养物质的种类和数量，计算出各组内养分浓度的比值，然后用高产组所有参数中与低产组有显著差别的参数作为诊断指标，再用与被测植物叶片中养分浓度的比值与标准指标的偏差值评价养分的供求状况。

该方法可对多种元素同时进行诊断，而且从养分平衡的角度进行诊断，符合植物营养的实际，该方法诊断比较准确，但不足之处是需要专业人员的分析、统计和计算，应用受到一定的限制。

（二）园林植物合理施肥的原则

1. 根据园林植物在不同物候期内需肥的特性

一年内园林植物要历经不同的物候期，如根系活动、萌芽、抽梢、长叶、休眠等。在不同物候期园林植物的生长重心是不同的，相应的所需营养元素也不同，园林植物体内营养物质的分配，也是以当时的生长重心为重心的。因此，在每个物候期即将来临之前，及时施入当时生长所需要的营养元素，才能使植物正常生长发育。

在一年的生长周期内，早春和秋末是根系的生长旺盛期，需要吸收一定数量的磷，根系才能发达，伸入深层土壤。随着植物生长旺盛期的到来需肥量逐渐增加，生长旺盛期以前或以后需肥量相对较少，在休眠期甚至不需要施肥。在抽梢展叶的营养生长阶段，对氮元素的需求量大。开花期与结果期，需要吸收大量的磷、钾肥及其他微量元素，植物开花才能鲜艳夺目，果实充分发育。总的来说，根据园林植物物候期差异，具体施肥有萌芽肥、抽梢肥、花前肥、壮花稳果肥及花后肥等。

就园林植物的生命周期而言，一般幼年期，尤其是幼年的针叶类树种生长需要大量的氮肥，到成年阶段对氮元素的需要量减少；对处于开花、结果高峰期的园林植物，要多施些磷钾肥；对古树、大树等树龄较长的要供给更多的微量元素，以增强其对不良环境因素的抵抗力。

园林植物的根系往往先于地上部分开始活动，早春土壤温度较低时，在地上部分萌发之前，根系就已进入生长期，因此早春施肥应在根系开始生长之前进行，才能满足此时的营养物质分配重心，使根系向纵深方向生长。故冬季施有机基肥，对根系来年的生长极为有利；而早春施速效性肥料时，不应过早施用，以免养分在根系吸收利用之前流失。

2. 园林植物种类不同，需肥期各异

园林绿地中栽植的植物种类很多，各种植物对营养元素的种类要求和施用时期各不相同，而观赏特性和园林用途也影响其施肥种类、施肥时间等。一般而言，观叶、赏形类园林植物需要较多的氮肥，而观花、观果类对磷、钾肥的需求量较大。如孤赏树、行道树、庭荫树等高大乔木类，为了使其春季抽梢发叶迅速，增大体量，常在冬季落叶后至春季萌芽前期间施用农家肥、饼肥、堆肥等有机肥料，使其充分熟化分解成宜吸收利用的状态，供春季生长时利用，这对于属于前期生长型的树木，如白皮松、黑松、银杏等特别重要。休眠期施基肥，对于柳树、国槐、刺槐、悬铃木等全期生长型的树木的春季抽枝展叶也有重要作用。

对于早春开花的乔灌木，如玉兰、碧桃、紫荆、榆叶梅、连翘等，休眠期施肥对开花也具有重要的作用。这类植物开花后及时施入以氮为主的肥料可有利于其枝叶形成，为来年开花结果打下基础。在其枝叶生长缓慢的花芽形成期，则施入以磷为主的肥料。总之，以观花为主的园林植物在花前和花后应施肥，以达到最佳的观赏效果。

对于在一年中可多次抽梢、多次开花的园林植物，如珍珠梅、月季等，每次开花后应及时补充营养，才能使其不断抽枝和开花，避免因营养消耗太大而早衰。这类植物一年内应多次施肥，花后施入以氮为主的肥料，既能促生新梢，又能促花芽形成和开花。若只施氮肥容易导致枝叶徒长而梢顶不易开花的情况出现。

3. 根据园林植物吸收养分与外界环境的相互关系

园林植物吸收养分不仅取决于其生物学特性，还受外界环境条件如光、热、气、水、土壤溶液浓度等的影响。

在光照充足、温度适宜、光合作用强时，植物根系吸肥量就多；如果光合作用减弱，由叶输导到根系的合成物质减少了，则植物从土壤中吸收营养元素的速度也会变慢。同样，当土壤通气不良或温度不适宜时，就会影响根系的吸收功能，也会发生类似上述的营养缺乏现象。土壤水分含量与肥效的发挥有着密切的关系。土壤干旱时施肥，由于不能及时稀释导致营养浓度过高，植物不能吸收利用反遭毒害，所以此时施肥有害无利。而在有积水或多雨时施肥，肥分易淋失，会降低肥料利用率。因此，施肥时期应根据当地土壤水分变化规律、降水情况或结合灌水进行合理安排。

另外，园林植物对肥料的吸收利用还受土壤的酸碱反应的影响。当土壤呈酸性反应时，有利于阴离子的吸收（如硝态氮）；当呈碱性反应时，则有利于阳离子的吸收（如铵态氮）。除了对营养吸收有直接影响外，土壤的酸碱反应还能影响某些物质的溶解度，如：在酸性条件下，能提高磷酸钙和磷酸镁的溶解度；而在碱性条件下，则降低铁、硼和铝等化合物的溶解度，从而也间接地影响植物对这些营养物质的吸收。

4. 根据肥料的性质施肥

施用肥料的性质不同，施肥的时期也有所不同。一些容易淋失和挥发的速效性肥或施用后易被土壤固定的肥料，如碳酸氢铵、过磷酸钙等，为了获得最佳施肥效果，适宜在植物需肥期稍前施入；而一些迟效性肥料如堆肥、厩肥、圈肥、饼肥等有机肥料，因须腐烂分解、矿质化后才能被吸收利用，故应提前施用。

同一肥料因施用时期不同会有不同的效果。如氮肥或以含氮为主的肥料，由于能促进细胞分裂和延长，促进枝叶生长，并利于叶绿素的形成，故应在春季植物展叶、抽梢、扩大冠幅之际大量施入；秋季为了使园林植物能按时结束生长，应及早停施氮肥，增施磷钾肥，有利于新生枝条的老化，准备安全越冬。再如磷钾肥，由于有利于园林植物的根系和花果的生长，故在早春根系开始活动至春夏之交，园林植物由营养生长转向生殖生长阶段应多施入，以保证园林植物根系、花果的正常生长和增加开花量，提高观赏效果。同时，磷钾肥还能增强枝干的坚实度，提高植物抗寒、抗病的能力，因此在园林植物生长后期（主要是秋季）应多施以提高园林植物的越冬能力。

（三）园林植物的施肥时期

1. 基肥

基肥是在较长时期内供给园林植物养分的基本肥料，主要是一些迟效性肥料，如堆肥、厩肥、圈肥、鱼肥，以及农作物的秸秆、树枝、落叶等，使其逐渐分解，提供大量元素和微量元素供植物在较长时间内吸收利用。

园林植物早春萌芽、开花和生长，主要是消耗体内储存的养分。如果植物体内储存的养分丰富，可提高开花质量和坐果率，也有利于枝繁叶茂、增加观赏效果。园林植物落叶前是积累有机养分的重要时期，这时根系吸收强度虽小，但是持续时间较长，地上部制造的有机养分主要用于储藏。为了提高园林植物的营养水平，我国北方一些地区，多在秋分前后施入基肥，但时间宜早不宜晚，尤其是对观花、观果及从南方引种的植物更应早施，如施得过迟，会使植物生长停止时间推迟，降低植物的抗寒能力。

秋施基肥正值根系秋季生长高峰期，由施肥造成的伤根容易愈合并可发出新根。如果结合施基肥能再施入部分速效性化肥，可以增加植物体内养分积累，为来年生长和发芽打好物质基础。秋施基肥，由于有机质有充分的时间腐烂分解，可提高矿质化程度，来春可及时供给植物吸收和利用。另外，增施有机肥还可提高土壤孔隙度，使土壤疏松，有利于土壤积雪保墒，防止冬春土壤干旱，并可提高地温，减少根际冻害的发生。

春施基肥，因有机物没有充分时间腐烂分解，肥效发挥较慢，在早春不能及时供给植物根系吸收，而到生长后期肥效才发挥作用，往往会造成新梢二次生长，对植物生长发育不利。特别是不利于某些观花、观果类植物的花芽分化及果实发育。因此，若非特殊情况（如由于劳动力不足秋季来不及施），最好在秋季施用有机肥。

2. 追肥

追肥又叫补肥，根据植物各生长期的需肥特点及时追肥，以调解植物生长和发育的矛盾。在生产上，追肥的施用时期常分为前期追肥和后期追肥。前期追肥又分为花前追肥、花后追肥和花芽分化期追肥。具体追肥时期与地区、植物种类、品种等因素有关，并要根据各物候期特点进行追肥。对观花、观果植物而言，花后追肥与花芽分化期追肥比较重要，而对于牡丹、珍珠梅等开花较晚的花木，这两次肥可合为一次。由于花前追肥和后期追肥常与基肥施用时期相隔较近，条件不允许时也可以不施，但对于花期较晚的花木类如牡丹等开花前必须保证追肥一次。

（四）肥料的用量

1. 影响施肥量的因素

（1）不同的植物种类施肥量不同

不同的园林植物对养分的需求量是不一样的，如：梧桐、梅花、桃、牡丹等植物喜肥沃土壤，需肥量比较大；而沙棘、刺槐、悬铃木、臭椿、荆条等则耐瘠薄的土壤，需肥量相对较少。开花、结果多的应较开花、结果少的多施肥，长势衰弱的应较生长势过旺或徒长的多施肥。不同的植物种类施用的肥料种类也不同，如以生产果实或油料为主的应增施磷钾肥。一些喜酸性的花木，如杜鹃、山茶、栀子花、八仙花（绣球花）等，应施用酸性肥料，而不能施用石灰、草木灰等碱性肥料。

（2）根据对叶片的营养分析确定施肥量

植物的叶片所含的营养元素量可反映植物体的营养状况，所以近年来，广泛应用叶片营养分析法来确定园林植物的施肥量。用此法不仅能查出肉眼见得到的缺素症状，还能分析出多种营养元素的不足或过剩，以及能分辨两种不同元素引起的相似症状，而且能在病症出现前及早测知。

另外，在施肥前还可以通过土壤分析来确定施肥量，此法更为科学和可靠。但此法易受设备、仪器等条件的限制，以及由于植物种类、生长期不同等因素影响，所以比较适合用于大面积栽培的、植物种类比较集中的园林植物的生产与管理。

　　2. 施肥量的计算

　　关于施肥量的标准有许多不同的观点。在我国一些地方，有以园林树木每厘米胸径0.5kg 的标准作为计算施肥量依据的。但就同一种园林植物而言，化学肥料、追肥、根外施肥的施肥浓度一般应分别较有机肥料、基肥和土壤施肥要低些，而且要求也更严格。一般情况下，化学肥料的施用浓度不宜超过 3%，而叶面施肥多为 0.1%～0.3%，一些微量元素的施肥浓度应更低。

　　随着电子技术的发展，对施肥量的计算也越来越科学与精确。目前，园林植物的施肥量的计算方法常参考果树生产与管理上所用的计算方法。通过下面的公式能精确地计算施肥量，但前提是先要测定出园林植物各器官每年从土壤中吸收各营养元素的肥量，减去土壤中能供给的量，同时还要考虑肥料的损失。

施肥量 = （园林植物吸收肥料元素量−土壤供给量）/肥料利用率

　　此计算方法需要利用计算机和电子仪器等先测出一系列精确数据，然后再计算施肥量，由于设备条件的限制和在生产管理中的实用性与方便性等原因，目前在我国的园林植物管理中还没有得到广泛应用。

（五）　施肥的方法

　　1. 土壤施肥

　　（1）全面施肥

　　分洒施与水施两种。洒施是将肥料均匀地洒在园林植物生长的地面，然后再翻入土中，其优点是方法简单、操作方便、肥效均匀，但不足之处是施肥深度较浅，养分流失严重，用肥量大，并易诱导根系上浮而降低根系抗性。此法若与其他施肥方法交替使用则可取长补短，充分发挥肥料的功效。

　　水施是将肥料随洒水时施入。施入前，一般需要以根基部为圆心，内外 30～50 cm 处作围堰，以免肥水四处流溢。该法供肥及时，肥效分布均匀，既不伤根系又保护耕作层土壤结构，肥料利用率高，节省劳力，是一种很有效的施肥方法。

　　（2）沟状施肥

　　沟状施肥包括环状沟施、放射状沟施和条状沟施，其中环状沟施方法应用较为普遍。环状沟施是指在园林植物冠幅外围稍远处挖环状沟施肥，一般施肥沟宽 30～40 cm、深

30~60 cm。该法具有操作简便、肥料与植物的吸收根接近便于吸收、节约用肥等优点，但缺点是受肥面积小，易伤水平根，多适用于园林中的孤植树。放射状沟施就是从植物主干周围向周边挖一些放射状沟施肥，该法较环状沟施伤根要少，但施肥部位常受限制。条状沟施是在植株行间或株间开沟施肥，多适用于苗圃施肥或呈行列式栽植的园林植物。

（3）穴状施肥

穴状施肥与沟状施肥方法类似，若将沟状施肥中的施肥沟变为施肥穴或坑就成了穴状施肥。栽植植物时栽植坑内施入基肥，实际上就是穴状施肥。目前，穴状施肥已可机械化操作：把配制好的肥料装入特制容器内，依靠空气压缩机通过钢钻直接将肥料送入到土壤中，供植物根系吸收利用。该方法快速省工，对地面破坏小，特别适合有铺装的园林植物的施肥。

（4）爆破施肥

爆破施肥就是利用爆破时产生的冲击力将肥料冲散在爆破产生的土壤缝隙中，扩大根系与肥料的接触面积。这种施肥法适用于土层比较坚硬的土壤，优点是施肥的同时还可以疏松土壤。目前，在果树的栽培中偶有使用，但在城市园林绿化中应用须谨慎，事前须经公安机关批准，且在离建筑物近、有店铺及人流较多的公共场所不应使用。

2. 根外施肥

（1）叶面施肥

叶面施肥是指将按一定浓度配制好的肥料溶液，用喷雾机械直接喷雾到植物的叶面上，通过叶面气孔和角质层的吸收，再转移运输到植物的各个器官。叶面施肥具有简单易行、用肥量小、吸收见效快、可满足植物急需等优点，避免营养元素在土壤中的化学或生物固定。该施肥方式在生产上应用较为广泛，如在早春植物根系恢复吸收功能前、在缺水季节或不使用土壤施肥的地方，均可采用此法。同时，该方法也特别适合用于微量元素的施肥以及对树体高大、根系吸收能力衰竭的古树、大树的施肥；对于解决园林植物的单一营养元素的缺素症，也是一种行之有效的方法。但是需要注意的是，叶面施肥并不能完全代替土壤施肥，二者结合使用效果会更好。

叶面施肥的效果受多种因素的影响，如叶龄、叶面结构、肥料性质、气温、湿度、风速等。一般来说，幼叶较老叶吸收速度快，效率高，叶背较叶面气孔多，利于渗透和吸收，因此，应对叶片进行正反两面喷雾，以促进肥料的吸收。肥料种类不同，被叶片吸收的速度也有差异。据报道，硝态氮、氯化镁喷后 15 s 进入叶内，而硫酸镁需 30 s，氯化镁需 15 min，氯化钾需 30 min，硝酸钾需 1 h，铵态氮需 2 h 才进入叶内。另外，喷施时的天气状况也影响吸收效果。试验表明，叶面施肥最适温度为 18℃~25℃，因而夏季喷施时间最好在上午 10：00 以前和下午 4：00 以后，以免气温高，溶液很快浓缩，影响喷肥效果或导致肥害。此外，在湿度大而无风或微风时喷施效果好，可避免肥液快速蒸发降低肥效或导致肥害。

在实际的生产与管理中，喷施叶面肥的喷液量以叶湿而不滴为宜。叶面施肥液适宜肥料含量为 1%～5%，并尽量喷复合肥，可省时、省工。另外，叶面施肥常与病虫害的防治结合进行，此时配制的药物浓度和肥料浓度比例至关重要。在没有足够把握的情况下，溶液浓度应宁淡勿浓。为保险起见，在大面积喷施前需要做小型试验，确定不引起药害或肥害再大面积喷施。

（2）枝干施肥

枝干施肥就是通过植物枝、茎的韧皮部来吸收肥料营养，它吸肥的机理和效果与叶面施肥基本相似。枝干施肥有枝下涂抹、枝干注射等方法。

涂抹法就是先将植物枝干刻伤，然后在刻伤处加上含有营养元素的固体药棉，供枝干慢慢吸收。

注射法是将肥料溶解在水中制成营养液，然后用专门的注射器注入枝干。目前，已有专用的枝干注射器，但应用较多的是输液方式。此法的好处是避免将肥料施入土壤中的一系列反应的影响和固定、流失，受环境的影响较小，节省肥料，在植物体亟须补充某种元素时用本法效果较好。注射法目前主要用于衰老的古树、大树、珍稀树种、树桩盆景及大树移栽时的营养供给。

另外一种可埋入枝干的长效固体肥料，通过树液湿润药物来缓慢地释放有效成分，供植物吸收利用，有效期可保持 3～5 年，主要用于行道树的缺锌、缺铁、缺锰等营养缺素症的治疗。

园林树木的养护管理还包括园林树木的光照管理、树体管理、园林树木整形修剪、自然灾害和病虫害及其防治措施、看管围护及绿地的清扫保洁等内容，篇幅所限，这里不再一一介绍。

第二节　园林植物的修剪与整形

一、园林植物整形修剪的目的

（一）有利于提高经济效益

园林植物修剪成一定的形态，控制其植物体的大小，以发挥其观赏价值和经济效益。

园林植物在园林中的栽培是和园林中其他设施相配合的，有一定的形态要求，在一定的空间范围内，不能任其自然生长，必须符合园林的整体规划设计。如：木本植物中的行道树和绿篱差别就很大，片林和庭荫树也大不相同；花坛施工对观赏植物的形态、植株大小、花期更有严格的要求，这些都需要通过整形修剪来解决。

（二）有利于温度和湿度的调节

调整成片栽培的园林植物个体和群体的关系，形成良好的结构，提高有效叶面积，改善光照条件，提高光能利用率，还有利于通风，调节温度和湿度，创造良好的小气候，更有效地利用空间，充分发挥园林植物在园林的多功能作用。

（三）对植物个体来讲，可以调节各部分均衡关系

主要可概括为以下四个方面。

1. 调节地上部分与地下部分的关系

园林植物特别是木本植物，地上部分的枝叶和地下部分的根系为互相制约、互相依赖的关系，两者保持着相对的动态关系，修剪可以有目的地调整两者关系，建立新的平衡。如树木在移植时，要根据根部损伤的程度，适当修剪地上部分，以减少对吸收水分的需求。在正常年份，新移栽的植物（去冬或今春）大多是先生新根，再萌芽、展叶，但如果当年早春气温回升很快，就会出现土温大大低于气温的反常现象，于是萌芽、展叶和抽生新枝的速度快于根的生长速度。这时，根系吸收的水分满足不了枝叶生长的需要，就会造成移栽植物凋萎死亡，为了防止这种现象，就要抹去部分过早萌发的嫩梢，这种做法称为"补偿修剪"。

2. 调节营养器官与生殖器官的平衡

在观花观果的园林植物中，生长与开花、结果的矛盾始终存在，特别是木本植物，处理不当不仅影响当年，而且影响来年乃至影响以后几年两者的均衡生长。通过合理的整形修剪，首先，保证有足够数量的优质营养器官，这是植物生长发育的基础；其次，使其产生一定数量花果，并与营养器官相适应；最后，使一部分枝梢生长，一部分枝梢开花结果，每年交替，使两者的均衡生长。

3. 调节同类器官间的平衡

一株植物上的同类器官也存在着竞争与矛盾，要通过修剪进行调节，以利于生长与结果。有的要抑强扶弱，使全株平衡，有的要留优去劣，集中营养供应，提高其质量。对于枝梢来讲，既要保证一定数量，又要调节搭配长、中、短各类枝梢的比例和部位。对于开

花结果枝来讲，更要保持整株植物的上下、内外、均衡分布。

4. 调节树势、促进老树复壮更新

对生长旺盛、花芽较少的树木，修剪虽然可以促进局部生长，但由于剪去了一部分枝叶，减少了同化作用，一般会抑制整株树木，使全树总生长量减少。但对于花芽多的成年树，由于修剪时剪去了部分花芽、有更新复壮的效果，反而比不修剪可以增加总生长量，促使全树生长。

对衰老树木进行强修剪，剪去或短截全部侧枝，可刺激隐芽长出新枝，选留其中一些有培养前途的代替原有骨干枝，进而形成新的树冠。通过修剪使老树更新复壮，一般比栽植的新苗生长速度快，因为它有发达的根系，为更新后的树体提供充足的水分养分。例如，对许多大花型的月季，在冬季落叶后，仅保留基部主枝和重剪侧枝，对树冠进行年年更新，反而比老枝生长旺盛，其花多花大，色泽鲜艳。其他如八仙花属、连翘属、丁香属、迎春属、忍冬属中的许多花木，都可以通过重剪形成新的植株，从而使其寿命大大延长。

二、园林植物修剪的作用

这里以木本植物为例，草本植物的特点结合整形修剪方法加以阐明。

（一）局部有促进作用

枝条被剪去一部分后，可使被剪枝条的生长势增强。这是由于修剪后减少了枝芽的数量，使养分集中供应留下的枝芽生长。同时，修剪改善了树冠的光照与通风条件，提高了光合作用效能，使局部枝芽的营养水平有所提高，从而加强了局部的生长势。短截一般剪口下第一个芽最旺，第二、三个芽长势递减，疏剪只对剪口下的枝条有增强长势的作用。

（二）对整株有抑制作用

由于修剪减少了部分枝条，树冠相对缩小，叶量、叶面积减少，光合作用产生的碳水化合物总量减少。所以，修剪使树体总的营养水平下降，总生长量减少，这种抑制作用在修剪的第一年最为明显。

削弱根系的生长：由于地上部修剪后，树体生长受到抑制，合成的光合产物减少，根部合成的有机物质相对减少，根系生长也受到影响，根系与地上部存在着相关性，反过来又影响地上部的生长。所以，幼树移栽后，采用轻剪的方式，其成活率高，根系恢复快，生长良好。

（三） 对开花结果的影响

修剪后，叶的总面积和光合产物减少，同时也减少了生长总面积和光合产物，但由于减少了生长点和树内营养物质的消耗，相对提高了保留下来的枝芽中的营养水平，使被剪枝条生长势加强，新叶面积、叶绿素含量增加，叶片质量提高。在树冠光照条件改善的情况下，光合效能加强，营养物质的积累增加，有利于花芽的形成和提高花芽的质量，促进开花结果。但如果旺树重剪，促使生长过旺，消耗大，积累少，营养物质不足，反而会影响花芽的形成。因此，必须在综合管理的基础上，通过合理的修剪调节生长与生殖的关系。

（四） 对树体内营养物质含量的影响

修剪后对所留枝条及抽生的新梢中的含氮量和含水量增加，碳水化合物减少。但从整株植物的枝条看，氮、磷、钾等营养元素的含量，因其根受到抑制，吸收能力削弱而减少。修剪越重，削弱作用越大。所以，冬季修剪一般都在落叶后，这时养分回流根系和树干贮藏，可减少损失。夏季对新梢进行摘心，可促使新梢内碳水化合物和含氮量的增加，促使新梢生长充实。修剪后对树体内的激素分布、活性也有改变。激素产生在植物顶端幼嫩组织中，短剪剪去了枝条顶端，排除了激素对侧芽的抑制作用，提高了枝条下部芽的萌芽力和成枝力。

三、园林树木的整形方式

（一） 自然式整形

按照树木本身的生长发育习性，对树冠的形状略加修整和促进而形成的自然树形。在修剪中只疏除、回缩或短截破坏树形、有损树体和行人安全的过密枝、过长枝、病虫枯死枝等。

（二） 人工式整形

这是一种装饰性修剪方式，按照人们的艺术要求完成各种几何或动物体形，一般用于树叶繁茂、枝条柔软、萌芽力强、耐修剪的树种。有时除采用修剪技术外，还要借助棕绳、铅丝等，先做成轮廓样式，再整修成形。

（三）混合式整形

以树木原有的自然形态为基础，略加人工改造而成，多用于观花、观果、果树生产及藤木类的整形方式。主要有：中央领导干形、杯状形、自形开心形、多领导干形、篱架形。

其他有用于灌木的丛生形，用于小乔木的头状形，以及自然铺地的匍匐式等。

四、园林树木的修剪方法

（一）疏枝

又称疏剪或疏删，即从枝条基部剪去，也包括二年生及多年生枝。一般用于疏除病虫枝、枯枝、过密枝、徒长枝等，可使树冠枝条分布均匀，加大空间，改善通风透光条件，有利于树冠内部枝条的生长发育，有利于花芽的形成。特别是疏除强枝、大枝和多年生枝，常会削弱伤口以上枝条的生长势，而伤口以下的枝条有增强生长势的作用。生长过旺的骨干枝，可以多疏枝，以相对削弱其生长势，达到平衡树势的目的。疏剪枝条，减少了叶面积，对植株总的生长有削弱作用，疏枝越多，削弱作用越明显。而仅疏除病、虫、弱枝，对树体有利而无害。

（二）短截（短剪）

把一年生枝条剪去一部分称短截。根据剪去部分多少，分为轻剪、中剪、重剪、极重剪。

1. 轻剪

剪去枝条的顶梢，也可剪去顶大芽，以刺激下部多数半饱芽萌芽的能力，促进产生更多的中短枝，也易形成更多的花芽。此法多用于花、果树上强壮枝的修剪。

2. 中剪

剪到枝条中部或中上部（1/2 或 1/3）饱满芽的上方。因为，剪去一段枝条，相对增加了养分，也使顶端优势转到这些芽上，以刺激发枝。

3. 重短剪

剪至枝条下部 3/4 至 2/3 的半饱满芽处，刺激作用大，由于剪口下的芽多为弱芽，此处生长出 1~2 个旺盛的营养枝外，下部可形成短枝。适用于弱树、老树、老弱枝的更新。

4. 极重剪

在枝条基部轮痕处，或留 2~3 个芽，基本将枝条全部剪除。由于剪口处的芽质量差，只能长出 1~2 个中短枝。重剪，对剪口芽的刺激越大，由它萌发出来的枝条也就越壮；轻剪，对剪口芽的刺激越小，由它萌发出来的枝条也就越弱。所以，对强枝要轻剪，对弱枝要重剪，调整一、二年生枝条的长势。

（三）回缩

又称缩剪。是指在多年生枝上，留一个侧枝，而将上面截除。修剪量大，刺激较重，有更新复壮作用。多用于枝组或骨干枝更新，以及控制树冠、辅养枝等。对大枝也可以分两年进行。如缩剪时剪口留强枝、直立枝、伤口较小、缩剪适度，可促进生长；反之则抑制生长。

（四）摘心与剪梢

在生长期摘去枝条顶端的生长点称摘心，而剪梢是指剪截已木质化的新梢。摘心、剪梢可促生二次枝，加速扩大树冠，也有调节生长势，促进花芽分化的作用。

（五）扭梢、折梢、曲枝、拧枝、拉枝、别枝、圈枝、屈枝、压垂、拿枝等

这些方法都是改变枝向和损伤枝条的木质部、皮层，从而缓和生长势，有利于形成花芽、提高坐果率；在幼树整形中，可以作为辅助手段。

（六）刻伤与环剥

刻伤分为纵向和横向两种。一般用刀纵向或横向切割枝条皮层，深达木质部，都是局部调节生长势的方法，可广泛应用于园林树木的整形修剪中。

环剥是剥去树枝或树干上的一圈或部分皮层。目的也是为了调节生长势。

（七）留桩修剪

是在进行疏删回缩时，在正常位置以上留一段残桩的修剪方法，其保留长度以其能继续生存但又不会加粗为度，待母枝长粗后再截去，这种方法可减小伤口对伤口下枝条生长的削弱影响。在疏删或回缩较大枝干时常采用。

（八）平茬

又称截干。从地面附近截去地上枝干利用原有发达的根系刺激根茎附近萌芽更新的方

法。多用于培养优良的主干和灌木的修剪中。

（九）剪口保护

疏删、回缩大枝时，伤口面积大，表面粗糙，常因雨淋、病菌浸入而腐烂。因此，伤口要用利刃削平整，用2%硫酸铜溶液消毒，最后涂保护剂，起防腐和促进伤口愈合的作用。常用保护剂除接蜡外，还有豆油铜素剂（豆油、硫酸铜、熟石灰各1 kg，先将硫酸铜、熟石灰研成粉末，再将豆油倒入锅内煮沸，把硫酸铜和熟石灰倒入锅内搅拌均匀后冷却）、调和漆及黏土浆等。

第三节　园林植物病虫害防治

一、园林植物病害防治

（一）园林植物发生病害的原因及其危害

1. 植物病害的原因

园林植物发生病害的原因有三个方面：病原、感病植物和环境条件。这是园林植物病害发生发展的三个基本因素，它们之间存在着比较复杂的关系。

（1）病原

引起园林植物发病的病原有两大类：一类是生物性病原，另一类是非生物性病原。生物性病原主要包括真菌、细菌、病毒、线虫等，其引起的病害称为侵染性病害，可以相互传染。非生物性病原主要包括营养不适合、土壤水分失调、温度过高或过低、日照不足或过强、毒气侵染、农药化肥使用不当等。由非生物性病原引起的病害，称为非侵染性病害或称生理病害。

（2）感病植物

当病原侵染植物时，植物本身要对病原进行积极抵抗。病原的存在不能导致植物一定生病，这与植物的抗病强弱能力及对植物的管理和养护有关。因此，选育抗病品种和加强栽培管理，是防治园林植物病害，尤其是侵染性病害的重要途径之一。

（3）环境条件

当病原和寄主植物同时存在的情况下，病害的发生与环境条件的关系十分密切。对侵染性病害而言，环境条件可以从两个方面影响发病率：一是直接影响病原菌，促进或抑制病原菌的生长发育；二是影响寄主的生活状态，增强寄主植物的抗病性或感病性。

2. 植物病害的危害

植物发生病害，影响了植物的正常生长发育，对植物无疑是有害的。植物根系是支持植物和吸收水分、营养的部分，根部生病后有些引起死苗或幼苗生长衰弱，如：小麦根腐病、稻烂秧病等；有些根部肿大形成瘤状物，影响根的吸收能力；有些引起运输贮藏器官的腐烂等。叶片是光合作用和呼吸作用的部分，叶部生病，造成褪绿、黄化、变红、花叶、枯斑、皱缩等，均影响光合作用。茎部有输导水分、矿质元素和有机物的作用，茎部受害后导致萎蔫或致死、腐烂等，影响水分、养分的运输。植物病害对花和果实的危害可以直接影响植株繁育下一代。

植物病害严重威胁农业生产。病害发生严重时，可以造成农作物严重减产和农产品品质变劣，影响国民经济和人民生活。带有危险性病害的农产品不能出口，影响外贸，少数带病的农产品，人畜食用后会引起中毒。

此外，为防治病害还需要制造农药，这无疑增加了成本投入，增加了环境污染和公害等。因此，防治植物病害对减少国民经济损失，提高人民生活水平都具有重要的意义。

（二）园林植物病害防治原理

植物病害的防治是以作物为中心，基于病害发生流行规律，科学运用各种措施，创造一个有利于寄主生长发育，不利于病原菌繁殖扩展的生态条件，有效预防和控制病害的发生发展，将病害所造成的损失控制在经济水平允许之下，确保农作物安全生产和农产品质量符合无公害要求。

植物病害防治采取的各项措施主要是针对病原物、寄主和环境条件，强调协调、合理使用各种措施，使之有效阻止或切断病害侵染源。不同防病措施的作用方式和原理不尽相同，但目的一致，均是以消除或降低病害初侵染源，控制病原菌侵染与扩展蔓延，促进植物健壮生长，增强其抗病性，将病害的发生危害降低至最低限度为目标。

防治病害的措施很多，按照其作用原理，通常区分为回避、杜绝铲除、保护抵抗和治疗六个方面。每个防治原理下又发展出许多防治方法和防治技术，分属于植物检疫、农业防治、抗病性利用、生物防治、物理防治和化学防治等不同领域。从主要流行学效应来看，各种病害防治途径和方法不外乎通过减少初始菌量，降低流行速度或者同时作用于两者来控制病害的发生与流行。

（三）园林植物主要病害防治

1. 叶部病害

（1）白粉病类

白粉病是一种在世界范围内广泛发生的植物病害。月季白粉病是白粉病中比较典型的一种，病原为单丝壳属的一种真菌。

①症状

月季白粉病是蔷薇、月季、玫瑰上发生的比较普遍的病害。其主要发生在叶片上，叶柄、嫩梢及其花蕾等部位均可受害。初期发病，叶片上产生褪绿斑点，并逐渐扩大，以后在叶片上下两面布满白粉。嫩叶染病后，叶片皱缩反卷、变厚，逐渐干枯死亡。嫩梢和叶柄发病时，病斑略肿大，节间缩短。花蕾染病时，其上布满白粉层，致使花朵小，萎缩干枯，病轻的花蕾使花畸形，严重导致不开花。

②发病规律

病原菌以菌丝体在病组织中越冬，翌年以子囊孢子或分生孢子作初次侵染，温暖潮湿季节发病迅速，5—6月、9—10月是发病盛期。

③防治方法

结合修剪，剪去病枝、病芽和病叶，减少侵染源。休眠期喷洒波美2%～3%的石硫合剂，消灭越冬菌丝或病部闭囊壳。

适当密植，通风透光，多施磷、钾肥等，氮肥要适量，增强植株抗病能力。

发病前，喷洒石硫合剂预防侵染；发病期用50%多菌灵可湿性粉剂1500～2000倍液喷施。生物农药BO-10、抗霉菌素120对白粉病也有良好防效。

（2）炭疽病类

炭疽病是黑盘孢目真菌所致病害总称，是最常见的一类植物病害。兰花炭疽病是兰花发生普遍又严重的一种病害，我国兰花栽植区均有发生。该病除为害中国兰花外，还为害虎头兰花、宽叶兰、广东万年青、米兰、扶桑、茉莉花、夹竹桃等多种植物。其分布在台湾、四川、浙江、江苏、福建、上海、广东、云南、安徽等地区。兰花炭疽病的病原为刺盘孢属的两种真菌和盘长孢菌属的一种真菌。

①症状

该病主要为害植株的叶片，有时也侵染植株的茎和果实。发病初期，感病叶片中部产生圆形或椭圆形斑；发生于叶缘时，产生半圆形斑；发生于尖端时，部分叶段枯死；发生于基部时，许多病斑连成一片，也会造成整叶枯死。病斑初为红褐色，后变为黑褐色，下陷。发病后期，病斑上可见轮生小黑点，为病原菌的分生孢子盘。新叶、老叶在发病时间上有异。上半年一般为老叶发病时间，下半年为新叶发病时间。

②发病规律

病原菌主要以菌丝体在病叶、病残体和枯萎的叶基苞片上越冬。第二年春季，在适宜的气候条件下，病原菌产生分生孢子。分生孢子借风雨和昆虫传播，进行侵染为害。老叶一般从 4 月初开始发病，新叶则从 8 月开始发病。高温多雨季节发病重。通风不良病害加重。兰花品种不同，抗病性也有差异。

③防治方法

结合冬剪，及时剪去枯枝败叶，集中烧毁，减少侵染源。

加强栽培管理，盆花放在通风处，露地放置兰花，要有防雨棚，并不要过密。

发病前，喷施 1∶1∶100 波尔多液，或 65%代森锌可湿性粉剂 800～1000 倍液。发病时，喷施 50%克菌丹可湿性粉剂 500～600 倍液，或 50%多菌灵可湿性粉剂 500～800 倍液，或 75%甲基托布津可湿性粉剂 800～1000 倍液，每隔 10～15d 喷 1 次，连续喷 2～3 次。

（3）灰霉病类

灰霉病是一类重要的植物病害。自然界大量存在着这类病原物，有许多种类的寄主，范围十分广泛，但寄生能力较弱，只有寄主在生长不良或受到其他病虫为害、冻伤、创伤或多汁的植物体在中断营养供应的贮运阶段，才会引起植物体各个部位发生水渍状褐斑，并导致腐烂。仙客来灰霉病是一种常见病，尤以温室栽培发病重。该病主要为害植株叶、叶柄及花，引起腐烂。仙客来灰霉病的病原为灰葡萄孢的一种真菌。

①症状

发病初期，感病叶片上叶缘出现暗绿色水渍状斑纹，以后逐渐蔓延到整个叶片，最后全叶变为褐色并干枯，叶柄和花梗受害后产生水渍状腐烂。发病后，在湿度大的条件下，发病部位密生灰色霉层，为病原菌的分生孢子梗和分生孢子。病害发生严重时，叶片枯死，花器腐烂，霉层密布。

②发病规律

病原菌以菌核在土壤中或以菌丝体在植株病残体上越冬。第二年春季条件适宜时，产生分生孢子。分生孢子借气流传播进行侵染为害。高湿有利于发病，反之病害发展缓慢，且灰霉少。

③防治方法

减少侵染来源，拔除病株，集中销毁。加强栽培管理，控制湿度，注意通风。

发病初期，喷施 1∶1∶200 波尔多液，或 65%代森锌可湿性粉剂 500～800 倍液，每隔

10~15 d 喷 1 次，连续喷 2~3 次。

（4）叶斑病类

叶斑病是一种广义性的病害类型，主要指叶片上发生的病害，很少数发生在其他部位。杜鹃叶斑病又名脚斑病，是杜鹃花上常见的重要病害之一。该病在我国分布很广，江苏、上海、浙江、江西、广东，湖南、湖北、北京等地均有发生。杜鹃叶斑病的病原为尾孢菌属的一种真菌。

①症状

病斑圆形至多角形，红褐色或褐色，后中央颜色变浅，边缘深褐色或紫褐色，病斑上灰黑色霉点。病叶易变黄，脱落。

②发病规律

以菌丝体和分生孢子在病残体或土中越冬。翌年春季，环境适宜时，经由风雨传播，自植株伤口侵入。病害适温为 20℃ ~30℃。每年 5—11 月发病。一般在种植过密、多雨潮湿和粗放管理情况下发病严重。

③防治方法

结合修剪，剪去病枝、病芽和病叶，集中销毁，减少侵染源。

加强管理，多施磷、钾肥等，增强植株抗病能力；盆花摆放密度适当，以便通风透光。夏季盆花放在室外加荫棚。

开花后立即喷洒 50% 多菌灵可湿性粉剂 600 ~ 800 倍液，或 20% 锈粉锌可湿性粉剂 4 000 倍液，或 65% 代森锌可湿性粉剂 600 ~ 800 倍液，每 10 ~ 15 d 喷 1 次，连续喷洒 5~6 次。

（5）病毒病及支原体病害

①仙客来病毒病

仙客来病毒是世界性病害，在我国十分普遍，仙客来的栽培品种几乎无一幸免，严重降低其观赏价值。仙客来病毒的病原为黄瓜花叶病毒。

症状：该病主要为害仙客来叶片，也侵染花冠等部位。从苗期至开花均可发病。感病植株叶片皱缩、反卷、变厚、质地脆，叶片黄化，有疱状斑，叶脉突起成棱。叶柄短，呈丛生状。纯一色的花瓣上有褪色条纹，花畸形，花少、花小，有时抽不出花梗。植株矮化，球茎退化变小。

发病规律：病毒在病球茎，种子内越冬，成为翌年的初侵染源。该病毒主要通过汁液、棉蚜、叶螨及种子传播。苗期发病后，随着仙客来的生长发育，病情指数随之增加。

防治方法：第一，将种子用 70℃ 的高温进行干热处理脱毒。第二，栽植土壤用 50% 福美砷等药物处理；采取无土栽培，减少发病率。第三，用 70% 甲基托布津可湿性粉剂

1000 倍液+40%氧化乐果乳油 1500 倍液+40%三氯杀螨醇乳油 1000 倍液防治传毒昆虫。其四，通过组织培养，培养出无毒苗。

②香豌豆病毒病

香豌豆病毒病是一种常见病害。该病分布广，发生普遍，严重影响切花的质量。香豌豆病毒的病原为菜豆黄花叶病毒。

症状：植株感病后，叶片表现为系统花叶或鲜黄与淡绿色斑驳，叶片皱缩，花为碎色。

发病规律：病毒主要通过汁液和多种蚜虫传播，种子传播不常见。菜豆黄花叶病毒可以为害豌豆、蚕豆、苜蓿、小苍兰等植物。

③夹竹桃丛枝病

夹竹桃丛枝病是夹竹桃的重要病害，发病率达 50%以上，严重影响植株生长，降低观赏价值。夹竹桃丛枝病的病原为一种支原体。

症状：该病使腋芽和不定芽大量萌发，形成许多细弱的丛生小枝。小枝节间缩短，叶片变小，感病小枝又可抽出小枝。新抽小枝基部肿大，淡红色，常簇生成团。小枝冬季枯死，第二年在枯枝旁边又产生更多的小枝。如此反复发生，最后可造成整枝死亡。

发病规律：支原体在病株枝条的韧皮部越冬。植物是全株性带病。夹竹桃支原体是通过无性繁殖传染，亦可能通过叶蝉传染，还可通过苗木运输传播。支原体在叶蝉体内可以繁殖。不同夹竹桃感病差异明显，红花夹竹桃感病较重，白花夹竹桃感病较轻，黄花夹竹桃未见发病。

防治方法：第一，培育苗木时，选择无病株作母树。第二，人工剪去刚发病的植株并销毁。第三，用 50%马拉硫磷 1000 倍液，或 40%乐果 1000 倍液杀灭叶蝉。

2. 枝干病害

枝干病害对园林植物的危害性很大，不论是草木花卉的茎，还是木本花卉的枝条或主干，受病后往往直接引起枝枯或全株枯死，这不仅降低花木的观赏价值、影响景观，对某些名贵花卉和古树名木，还会造成不可挽回的损失。枝干病害的症状类型主要有腐烂、溃疡、枝枯、肿瘤、丛枝、带化、萎蔫、立木腐朽、流胶流脂等。不同症状类型的枝干病害，发展严重时，最终都能导致茎干的枯萎死亡。

（1）溃疡类

杨树溃疡病又称水疱型溃疡病，是我国杨树上分布最广、为害最大的枝干病害，病害几乎遍及我国各杨树栽植区。该病除为害杨树外，还可侵染柳树、刺槐、油桐和苹果、杏、梅、海棠等多种果树。病原的有性世代属子囊菌亚门、腔菌纲、茶藨子葡萄座腔菌；无性世代属半知菌亚门、腔孢纲、群生小穴壳菌。

①症状

感病枝干上形成圆形溃疡病斑，小枝受害往往枯死。水疱型是最具有特征的病斑，即在皮层表面形成大小约 1 cm 的圆形水疱，疱内充满树液，破后有褐色带腥臭味的树液流出。水疱失水干瘪后，形成圆形稍下陷的枯斑，灰褐色。枯斑型是在树皮上出现小的水渍状圆斑，稍隆起，手压有柔软感，干缩后形成微陷的圆斑，黑褐色。发病后期病斑上产生黑色小点，为病原菌的分生孢子器。

②发病规律

病原菌以菌丝体在枝干上的病斑内越冬，条件适宜时产生分生孢子器和分生孢子，成为当年侵染的主要来源。孢子借风、雨传播，由植株的伤口和皮孔侵入。干旱瘠薄的立地条件是发病的重要诱因。起苗时大量伤根及苗木大量失水，是初栽幼树易发病的内在原因。

③防治方法

选用抗病树种。白杨派树种抗病，黑杨派树种中等抗病，青杨派树种多数感病。

加强栽培管理。减少起苗与定植的时间与距离，随起苗随定植，以减少苗木失水量。

药剂防治。发病前，喷施食用碱液 10 倍液，或代森铵液 100 倍液，或 40%福美砷 100 倍液，或 50%退菌特 100 倍液，都有抑制病害的作用。

（2）腐烂类

腐烂病是一种重要病害，发病严重时，植株成片死亡。危害严重时，可造成行道树或防护林大量死亡。以三北地区发生最为严重，主要为害北京杨、毛白杨、合作杨、二青杨、马氏杨、新疆杨及柳、榆等。病原为樟疫霉、掘氏疫霉及寄生疫霉，属鞭毛菌亚门，卵菌纲，霜霉目。

①症状

该病主要为害植株根部。发病初期，病根为浅褐色，以后逐渐变为深褐色，皮层组织水渍状坏死。危害严重时，针叶黄化脱落，甚至整株枯死。扦插苗从剪口开始，沿皮层向上，病组织呈褐色水渍状，输导组织被破坏，感病大树干基以上流脂，病部皮层组织水渍状腐烂，深褐色，老化后变硬开裂。

②发病规律

地下水位较高或积水地段，病株较多，土壤黏重，含水率高或肥力不足，移植伤根，均易发病。流水与带菌土均能传播病害。

③防治方法

加强检疫，不用有病苗木栽植。

加强栽培管理。开沟排水，避免土壤过湿，增施速效肥，促进树木生长，以提高抗病力。1%~2%尿素液浇灌根际有良好作用。

药剂防治。苗木保护可用70%敌克松500倍液，或90%乙磷铝1000倍液或35%瑞毒霉1000倍液，浇灌苗床。

（3）丛枝病类

泡桐丛枝病分布于华北、西北、华东、中南各地。感病幼苗及幼树严重者当年枯死，感病轻的苗木定植后继续发展，最后死亡。大树则影响生长，多年后才死亡。泡桐丛枝病的病原为支原体。

①症状

泡桐丛枝病在枝、叶、干、根、花部均表现病状，常见为丛枝型。隐芽大量萌发，侧枝丛生、纤弱，枝节间缩短，叶序紊乱，形成扫帚状，叶片小而薄、黄化，有时皱缩，花瓣变成叶状，花柄或柱头生出小枝，小枝上腋芽又生小枝，如此往复形成丛枝。

②发病规律

病原在植株体内越冬，可借嫁接传染，也可由病根带毒传染。刺吸式口器昆虫如烟草盲蝽、茶翅蝽是泡桐丛枝病的传毒昆虫。不同品种间发病程度差异很大，一般认为，兰考泡桐、楸叶泡桐发病率较高；白花泡桐、川泡桐较抗病。

③防治方法

培育无病苗木。选择无病母株供采种和采根，推广种子繁殖，或从实生苗根部采根繁殖。

种根浸在50℃温水中15~20 min，取出晾干24 h后，再行栽植。

在病枝上进行环状剥皮，可阻止病原在树体内运行。其方法是在病枝基部或者生病枝的枝条中下部环状剥皮，宽度为环剥部位直径的1/3~1/2（以不愈合为度）。

应用盐酸四环素治疗支原体病害。用1万国际单位/mL盐酸四环素（选用1%稀盐酸溶解四环素粉末，配成1万国际单位）通过髓心注射及根吸方法治疗对丛枝病有疗效。

（4）枯萎病类

紫荆枯萎病的病原为一种镰刀菌，属半知菌亚门、丝孢纲、瘤座孢目、镰刀菌属。紫荆枯萎病除为害紫荆外，还为害菊花、翠菊、石竹、唐菖蒲等花卉，病菌侵害根和茎的维管束，很快造成植株枯黄死亡。

①症状

病菌从根部侵入，沿导管蔓延到植株顶端。地上部先从叶片尖端开始变黄，逐渐枯萎、脱落，并可造成枝条以致整株枯死。一般先从个别枝条发病，然后逐渐发展至整丛枯死。剥开树皮，可见木质部有黄褐色纵条纹，其横断面导管周围可见到黄褐色轮纹状坏死斑。

②发病规律

该病由地下伤口侵入植株根部，破坏植株的维管束组织，沿导管蔓延到植株顶端，造成植株萎蔫，最后枯死。此病由真菌中的镰刀菌侵染所致。病菌可在土壤中或病株残体上越冬，存活时间较长，次年6—7月，病菌借地下害虫及水流传播侵染根部。土壤微酸性，利于发病。发病的适宜温度为28℃左右。主要通过土壤、地下害虫、灌溉水传播。一般6—7月发病较重。

③防治方法

种植前进行土壤消毒。

加强肥水管理，增强植株的抗病力。

发现病株，重者拔除销毁，并用50%多菌灵可湿粉剂200~400倍液消毒土壤；轻者可浇灌50%代森铵溶液200~400倍液，用药量为2~4 kg/m²。

3. 根部病害

园林植物根部病害的种类虽不如叶部、枝部病害的种类多，但所造成的为害常是毁灭性的。染病的幼苗几天内即可枯死，幼树在一个生长季节可造成枯萎，大树延续几年后也可枯死。

根病的症状类型可分为根部及根茎部皮层腐烂，并产生特征性的白色菌丝、菌核和菌索；根部和根茎部出现瘤状突起。病原菌从根部入侵，在维管束定植引起植株枯萎；根部或干基部腐朽并可见有大型子实体等。根部发病，在植物的地上部分也可反映出来，如叶色发黄、放叶迟缓、叶形变小、提早落叶、植株矮化等。

（1）苗木猝倒病和立枯病

苗木猝倒病和立枯病在我国各地均有发生，可以为害100多种植物，其中以针叶树苗最易感病，柏科树木比较抗病。易感病的园林植物有洋槐、槭、海桐、紫荆、枫香、悬铃木、银杏、菊花、康乃馨、仙客来、大丽花等。引起本病的原因，可分为非侵染性和侵染性两类。非侵染性病原包括：圃地积水，造成根系窒息；土壤干旱，表土板结；地表温度过高，根茎灼伤。侵染性病原主要是真菌中的腐霉菌、丝核菌和镰刀菌。

①症状

根据侵害部位不同可分为三种类型：种子或幼芽未出土前即遭受侵染而腐烂，称为种芽腐烂型；幼苗出土后，真叶尚未展开前，遭受病菌侵染，致使幼茎基部发生水渍状暗斑，继而绕茎扩展，逐渐缢缩呈细线状，子叶来不及凋萎幼苗即倒伏地面，称为猝倒型；幼茎木质化后，造成根部或根茎部皮层腐烂，幼苗逐渐枯死，但不倒伏，称为立枯型。

②发病规律

多发生在早春育苗床或育苗盘上。病原以菌丝或菌核在土壤中越冬，土壤是主要侵染来源，幼苗出土 10~20 d 受害最重，经过 20 d 后，苗株茎部开始木质化，病害减轻。病害开始往往仅个别幼苗发病，条件适合时以这些病株为中心，迅速向四周扩展蔓延。

③防治方法

育苗场地的选择。选择地势高、地下水位低、排水良好、水源方便、避风向阳的地方育苗。

土壤消毒。选用多菌灵配成药土垫床和覆种。其具体方法是：用 10% 可湿性粉剂 75 kg/hm²，与细土混合，药与土的比例为 1：200。

根据苗情适时适量放风，避免低温高湿条件出现，不要在阴雨天浇水，要设法消除棚膜滴水现象。

幼苗出土后，可喷洒多菌灵 50% 可湿性粉剂 500~1000 倍液，或喷 1：1：120 倍波尔多液，每隔 10~15 d 喷洒 1 次。

（2）苗木茎腐病

苗木茎腐病在长江中、下游各省均有发生，为害池柏、银杏、杜仲、枫香、金钱松、水杉、柳杉、松、柏、桑、山核桃等园林植物的苗木。病原菌属半知菌亚门，炭疽菌属。在苗木上很少形成孢子，常产生小如针尖的菌核。

①症状

主要为害茎基部或地下主侧根，病部开始为暗褐色，以后绕茎基部扩展一周，使皮层腐烂，地上部叶片变黄、萎蔫，后期整株枯死，果穗倒挂。病部表面常形成黑褐色大小不一的菌核，数量极多，用手拔苗时，皮层脱落，仅拔出木质部分。

②发病规律

盛夏土温过高，苗木茎基部灼伤，造成伤口，为病菌的侵入创造了条件。因此，病害一般在梅雨季节结束后 15 d 左右开始发生，以后发病率逐渐增加，至 9 月逐渐停止发展。病害的严重程度取决于 7—8 月的气温。

③防治方法

秋季清扫园地，将病枝剪下集中烧毁，消除病原。

加强苗木抚育管理，提高抗病能力，苗期施足厩肥或棉籽饼作基肥，可以降低 50% 的发病率；合理施肥，合理密植，降低土壤湿度等措施可以使植株健壮，减少茎腐病。

夏季搭架荫棚。每日上午 10 时至下午 4 时遮阴，发病率减少 85% 左右。苗木行间覆草发病率也可减少 70%。

在时晴时雨、高温高湿的夏天，病害易流行。每周喷施 1 次 0.5%～1%波尔多液，保护苗木，防止病菌侵入。

合理轮作，深翻土地，清除病残和不施用未腐熟的有机肥，可以减少田间菌源，达到一定的防治效果。

（3）苗木紫纹羽病

紫纹羽病分布广泛，长江流域均有发生，危害杨、柳、槐、桑、柏、松、杉、刺槐、栎、槭、苹果、梨等 100 多种植物。苗木紫纹羽病的病原为紫卷担子菌，属担子菌亚门，银耳目，卷担子属。子实体膜质，紫色或紫红色。

①症状

此病主要为害根部，初发生于细支根，逐渐扩展至主根、根茎，主要特点初发病时，根的表皮出现黄褐色不规则的斑块，病处较健根的皮颜色略深，而内部皮层组织已变成褐色，不久，病根表面缠绕紫红色网状物，甚至满布厚绒布状的紫色物，后期表面着生紫红色半球形核状物。

病菌先侵染幼根，渐及粗大的主根、侧根。病根初期形成黄褐色块斑，以后变黑，腐烂，病易使皮层和木质部剥离。病部表面密生红紫色绒状菌丝层。病根上常形成半球形菌核。

②发病规律

菌丝体和菌核残留在病根或土壤中，可以存活多年。春季土壤潮湿时，开始侵入幼根。靠水及土的移动传播，也随病苗的调运扩散。雨季，菌丝可蔓延到地面或主干上 6～7 cm 处。刺槐是紫纹羽病的重要寄主。

③防治方法

选用健康苗木栽植，对可疑苗进行消毒处理：在 1%硫酸铜溶液中浸泡 3 h，或在 20%石灰水中浸泡 0.5 h，处理后用清水冲洗再栽植，生长期间加强管理，肥水要适宜，促进苗木健壮成长。发现病株应及时挖除并烧毁，并用 1∶8 的石灰水或 3%硫酸亚铁消毒树坑。

二、园林植物虫害防治

（一）害虫对园林植物的危害

影响虫害发生的环境条件主要有：温度、湿度、土壤、天敌、食物和人的活动。只要条件合适就会有利于害虫生命活动。害虫对园林植物的危害归纳起来有：咬断根、茎，蚕食树叶，蛀食木材，破坏顶梢，吸食植物营养甚至传播病害。

（二）园林植物的主要害虫防治

1. 叶部害虫

叶部害虫是一类以植物叶片作为主要食物来源的昆虫，主要为鳞翅类，另有膜翅类，鞘翅类和一些软体动物。

（1）叶甲类

叶甲又名金花虫，成虫、幼虫均咬食树叶。成虫有假死性，多以成虫越冬。园林中常见的有榆绿叶甲、榆黄叶甲、榆紫叶甲、玻璃叶甲、皱背叶甲、柳蓝叶甲等。榆绿叶甲又名榆叶甲、榆蓝叶甲、榆蓝金花虫等，属鞘翅目，叶甲科。主要发生在内蒙古、河北、河南、山西、山东、江苏、吉林、黑龙江等地，蒙古、俄罗斯、日本也有发生。主要危害榆树。以成虫、幼虫取食叶片危害，严重时把叶片啃光，致使提早落叶，影响当年木材生长量。

①生活史及习性

一年发生 1~3 代，在江苏、上海一带一年发生 2 代。以成虫在树皮裂缝、屋檐、墙缝、土层中、砖石下，杂草间等处越冬。5 月中旬越冬成虫开始活动，相继交尾、产卵。5 月下旬开始孵化。初龄幼虫剥食叶肉，残留下表皮，被害处呈网眼状，逐渐变为褐色；二龄以后，将叶吃成孔洞。老熟幼虫在 6 月下旬开始下树，在树杈的下面或树洞、裂缝等隐蔽场所，群集化蛹。7 月上旬出现第一代成虫，成虫取食时，一般在叶背剥食叶肉常造成穿孔。7 月中旬成虫开始在叶背产卵，成块状。第二代幼虫 7 月下旬开始孵化，8 月中旬开始下树化蛹，8 月下旬至 10 月上旬为成虫发生期。越冬成虫死亡率高，所以第一代为害不严重。

②防治方法

越冬成虫期，收集枯枝落叶，清除杂草，深翻土地，消灭越冬虫源。

当第一代、第二代老熟幼虫群集化蛹时，人工捕杀。

4 月上旬越冬成虫出土上树前，用毒笔在树干基部涂两个闭合圈，毒杀越冬后上树成虫。喷洒 50%杀螟松乳油或 40%乐果乳油 800 倍液防治成虫。

保护利用天敌，如榆卵啮小蜂、瓢虫等。

灯光诱杀成虫。

（2）袋蛾类

袋蛾又称蓑蛾，属鳞翅目，袋蛾科。除了大袋蛾外，尚有茶袋蛾、小袋蛾、白茧袋蛾等。在园林上为害严重而普遍的是大袋蛾。大袋蛾又名大蓑蛾、避债蛾、皮虫、吊死鬼等，分布于华东、中南、西南等地。大袋蛾系多食性害虫，可以危害茶、山茶、桑，梨、苹果、柑橘、松柏、水杉、悬铃木、榆、枫杨、重阳木、蜡梅、樱花等树木，大发生时可将叶吃光，影响植株生长发育。

①生活史及习性

大袋蛾多数一年1代，少数2代，以老熟幼虫在虫囊中越冬。雄虫5月中旬开始化蛹，雌虫5月下旬开始化蛹，雄成虫和雌成虫分别于5月下旬及6月上旬羽化，并开始交尾产卵于虫囊内，繁殖率高，平均每雌产卵2000~3000粒，最多可达5000余粒。至6月中、下旬孵化，幼虫从虫囊内蜂拥而出，吐丝随风扩散，取食叶肉。随着虫体的长大，虫囊也不断增大，至8月、9月4~5龄幼虫食量大，故此时造成危害最重。幼虫具有较强的耐饥性。在其喜食的二球悬铃木、泡桐等四旁林木及苗圃，栗园、茶园内常危害猖獗。

②防治方法

人工捕捉。秋、冬季树木落叶后，摘除越冬护囊，集中烧毁。

灯光诱杀。5月下旬至6月上旬夜间灯光诱杀雄蛾。

药剂防治。喷洒孢子含量为100亿个/克青虫菌粉剂0.5 kg和90%晶体敌百虫0.2 kg的混合1000倍液；50%敌敌畏乳剂1000或90%晶体敌百虫1000倍液。

保护利用天敌。大袋蛾幼虫和蛹期有各种寄生性和捕食性天敌，如鸟类、寄生蜂、寄生羌虫等，要注意保护和利用。

（3）刺蛾类

刺蛾又名痒辣子、刺毛虫、毛辣虫，鳞翅目刺蛾科，是多食性害虫，我国各地几乎均有发生。受惊扰时会用有毒刺毛蜇人，并引起皮疹。毒液呈酸性，可以用食用碱或者是小苏打稀释后涂抹。园林中常见的刺蛾种类很多，其中为害严重的有褐刺蛾、绿刺蛾、扁刺蛾、黄刺蛾等。

①生活史及习性

北方年生1代，长江下游地区2代，少数3代。越冬代幼虫在4月底5月上旬开始化蛹。5月中下旬开始出现第一代成虫，5月下旬开始产卵，6月上中旬陆续出现第一代幼虫，7月上中旬下树入土结茧化蛹，7月中下旬可见第二代幼虫，一直延续到9月。第三代幼虫发生期为9月上旬至10月。以末代老熟幼虫入土结茧越冬。初龄幼虫有群栖性，成蛾有趋光性。

②防治方法

人工杀茧。冬季结合修剪，清除树枝上的越冬茧，或利用入土结茧习性，组织人力在树干周围挖茧灭虫。

灯光诱杀。羽化盛期，用黑光灯诱集成虫。

化学农药防治。发生严重时，可用 90% 敌百虫 1000 倍液，50% 杀螟松乳油 1000 倍液等。

生物制剂防治。青虫菌对扁刺蛾比较敏感，可以喷孢子含量为 0.5 亿个/mL 的 500~800 倍稀释菌液。

保护天敌。将上海青蜂寄生茧集中放入纱笼里饲养，春季挂放于园林内，逐渐控制刺蛾。

（4）尺蛾类

尺蛾为小型至大型蛾类，属鳞翅目，尺蛾科。幼虫模拟枯枝，裸栖食叶为害。大叶黄杨尺蠖是园林重要害虫之一，又名丝绵木金星尺蠖、卫矛尺蠖、造桥虫，鳞翅目尺蛾科。分布在我国华北、华中、华东、西北等地，为害卫矛科植物中的大叶黄杨和丝绵木及扶芳藤、榆、欧洲卫矛等。

①生活史及习性

一年发生 2~3 代。第一代成虫于 4 月中旬羽化产卵。幼虫于 4 月下旬开始为害，至 5 月下旬陆续化蛹。第二代成虫于 6 月中旬开始羽化，幼虫于 6 月下旬开始为害，直至 8 月上旬进入蛹期。第三代成虫于 8 月中旬开始羽化，幼虫于 8 月下旬孵化为害，9 月下旬化蛹。有些年份发生 4 代，到 11 月下旬至 12 月上旬化蛹越冬。幼虫群集叶片取食，将叶吃光后则啃食嫩枝皮层，导致整株死亡。成虫白天栖息枝叶隐蔽处，夜出活动、交尾、产卵，卵产于叶背，呈双行或块状排列。成虫飞翔能力不强，具较强的趋光性。

②防治方法

于产卵期铲除卵块。冬季翻根部土壤，杀死越冬虫蛹。

成虫飞翔力弱，当第一代成虫羽化时捕杀成虫；利用成虫趋光性，在成虫期进行灯光诱杀。

幼虫发生为害期，喷洒 50% 辛硫磷乳油 1500~2000 倍液，或晶体敌百虫 1000~1500 倍液，敌敌畏 1000~1500 倍液。

2. 枝干害虫

枝干害虫主要包括蛀干、蛀茎、蛀新梢以及蛀蕾、蛀花、蛀果、蛀种子等各种害虫，其中有鞘翅目的天牛类、象甲类、小蠹虫类；鳞翅目的木蠹蛾类、透翅蛾类、蝙蝠蛾类、螟蛾类等。它们对行道树、庭园树以及很多花灌木均会造成较大程度的为害，以致整株、成片死亡。

枝干害虫的为害特点是除成虫期进行补充营养、觅偶、寻找繁殖场所等活动时较易发现外，其余时候均隐蔽在植物体内部为害，等到受害植物表现出凋萎、枯黄等症状时，植物已接近死亡，难以恢复生机。因此，对这类害虫的防治，应采取防患于未然的综合措施。

（1）象甲类

象甲类昆虫统称为象鼻虫，是鞘翅目昆虫中最大的一科，也是昆虫王国中种类最多的一种。象甲类昆虫的主要种类有臭椿沟眶象、北京枝瘦象甲、山杨卷叶象等。臭椿沟眶象属鞘翅目象甲科，分布于天津、北京、西安、沈阳、合肥、山西、兰州、大连、山东等省、市，主要蛀食为害臭椿和千头椿，危害严重的树干上布满了羽化孔。

①生活史及习性

我国北方一年1代，以成虫和幼虫在树干内或土中过冬。翌年4月下旬至5月上中旬越冬幼虫化蛹，6—7月成虫羽化，7月为羽化盛期。幼虫为害4月中下旬开始，4月中旬—5月中旬为越冬代幼虫翌年出蛰后为害期。7月下旬—8月中下旬为当年孵化的幼虫为害盛期。虫态重叠，很不整齐，至10月都有成虫发生。

成虫有假死性，受惊扰即卷缩坠落。成虫交尾多集中在臭椿上，产卵时，先用口器咬破韧皮部，产卵于其中，卵期约8 d。初孵幼虫先取食韧皮部，稍长大后蛀入木质部为害。老熟幼虫先在树干上咬一个圆形羽化孔，然后以蛀屑堵塞侵入孔，以头向下在蛹室内化蛹，蛹期为10~15 d。

②防治方法

加强植物检疫，勿栽植带虫苗木，一旦发现应及时处理，严重的整株拔掉烧毁，同时无论是苗圃还是园林绿化工程都应控制臭椿或千头椿纯林的栽植量，减少虫源和防止虫害蔓延。

幼虫初孵化时，于被害处涂抹50%杀螟松乳剂40~60倍液，或50%辛硫磷800~1000倍液。

利用成虫假死性，于清晨振落捕杀，并于成虫期喷施10%氯氰菊酯5000倍液。

成虫盛发期，在距树干基部30 cm处缠绕塑料布，使其上边呈伞形下垂，塑料布上涂黄油，阻止成虫上树取食和产卵为害。也可于此时向树上喷1000倍50%辛硫磷乳油。

（2）木蠹蛾类

木蠹蛾属鳞翅目木蠹蛾总科，包括木蠹蛾科和豹蠹蛾科，为中至大型蛾类。蠹蛾都以幼虫蛀害树干和树梢。为害园林植物的木蠹蛾，主要种类有相思木蠹蛾、六星黑点木蠹蛾、咖啡木蠹蛾、芳香木蠹蛾、柳干木蠹蛾等。柳干木蠹蛾又名柳乌蠹蛾，属鳞翅目，木蠹蛾科，分布于东北，华北，华东的山东、江苏、上海、台湾等地，寄主植物有柳、榆、刺槐、金银花、丁香、山荆子等。

①生活史及习性

每两年发生1代，少数一年1代，以幼虫在被害树干、枝内越冬。经过三次越冬的幼虫，于第三年 4 月间开始活动，继续钻蛀为害。5 月下旬 6 月上旬在原蛀道内陆续化蛹，6 月中下旬至 7 月底为成虫羽化期。成虫均在晚上活动，趋光性很强，寿命 3 d 左右。卵成堆成块在较粗茎干的树皮缝隙内、伤口处，孵化后群集侵入内部。幼虫在根茎、根及枝干的皮层和木质部内蛀食，形成不规则的隧道，削弱树势，重者枯死。

②防治方法

根据幼虫大多从旧孔蛀入为害衰弱花墩的习性，加强抚育管理，适时施肥浇水，促使植株生长健壮，以提高抗虫力，冬季修剪连根除去枯死枝，集中烧毁。

利用成虫的趋光性，在成虫的羽化盛期，夜间用黑光灯诱杀成虫。

幼虫孵化期，尚未集中侵入枝干为害期前，喷洒 50%磷胺或 50%杀螟松乳油；在幼虫侵入皮层或边材表层期间用 40%乐果乳剂加柴油喷洒，有很好效果；对已侵入木质部蛀道较深的幼虫，可用棉球蘸二硫化碳或 50%敌敌畏乳油加水 10 倍液，塞入或蛀入虫孔、虫道内，用泥封口。

（3）透翅蛾类

透翅蛾属鳞翅目透翅蛾科。成虫最显著特征是前后翅大部分透明，无鳞片，很像胡蜂，透翅蛾白天活动，幼虫蛀食茎干、枝条，形成肿瘤。透翅蛾科在鳞翅目中是一个数量较少的科，全世界已知 100 种以上，我国记载 10 余种，为害园林树木重要的有白杨透翅蛾、杨干透翅蛾、栗透翅蛾。白杨透翅蛾又名杨透翅蛾，属鳞翅目，透翅蛾科，分布于河北、河南、北京、内蒙古、山西、陕西、江苏、浙江等省（市、自治区），为害杨、柳树，以银白杨、毛白杨被害最重，以幼虫钻蛀顶芽及树干，抑制顶芽生长。树干被害处组织增生，形成瘤状虫瘿，易枯萎或风折。

①生活史及习性

在华北地区多为一年 1 代，少数一年 2 代。以幼虫在枝干隧道内越冬。翌年 4 月初取食为害，4 月下旬幼虫开始化蛹，成虫 5 月上旬开始羽化，盛期在 6 月中旬到 7 月上旬，10 月中旬羽化结束。卵始见于 5 月中旬，少部分孵化早的幼虫，若环境适合，当年 8 月中旬还可化蛹，并羽化为成虫，发生第二代。成虫羽化后，蛹壳仍留在羽化孔处，这是识别白杨透翅蛾的主要标志之一。

成虫飞翔力强而迅速，夜间静伏。卵多产于叶腋、叶柄、伤口处及有绒毛的幼嫩枝条上。卵细小，不易发现。卵期 7~15 d。幼虫 8 龄。初龄幼虫取食韧皮部，4 龄以后蛀入木质部为害。幼虫蛀入后，通常不再转移。9 月底，幼虫停止取食，以木屑将隧道封闭，吐丝作薄茧越冬。

②防治方法

加强苗木检疫。对于引进或输出的杨树苗木和枝条，要经过严格检验。及时剪去虫瘿，防止传播。

幼虫进入枝干后，用50%杀螟松乳油，或50%磷胺乳油20～60倍液，在被害1～2 cm范围内，用刷子涂抹环状药带，以毒杀幼虫。

用杀螟松20倍液涂抹排粪孔道，或从排粪孔注射30倍液的80%敌敌畏乳油，并用泥封闭虫孔。

（4）螟蛾类

螟蛾属鳞翅目，螟蛾科，是一个大类。为害园林植物的螟蛾除卷叶、缀叶的食叶性害虫外，还有许多钻蛀性害虫。松梢螟又名钻心虫，属鳞翅目螟蛾科，分布于东北、华北、华东、中南、西南的10多个省（市、自治区），是松林幼树的主要害虫，寄主为五针松、云杉、湿地松、红松等。被害枝梢变黑，弯曲、枯死，还可为害大树的球果。

①生活史及习性

此虫在吉林每年发生1代，辽宁、北京、海南每年2代，南京每年2～3代，广西每年3代，广东每年4～5代。出现期分别为越冬代5月中旬至7月下旬，第一代8月上旬至9月下旬，第二代9月上旬至10月中旬，11月幼虫开始越冬。各代成虫期较长，其生活史不整齐，有世代重叠现象。成虫有趋光性，夜晚活动。卵单产在嫩梢针叶或叶鞘基部。

以幼虫钻蛀主梢，引起侧梢丛生，树冠呈扫帚状，严重影响树木生长。幼虫蛀食球果影响种子产量，也可蛀食幼树枝干，造成幼树死亡。

②防治方法

加强幼林抚育，促使幼林提早郁闭，可减轻为害；修枝时留茬要短，切口要平，减少枝干伤口，防止成虫在伤口产卵；利用冬闲时间，组织群众摘除被害干梢、虫果，集中处理，可有效压低虫口密度。

成虫产卵期至幼虫孵化期喷施50%杀螟松乳油500倍液。每次隔10 d，连续喷施2～3次，以毒杀成虫及初孵幼虫。

根据成虫趋光性，利用黑光灯及高压汞灯诱杀成虫。

保护利用天敌，如释放赤眼蜂等。

3. 根部害虫

根部害虫又称地下害虫，常见的有蝼蛄、地老虎、蛴螬、蟋蟀、叩头虫等。在园林观赏植物中一般以地老虎、蛴螬发生最普遍，食性杂，为害各种花木幼苗，猖獗时常造成严重缺苗现象，给育苗工作带来重大威胁。

根部害虫的发生与环境条件有密切的关系。土壤质地、含水量、酸碱度等对其分布和组成都有很大影响。如：地老虎喜欢较湿润的黏壤土，故其主要为害区在长江以南各地及黄河流域的部分低洼地带；蛴螬（金龟子幼虫）适于生长在中性或微酸性土壤及疏松的介质中，在碱性或盐渍性土壤中很少发生；蝼蛄喜欢生活在温暖潮湿有机质丰富的土壤中；蟋蟀要求有温暖的环境，分布偏南。

（1）蝼蛄类

蝼蛄属直翅目，蝼蛄科。俗称土狗、地狗、拉拉蛄等，常见的有华北蝼蛄和东方蝼蛄。华北蝼蛄分布在东北及内蒙古、河北、河南、山西、陕西、山东、江苏北部等地。东方蝼蛄在全国大部分地区均有分布，以长江流域及南方较多。蝼蛄食性很杂，主要以成虫、若虫食害植物幼苗的根部和靠近地面的幼茎。成虫、若虫常在表土层活动，钻筑坑道，造成播种苗根土分离，干枯死亡，清晨在苗圃床面上可见大量不规则隧道，虚土隆起。

①生活史及习性

约三年1代，若虫13龄，以成虫和8龄以上的各龄若虫在150 cm以下深土中越冬。翌年3月当10 cm深土温度达8℃左右时开始活动为害，4月中下旬为害最盛，6月间交尾产卵。每个雌虫产卵100~500粒。成虫昼伏夜出，有趋光性，但体形大飞翔力差，灯下的诱杀率不如东方蝼蛄高。对粪肥臭味有趋性。

东方蝼蛄在南方一年完成1代，在北方两年完成1代，以成虫或6龄若虫越冬。翌年3月下旬开始上升至土表活动，4月、5月是为害盛期，5月中旬开始产卵，5月下旬至6月上旬为产卵盛期，6月下旬为末期。产卵前先在腐殖质较多或未腐熟的厩肥土下筑土室并产卵其中，每个雌虫可产卵30~60粒。成虫昼伏夜出，有趋光性，对香甜物质特别嗜食，对马粪等有机物质有趋性，还有趋湿性。

②防治方法

施用厩肥、堆肥等有机肥料要充分腐熟。

蝼蛄的趋光性很强，在羽化期间，晚上7—10时可用灯光诱杀。

毒饵诱杀。用90%敌百虫0.5 kg拌入50 kg煮至半熟或炒香的饵料（麦麸、米糠等）作毒饵，傍晚均匀撒于苗床上。

苗圃步道间每隔20 m左右挖一小坑，将马粪或带水的鲜草放入坑内诱集，再加上毒饵更好，次日清晨可到坑内集中捕杀。

鸟类是蝼蛄的天敌。可在苗圃周围栽植杨、刺槐等防风林，招引红脚隼、戴胜、喜鹊、黑枕黄鹂和红尾伯劳等食虫鸟以利控制虫害。

（2）蟋蟀类

蟋蟀属盲翅目，蟋蟀科，常见有大蟋蟀和油葫芦，分布广，食性杂。成虫、若虫均为害松、杉、石榴、梅、泡桐、桃、梨、柑橘等苗木及多种花卉幼苗和球根。

①生活史及习性

大蟋蟀一年发生1代。以若虫在土穴内越冬，来年3月上旬开始大量活动，5—6月成虫陆续出现，7月进入羽化盛期。10月间成虫陆续死亡。夜出性地下害虫，喜欢在疏松的沙土营造土穴而居。洞穴深达20~150 mm，卵数十粒聚集产于卵室中，每一雌虫约产卵500粒以上，卵经15~30 d孵化。成、若虫白天潜伏洞穴内，洞口用松土掩盖，夜间拨开掩土出洞活动。

油葫芦一年发生1代，以卵在土中越冬，次年4月开始孵化。若虫夜间出土觅食，共6龄。6—8月为成虫羽化期。成虫白天潜伏，一般以湿润而阴暗或潮湿疏松的土壤中栖息为多。成虫有趋光性，雄虫善鸣好斗，于8—9月交尾产卵，雌成虫多将卵产在杂草间的向阳土垌上、草堆旁土中。

②防治方法

用麦麸、米糠或各类青茶叶加入0.1%敌百虫配成毒饵，于傍晚投放于洞穴口上风处诱杀，在水源方便的地区，可向洞穴灌水。

（3）根蛆类

根蛆类的主要种类是种蝇，又名灰地种蝇，属双翅目花蝇科。寄主植物有十字花科、禾本科、葫芦科等，为害特点是：幼虫蛀食萌动的种子或幼苗的地下组织，引致腐烂死亡。分布在全国各地。花圃、盆花均有发生。

①生活史及习性

年生2~5代，北方以蛹在土中越冬，南方长江流域冬季可见各虫态。种蝇在25℃以上条件下完成1代需19 d，春季均温17℃需时42 d，秋季均温12℃~13℃则需51.6 d。产卵前期初夏30~40 d，晚秋40~60 d。35℃以上70%卵不能孵化，幼虫、蛹死亡，故夏季种蝇少见。种蝇喜白天活动，幼虫多在表土下或幼茎内活动。

成虫喜欢在干燥晴天活动，晚上静止，在较阴凉的阴天或多风天气，大多躲在土块缝隙或其他隐蔽场所，常聚集在肥料堆上或田间地表的人畜粪上，并产卵。第一代幼虫为害最重。种蝇喜欢生活在腐臭或发酸的环境中，对蜜露、腐烂有机质、糖醋液有趋性。

②防治方法

糖醋液诱杀。红糖2份、醋2份、水6份加适量敌百虫。

幼虫发生期用90%敌百虫1000倍液，或50%辛硫磷1000~2000倍液，灌浇根，杀幼虫。

成虫发生期，每隔1周喷1次，80%敌敌畏乳油1000~1500倍液，连续2~3次。

施用充分腐熟的有机肥，防止成虫产卵。

（4）白蚁类

白蚁属等翅目昆虫，分土栖、木栖和土木栖三大类。除为害房屋、桥梁、枕木、船只、仓库、堤坝等之外，还是园林树木的重要害虫。其主要分布在长江以南及西南各省。在南方，为害苗圃苗木的白蚁主要有家白蚁（属鼻白蚁科）黑翅土白蚁和黄翅大白蚁（属白蚁科）。

家白蚁分布于广东、广西、福建、江西、湖北、湖南、四川、安徽、浙江、江苏及台湾等地，主要为害房屋建筑、桥梁、电杆及四旁绿化树种。

①生活史及习性

家白蚁营群体生活，属土、木两栖白蚁，性喜阴暗潮湿，在室内或野外筑巢，巢的位置大多在树干内、夹墙内、屋梁上、猪圈内、锅灶下，也可筑巢于地下1.3~2 m深的土壤内。其主要取食木材、木材加工品及树木。木材上顺木纹穿行，呈平行排列的沟纹。通常沿墙角、门框边缘蔓延。蚁道的标志是墙上有水湿痕迹，木材上油漆变色，沿途有一些针尖大小的透气孔，或木材表面的泥被。一般找到透气孔即已接近蚁巢。家白蚁繁殖飞翔季节4—6月，多在傍晚成群飞翔，尤其是在大雨前后闷热时更为显著。有翅成虫有强烈趋光性，此时可用灯光诱杀。

白蚁的天敌有蝙蝠、青蛙、壁虎、蚂蚁等。许多种白蚁巢内均有真菌、细菌和病毒寄生，其中许多微生物能引起白蚁疾病，最后导致白蚁死亡，直至全巢覆没。另外，巢内寄生的螨类有时也能杀灭白蚁。

②防治方法

挖巢。最好在冬季白蚁集中巢内时挖巢。由于家白蚁建有主、副巢，并会产生补充的繁殖蚁，所以挖巢往往还不能根除。

毒饵诱杀。毒饵的配制是将0.1 g的75%灭蚁灵粉、2 g红糖、2 g松花粉、水适量，按重量称好，先将红糖用水溶开，再将灭蚁灵和松花粉拌匀倒入，搅拌成糊状，用皱纹卫生纸包好，或直接涂抹在卫生纸上揉成团即可。将带有灭蚁灵毒饵的卫生纸塞入有家白蚁活动的部位，如蚁路、分飞孔、被害物的边缘或里面。配制毒饵时如无松花粉，可用面粉、米粉和甘蔗渣粉代替。

在台湾乳白蚁活动季节设诱集坑或诱集箱，放入劈开的松木、甘蔗渣、芒其、稻草等，用淘米水或红糖水淋湿，上面覆盖塑料薄膜和泥土，待7~10 d诱来白蚁后，喷施75%灭蚁灵粉，施药后按原样放好，继续引诱，直到无白蚁为止。

园林绿化工程施工质量控制

园林绿化的植物材料和工程物资是园林绿化工程的物质基础，对于工程项目的施工能否正常进行，以及提高工程质量和景观水平，降低工程造价都非常重要。因此，必须加强对园林绿化工程材料的验收和检验。

第一节　园林绿化工程材料的质量控制

一、基本要求

（1）园林绿化工程物资进场采用的主要材料、半成品、成品、器具和设备的品种、规格必须符合设计要求，并应进行现场验收，形成相应的检查记录。

（2）根据合同约定须进行选样的，应报请审定。

（3）自检合格的主要材料、半成品、成品、器具和设备等，按进场批次填写《工程物资进场报验记录》，报监理单位进行验收。验收不合格的不得投入使用。

（4）施工物资进场报验时应提供质量证明文件（包括：质量合格证明文件或检验、试验报告、产品生产许可证、产品合格证、产品监督检验报告等）。质量证明文件应反映工程物资的品种、规格、数量、性能指标、植物种类等，并与实际进场物资相符。进口物资还应有进口商检证明文件。

（5）涉及安全、使用功能的下列物资和产品应按各专业工程质量验收规范规定和要求进行复验（复试检验），并取得试（检）验报告。

（6）园林绿化工程材料检验的取样必须有代表性，即所采样品的质量应能代表该批材料的质量。在采取试样时，必须按规定部位、数量及采选的操作要求进行。

二、绿化材料的质量控制

（一）栽植土的验收和检验

1. 园林植物栽植土应包括客土、原土利用、栽植基质等，栽植土应满足植物生态习性要求，必须保水、保肥、透气，无沥青、混凝土等垃圾及其他对植物有害的污染物。

2. 栽植土必须见证取样，经有资质的检测单位检测，并在栽植前取得符合要求的测试结果。

3. 栽植土验收批及取样方法。

（1）客土每 500 m³ 或 2000 m² 为一检验批，随机取样 5 处，每处 100 g 经混合组成一组试样。

（2）原状土在同一区域每 2000 m² 随机取样 5 处，取样前应清除浮土，每处取样 100 g，混合后组成一组试样。

（3）栽植基质每 200 m³ 为一检验批，随机取 5 袋，每袋取 100 g，混合后组成一组试样。

4. 栽植土的理化指标必须符合下列要求。

（1）土壤 pH 值 5.6~8.0；土壤含盐量 0.1%~0.3%；

（2）土壤密度 1.0~1.35 g/cm³；

（3）土壤总孔隙度 ≥50%；

（4）土壤有机质含量 ≥1.5%；

（5）土壤块径 ≤5cm；

（6）土壤石砾砾径 ≤1cm，石砾含量 ≤10%。

5. 栽植土按进场批次应填写《工程物资进场报验表》，向监理工程师申请报验。

6. 屋顶绿化的种植基质可选用改良土和轻型有机基质，改良土基质配制的类型和配比可参照表 8-1 进行配置。

表8-1　改良土基质类型配比表

基质类型	主要配比材料	配制比例	湿密度（kg/cm³）
改良土	田园土、轻质骨料	1:1	1200
	腐叶土、蛭石、砂土	7:2:1	780~1000
	田园土、草炭、蛭石和肥	4:3:1	1100~1300
	田园土、草炭、松针土、珍珠岩	1:1:1:1	780~110C
	田园土、草炭、松针土	3:4:3	780~950
	轻砂壤土、腐殖土、珍珠岩、蛭石	2.5:5:2:0.5	1100
	轻砂壤土、腐殖土、蛭石	5:3:2	1100~1300
轻型无机基质	无机介质	—	450~650

（二）肥料的验收和检验

1. 有机肥每200 m³ 为一检验批，随机取样5处，检查其发酵腐熟程度；对影响市容和产生空气污染的有机肥不得使用。

2. 无机肥料的氮、钾、磷、复合肥料等，必须具有质量合格文件或试验报告，对产品质量有疑义时，可按每种肥料的50袋为一检验批，随机拆开5袋取样，每袋取100 g，混合组成一组试样测试pH值及其元素含量。

（三）浇灌用水的取样和检验

1. 同一水源为一个检验批，随机取样三次，每次取样100g，经混合后组成一组试样。

2. 浇灌园林植物的水质应符合《农田灌溉水质标准》的要求：pH值为5.5~8.5，含盐量≤2 000 mg/L。

（四）园林植物材料木本苗的验收和检验

1. 木本苗出圃基本要求

（1）将准备出圃苗木的种类、规格、数量和质量分别调查统计制表。

（2）核对出圃苗木的树种或栽培变种（品种）的中文植物名称与拉丁学名，做到名副其实。

（3）出圃苗木应满足生长健壮、树叶繁茂、冠形完整、色泽正常、根系发达、无病虫害、无机械损伤、无冻害等基本质量要求。

（4）苗木出圃前应经过移植培育，五年生以下的移植培育至少一次，五年生以上

（含五年生）的移植培育应在两次以上。

（5）野生苗和异地引种驯化苗定植前应经苗圃养护培育一至数年，适应当地环境，生长发育正常后才能出圃。

（6）出圃苗木应经过植物检疫，省、自治区、直辖市之间的苗木产品出入境应经法定植物检疫主管部门检验，签发检疫合格证书后，方可出圃，具体检疫要求按国家有关规定执行。

2. 各类型苗木产品规格的质量标准

（1）乔木类苗木

①乔木类苗木产品的主要质量要求是具主轴的应有主干枝，主枝应分布均匀，干径在3.0 cm 以上。

②阔叶乔木类苗木产品质量以干径、树高、苗龄、分枝点高、冠径和移植次数为规定指标，针叶和乔木类苗木产品质量规定标准以树高、苗龄、冠径和移植次数为规定指标。

③行道树用乔木类苗木产品的主要质量固定指标为，阔叶乔木类应具主枝 3~5 枝，干径不小于 4.0 cm，分枝点高不小于 2.5 m，针叶乔木应具有主轴，有主梢。

（2）灌木类苗木

①灌木类苗木产品的主要质量标准以苗龄、蓬径、主枝数、灌高或主条长为规定指标。

②丛生型灌木类苗木产品的主要质量要求：灌丛丰满，主侧枝分布均匀，主枝数不少于 5 枝，灌高应有 3 枝以上主枝达到规定的标准要求。

③匍匐型灌木类苗木产品的主要质量要求：应有 3 枝以上主枝达到规定标准的长度。

④蔓生型灌木类苗木产品的主要质量要求：分枝均匀，主条数在 5 枝以上，主条径在1.0 cm 以上。

⑤单干型灌木类苗木产品的主要质量要求：具主干，分枝均匀，基径在 2.0 cm 以上。

⑥绿篱用灌木类苗木产品的主要质量要求：冠丛丰满，分枝均匀，干下部枝叶无光秃，干径同级，树龄 2 年生以上。

（3）藤本类苗木

①藤本类苗木产品主要质量标准以苗龄、分枝数、主蔓径和移植次数为规定指标。

②小藤本类苗木产品的主要质量要求：分枝数不少于 2 枝，主蔓径应在 0.3 cm 以上。

③大藤本类苗木产品的主要质量要求：分枝数不少于 3 枝，主蔓径应在 1.0 cm 以上。

（4）竹类苗木

①竹类苗木产品的主要质量标准以苗龄、竹叶盘数、竹鞭芽眼数和竹鞭个数为规定

指标。

②母竹为 2~4 年苗龄，竹鞭芽眼两个以上，竹竿截干保留 3~5 盘叶以上。

③无性繁殖竹苗应具 2~3 年苗龄，播种竹苗应具 3 年以上苗龄。

④散生竹类苗木产品的主要质量要求：大中型竹苗具有竹竿 1~2 枝；小型竹苗具有竹竿 3 枝以上。

⑤丛生竹类苗木产品的主要质量要求：每丛竹具有竹竿 3 枝以上。

⑥混生竹类苗木产品的主要质量要求：每丛竹具有竹竿两枝以上。

3. 检测方法

（1）测量苗木产品干径、基径等直径时用游标卡尺，读数精确到 0.1 cm。测量苗木产品树高、灌高、分枝点高或者叶点高、冠径和蓬径等长度时用钢卷尺、皮尺或木制直尺，读数精确到 1.0 cm。

（2）测量苗木产品干径当主干断面畸形时，测取最大值和最小值直径的平均值，测量苗木产品基径当基部膨胀或变形时，从其基部近上方正常处测取。

（3）测量乔木树高时，测其从基部地表面到正常枝最上端顶芽之间的垂直高度，不计徒长枝，对棕榈类等特种苗木的树高从最高着叶点处测量其主干高度。

（4）测量灌高时应取每丛 3 枝以上主枝高度的平均值。

（5）测量冠径和蓬径，应取树冠（灌蓬）垂直投影面上最大值和最小值直径的平均值，最大值与最小值的比值应小于 1.5。

（6）检验苗木苗龄和移植次数，应以出圃前苗木档案记录为准。

（7）苗木外观检测。

4. 检验规则

（1）苗木产品检验地点限在苗木出圃地进行，供需双方同时履行检验手续，供方应对需方提供苗木产品的树种、苗龄、移植次数等历史档案记录。

（2）珍贵苗木、大规格苗木和有特殊规格质量要求的苗木要逐株进行检验。

（3）成批（捆）的苗木按批（捆）量的 10% 随机抽样进行质量检验。

（4）同一批出圃苗木应统一进行一次性检验。

（5）同一批苗木产品质量检验的允许范围为 2%；成批出圃苗木产品数量检验的允许误差为 ±0.5%。

（6）根据检验结果判定出圃苗木合格与不合格，当检验工作有误或其他方面不符合有关标准规定，必须进行复检时，以复检结果为准。

5. 掘苗

（1）常绿苗木、落叶珍贵苗木、特大苗木和不易成活的苗木，以及有其他特殊质量要求的苗木等产品，应带土球起掘。

（2）苗木的适宜掘苗时期，按不同树种的适宜移植物候期进行。

（3）起掘苗木，当土壤过于干旱时，应在起苗前 3~5 d 浇足水。

（4）裸根苗木产品掘苗的根系幅度应为其基茎的 6~8 倍。

（5）带土球苗木产品掘苗的土球直径应为其基茎的 6~8 倍。土球厚度应为土球直径的 2/3 以上。

（6）苗木起掘后应立即修剪根系，根径达 2.0 cm 以上的应进行药物处理，同时适度修剪地上部分枝叶。

（7）裸根苗木产品掘取后，应防止日晒，进行保湿处理。

（五）球根花卉种球的验收和检验

1. 球根花卉种球产品出圃的基本条件

（1）种球应形态完整、饱满、清洁、无病虫害、无机械损伤、无畸形、无枯萎皱缩、主芽眼不损坏、无霉变腐烂。

（2）种球栽植后，在正常气候和常规培养与管理条件下，应能够在第一个生长周期中开花，开花应达到一定观赏要求。各类标准另行规定。

（3）种球品种纯度应在 95% 以上。

（4）种球出圃的贮藏期不得超过收球后的几个月。如有特殊储藏条件的，亦必须保证在种植后第一个生长周期中开花，且出圃时要注明。

（5）球根花卉种球出圃产品应按要求包装，并注明生产单位、中文名、拉丁学名、品种（含分色）、规格及包装数量，准确率应大于 99%。

2. 检测方法

（1）测量种球圆周长用软尺，测量种球直径用游标卡尺，读数精确到 0.1 cm。

（2）测量鳞茎、球茎和根茎类种球的圆周长或直径，须待种球风干后，垂直于种球茎轴测其最大圆周长或最大直径的数量值；测量块茎类和块根类种球的圆周长或直径，须测其圆周长或直径的最大值和最小值的平均值。

（3）根据规定，测定筛取各规格等级，通常采用自制的环形网筛，网筛上有合格等级尺寸的网眼，通过此工具筛分种球等级。对于水仙类种球，多按中央主球直径进行手工分级。

（4）出圃球根花卉种球产品应经过植物检疫。省、自治区、直辖市之间的根球花卉种球产品出入行政辖区，须经当地植物检疫主管部门检验，并签发《球根花卉种球检疫合格证书》。其出入境检疫应按国际和国家有关法规的规定进行种球的植物检疫。

3. 检验规则

（1）球根花卉种球出圃的产品，根据购销双方共同约定的地点进行现场检验。

（2）成批量（筐、袋、篓等）出圃的种球产品按5%随机抽样，一次性检验完毕。

（3）同一批种球规格质量检验的合格率应达98%以上，数量检验允许误差为±0.5%。

（4）根据检验结果判定出圃种球规格质量的合格与不合格，须复检时，以复检结果为准。

（5）种球出圃应附《球根花卉种球检验合格证书》。

4. 标志

（1）种球出圃应带有明显标志。

（2）标志牌应印注种球品种的中文名称（品种、变种或杂交种名）、拉丁学名、科属、种球产地、花色、花型、等级、数量和标准编号等内容。

（3）标志牌的挂设以球根花卉的品种（或变种、杂交种）为单元。

5. 挖掘

（1）挖掘种球应按球根花卉的不同种球品种、适宜季节（进入休眠期），或在花谢后枝叶开始枯黄时掘起。

（2）掘起种球时应自然出土，尽量不损伤种球，一般不带残土和老根，并要风干消毒。水生球根类消毒前不宜风干。

（3）对种球产品（如中国水仙），在既保障种球存活率高，又不影响土壤检疫的条件下，可允许附带产地泥土，底盘侧鳞茎的护根泥，特级、一级不超过150g，二至四级不超过100g。

6. 包装

（1）种球的包装（箱、袋、篓、筐和庄等）要透气，结实不散。水生球根类的根茎（如荷花）装箱时，应加填充物，以免碰损顶芽，包装应牢固，等级、数量应符合标示等级、数量的要求。

（2）某类种球（如大丽花）可用上光涂料作表面处理，既有防腐贮藏作用，又增加了球面产品的洁净感。

（3）包装应按不同种类、品种、规格、数量，一般选用标准化包装箱（40 cm×60 cm×160 cm）包装。

（4）某类种球产品（如中国水仙）因传统习惯采用以"庄"为包装单位，分特大庄（10粒满箱装）、20庄（20粒满箱装）、30庄（30粒满箱装）、40庄（40粒箩筐装）、50庄（50粒箩筐装）和不列庄（箩筐装）等，采用瓦楞纸箱包装，箱内壁应平滑，纸箱两侧各打若干个直径不小于1.5 cm的通风孔。

7. 贮存

（1）种球贮存地要凉爽、通风，贮存室保持常温，应防冻、防潮、防雨、防毒，贮藏室温保持5℃~28℃，相对湿度60%~80%；或根据不同需要采取贮藏技术措施。

（2）贮存的种球成批量同种、同等级放置在一起，以防混杂。

8. 运输

运输过程中应防振、防压、防冻、防雨雪。

（六）露地栽培花苗的验收和检验

1. 一、二年生花卉，株高一般为10~50 cm，冠径为15~35 cm，分枝不少于3~4个，植株健壮，色泽明亮。

2. 宿根花卉，根系必须完整，无腐烂变质。

3. 球根花卉，球根应苗壮，无损伤，幼芽饱满。

4. 观叶植物，叶片分布均匀，排列整齐，形状完好，色泽正常。

5. 水生植物的根、茎、叶发育良好，植株健壮。

6. 检验方法：观察、测量。

7. 检查数量：每100株检查10株，少于100株的全检查。

（七）草块、草卷的验收和检验

1. 草块、草卷规格必须一致，生长均匀，根系密布无空秃，草高适度。

2. 草块厚度宜为2~3 cm；草卷厚度宜为1.8~2.5 cm。

3. 杂草不超过2%。

4. 检验方法：观察、尺量。

5. 检验数量：500 m^{2}检查3处；不足500 m^2，检查不少于2处。

（八）草坪、草花、地被植物种子的验收和检验

1. 草坪、草花、地被植物种子均应注明品种、品质、产地、生产单位、采收年份等出厂质量检验报告或说明。

2. 草坪种子纯净度应达到 95%。

3. 冷地型草坪种子发芽率应在 85%以上。

4. 暖地型草坪种子发芽率在 70%以上。

5. 外地引进种子应有检疫合格证，不得带有病虫害。

6. 选择优良种子，不得含有杂质。

7. 检验方法：观察、发芽实验。

第二节　绿化栽植工程的质量控制

一、栽植前土壤处理（一般栽植基础）的质量控制

（一）一般要求

栽植或播种前应对该地区的土壤理化性质进行化验分析，采取相应的土壤改良、施肥和置换客土等措施，严禁使用含有害成分的土壤。

园林植物栽植土应包括客土、原土利用、栽植基质等，栽植土必须湿润、排水良好、通气、较肥沃、无渣土、垃圾及其他的污染物。

（二）栽植土的质量及检验

1. 主控项目

（1）土壤 pH 值 5.6~8.0 或符合本地区栽植土标准。

（2）土壤全盐含量 0.1%~0.3%。

（3）土壤密度 1.0~1.35 g/cm³。

2. 一般项目

（1）栽植土层厚度及土层允许偏差符合相关要求。

（2）土壤有机质含量 ≥1.5%。

（3）土壤土块粒径 ≤5 cm。

检测方法：理化性质经有资质的单位测试；土层厚度尺量。

检测数量：500 m² 或 2 000 m² 为一检验批，随机取样 5 处，每处 100 g 组成一组试样。500 m² 或 2 000 m² 以下取样不少于 3 处。

（三）栽植前场地清理的质量检验

1. 主控项目

（1）现场内的渣土、工程废料、宿根性杂草、树根及其有害污染物应清除干净。

（2）场地标高及清理程度符合设计要求。

2. 一般项目

（1）填垫范围内应无坑洼积水。

（2）软土淤泥和不透水泥应处理完成。

检测方法：观察、测量。

检测数量：每 1 000 m² 检查 3 处，不足 1 000 m² 检查不少于 1 处。

（四）栽植土回填及微地形造型质量检验

1. 主控项目

（1）对造型胎土、栽植土，应符合设计要求并有检测报告。

（2）回填土及微地形造型的范围、厚度、标高、造型及坡度均应符合设计要求。

2. 一般项目

（1）回填土及微地形造型应适度压实，自然沉降基本稳定，严禁用机械反复碾压。

（2）微地形造型自然顺畅。

检测数量：每 1 000 m² 检查 3 处，不足 1 000 m² 检查不少于 1 处。

（五）栽植土改良和表层整理的质量检验

1. 主控项目

（1）用于土壤改良的改良剂和商品肥料应有产品合格证。

（2）有机肥必须充分腐熟。

（3）施用无机肥料必须测定绿化土壤有效养分含量，并宜采用缓释性无机肥。

2. 一般项目

（1）栽植土表层不得有明显低洼和积水处，花境、花坛栽植地 30 cm 的表层土必须疏松。

（2）栽植土表层与道路接壤处应低于侧石 3~5 cm。

（3）放坡设计无要求时宜为 0.3%~0.5%。

检测方法：试验、检测报告、观察、尺量。

检测数量：每 1 000 m² 检查 3 处，不足 1 000 m² 检查不少于 1 处。

二、栽植穴、槽挖掘的质量控制

（一）一般要求

1. 栽植穴、槽挖掘前，应向有关单位了解地下管线和隐蔽物埋设情况。

2. 树木与地下管线外缘及树木与其他设施的最小水平距离应符合相应的绿化规划与设计规范及守则的规定。

3. 栽植穴、槽定点遇有障碍物时，应及时与设计单位联系，进行适当调整。

4. 栽植穴、槽底部遇有不透水层及重黏土层时，必须采取排水措施，达到通透。

5. 土壤干燥时，应于栽植前灌水浸穴、槽。

6. 开挖栽植穴、槽，遇有灰土、石砾、有机污染物、黏性土等，应采取扩大树穴、疏松土壤等措施，回填土必须符合栽植土标准。

（二）栽植穴、槽的质量检验

1. 主控项目

（1）栽植穴、槽定点放线应符合设计要求。

（2）栽植穴、槽遇有不透水层及重黏土层时，必须进行疏松或采取排水措施。

2. 一般项目

（1）穴（槽）挖出好土、弃土应分别置放，穴底回填适量好土或改良土。

（2）土壤干燥时应于栽植前浇灌浸穴、槽。

（3）当土壤密实度大于 1.35 g/cm³ 或渗透系数小于 10^{-4} cm/s 时，应采取扩大树穴、疏松土壤等措施。

检测方法：观察、尺量。

检测数量：100 个穴，检查 10 个；100 个穴以下全数检查。

三、植物材料的质量控制

（一）一般要求

1. 园林植物材料必须生长健壮、枝叶繁茂、冠形完整、色泽正常、根系发达、无病虫害、无机械损伤、无冻害等。

2. 苗木必须经过移植和培育，未经培育的实生苗、野地苗、山地苗一般不宜采用。

3. 非栽植季节栽植时，为提高栽植成活率，园林植物应选择事先经过处理的容器苗。

4. 植物材料按进场批次应填写《工程物资进场报验记录》。

（二）植物材料的质量检验

（1）植物材料种类品种名称及规格必须符合设计要求。

（2）严禁使用带有严重病虫害的植物材料，自外地引进的植物材料应有"植物检疫证"。

四、苗木运输和假植的质量控制

（一）一般要求

1. 苗木装运前必须仔细核对苗木的品种、规格、数量、质量，外地苗木应事先办理苗木检疫手续。

2. 苗木运输量应根据现场种植量确定，苗木运到现场后应及时栽植，严禁晾晒时间过长。

（二）苗木运输和假植的质量检验

1. 主控项目

（1）起吊机具和装运车辆吨位满足苗木运输需要，并有安全操作措施。

（2）苗木运到现场，当天不能栽植的应及时假植。

2. 一般项目

（1）裸根苗运输时应进行覆盖，装卸时不得损伤苗木。

（2）带土球苗木装卸车排列顺序合理，不得散球。

（3）裸根苗可在栽植现场附近选择适合地点，根据根冠大小挖假植沟假植。假植时间较长时，根系必须用湿土埋严，不得透风，根系不得失水。

（4）带土球苗木的假植，可将苗木码放整齐，土球四周培土，喷水保持土球湿润。

检测方法：观察。

检测数量：每车抽20%的苗株进行检查。

五、苗木修剪的质量控制

（一）一般要求

1. 苗木栽植前应进行苗木根系修剪，将劈裂根、过长根剪除，并对树冠适当修剪，保持树体地上地下部位生长平衡。

2. 乔木类修剪应符合下列要求

（1）落叶乔木修剪

①具有中央领导干、主轴明显的落叶乔木应保持原有主尖和树形，适当疏枝，对保留的主侧枝应在健壮芽上部短截，可剪去枝条的1/5~1/3。

②无明显中央领导干、枝条茂密的落叶乔木，可对主枝的侧枝进行重短截或疏枝并保持原树形。

③行道树乔木定干高度宜2.8~3.5 m，第一分枝点以下枝条应全部剪除，同一条道路上相邻树木分枝高度应基本统一。

④绿地景观树木的分枝点，可为树高的1/3~1/2。

（2）常绿乔木修剪

①常绿阔叶乔木具有圆头形树冠的可适量疏枝，枝叶集生树干顶部的苗木可不修剪，具有轮生侧枝，做行道树时，可剪除基部2~3层轮生侧枝。

②松树类苗木宜以疏枝为主。

A. 剪去每轮中过多主枝，留3~4个主枝。

B. 剪除上下两层中重叠枝及过密枝。

C. 剪除下垂枝、内膛斜生枝、枯枝、机械损伤枝。

D. 修剪枝条时基部应留1~2 cm木橛。

③柏类苗木不宜修剪，具有双头或竞争枝、病虫枝、枯死枝的应及时剪除。

3. 灌木及藤蔓类修剪应符合下列要求

（1）有明显主干型灌木，修剪时应保持原有树形，主枝分布均匀，主枝短截长度宜不超过1/2。

（2）丛枝型灌木预留枝条宜大于30 cm，多干型灌木不适宜疏枝。

（3）绿篱、色块、造型苗木，在种植后应按设计高度整形修剪。

（4）藤蔓类苗木应剪除枯死枝、病虫枝、过长枝。

4. 非栽植季节栽植落叶树木，应根据不同树种的特性在保持树形的前提下适当增加修剪量，可剪去枝条的 1/3~1/2。

（二）苗木修剪的质量检验

1. 主控项目

（1）苗木修剪整形应符合设计要求，无要求时修剪、整形应保持原树形。

（2）苗木必须无损伤断枝、枯枝、严重病虫害枝。

2. 一般项目

（1）落叶树木枝条应从基部剪除，不留木橛，剪口平滑，不得劈裂。

（2）枝条短截时，应留外芽，剪口应距留芽位置上方 0.5 cm。

（3）修剪直径 2 cm 以上大枝条及粗根时，截口必须削平并涂防腐剂。

检测方法：观察、尺量。

检测数量：每 100 株检查 10 株，不足 100 株时全数检查。

六、树木栽植的质量控制

（一）一般要求

1. 树木栽植应根据树木品种的习性和当地气候条件，选择最适宜的栽植期进行栽植。

2. 非种植季节进行树木栽植时，应根据不同情况采取以下技术措施：

（1）苗木必须提前环状断根进行屯苗或在适宜季节起苗用容器假植处理。

（2）落叶乔木、灌木类应进行强修剪并应保持原树冠形态，剪除部分侧枝，保留的侧枝应进行短截，并适当加大土球体积。

（3）可摘叶的应摘去部分叶片，但不得伤害幼芽。

（4）夏季可采取遮荫、树木卷干保湿、树冠喷雾或喷施抗蒸腾剂，减少水分蒸发；冬季应防风防寒。

（5）掘苗时根部可喷布促进生根激素，栽植时可加施保水剂，栽植后树体可注射营养剂。

（6）应在阴雨天或傍晚进行苗木栽植。

3. 干旱地区或干旱季节，树木栽植可在树冠喷布抗蒸腾剂、采用带土球树木、树木根部可喷布生根激素、增加浇水次数等措施。

4. 对人员集散较多的广场、人行道，树木种植后，种植池应铺设透气铺装，加设护栏。

园林规划设计与绿化施工探究

（二）树木栽植的质量检验

1. 主控项目

（1）栽植的树木品种、规格、位置应符合设计要求。

（2）栽植的树木应保持直立，不得倾斜。

（3）行道栽植应保持直线，相邻植株规格搭配合理。

（4）树木成活率应大于95%，名贵树木栽植成活率应达100%。

2. 一般项目

（1）回填土分层踏实。

（2）栽植时应注意观赏面的合理朝向，乔灌木栽植深度应与原种植线持平，常绿树比原土痕高5 cm。

（3）带土球树木入穴时不易腐烂的包装物应拆除。

（4）绿篱及色块栽植株行距均匀，苗木高度、冠幅均匀搭配。

（5）非种植季节、干旱地区及干旱季节树木栽植时有相应的技术措施。

检测方法：观察、尺量。

检测数量：栽植成活率全数检查，统计成活率。其他主控及一般项目每100株检查10株，不足100株时，全数检查。

（三）树木围堰的质量检验

1. 主控项目

（1）单株树木的围堰内径不小于种植穴径，围堰高度10~15 cm。

（2）围堰应踏实，无水毁。

2. 一般项目

围堰用土应无砖、石块等杂物，围堰外形宜相对统一。

检测方法：观察、尺量。

检测数量：每100个检查10个，不足100个全数检查。

（四）浇灌水的质量检验

1. 主控项目

（1）水质应符合《农田灌溉水质标准》的要求。

（2）每次浇灌水量应满足植物成活及生长需要。

2. 一般项目

（1）浇水时应在穴中放置缓冲垫。

（2）出现渗漏及时封堵，出现土壤沉降及时培土。

（3）浇水后出现树木倾斜，应及时扶正、固定。

检测方法：测试及观察。

检测数量：水质应有测试报告，每 100 株检查 10 株；不足 100 株全数检查。

（五）树木支撑的质量检验

1. 主控项目

（1）支撑物、牵拉物与地面连接点的连接应牢固。

（2）树木与支撑物连接应衬软垫并绑扎牢固。

2. 一般项目

（1）支撑物、牵拉物的强度能保证支撑有效，用软支撑固定时应设警示标志。

（2）常绿树支撑高度为树干高的 2/3，落叶树支撑高度为树干高的 1/2。

（3）同规格树种的支撑物，牵拉长度、支撑角度、绑扎形式宜统一。

检测方法：晃动支撑物。

检测量数：每 50 株检查 10 株，不足 50 株全数检查。

七、大树移植的质量控制

（一）一般要求

1. 树木的规格符合下列条件之一的均应属于大树移植。

（1）落叶乔木：干径在 20 cm 以上。

（2）常绿乔木：株高在 6 m 以上，或地径在 18 cm 以上。

（3）灌木：冠幅在 3 m 以上。

（4）因需要必须进行移地栽植的古树名木和有保护价值的树木。

2. 大树移植的准备工作应符合下列要求

（1）移植前应对移植的大树生长、立地条件、周围环境等进行调查研究，制订技术方案和安全措施。

（2）移植所需机械、运输设备和大型工具必须完好，操作安全。

（3）移植的大树不得有病虫害和明显的机械损伤，应具有较好的观赏面，植株健壮、生长正常，并具备起重及运输机械等设备，能正常工作的现场条件。

（4）选定的移植大树，应在树干南侧做出明显标志，标明树木的阴、阳面及出土线。

（5）移植大树应在移植前一至二年分期断根、修剪，进行屯苗，做好移植准备。

（二）大树的挖掘及包装的质量检验

1. 主控项目

（1）土球规格应为干径的 6~8 倍，土球高度为土球直径的 2/3，土球底部直径为土球直径的 1/3，土台规格应上大下小，下部边长比上部边长少 1/10。

（2）树根应用手锯锯断，锯口平滑无劈裂，并不得露出土球表面。

2. 一般项目

（1）土球软质包装应紧实、无松动，腰绳宽度应大于 10 cm。

（2）土球直径 1 m 以上的应做封底处理。

（3）土台的箱板包装应立支柱，稳定牢固。

检测方法：观察、尺量。

检测数量：每株检查。

（三）大树移植的吊装运输质量检验

1. 主控项目

（1）吊装、运输时，必须对大树的树干、枝条、根部的土球、土台采取保护措施，严防劈裂。

（2）大树的装卸和运输必须具备承载能力的大型机械和车辆，并应制定安全措施，严格按安全规定操作。

2. 一般项目

（1）大树吊装就位时，应注意选好主要观赏面的方向。

（2）应及时支撑、固定树体。

检测方法：观察。

检测数量：每株检查。

（四）大树移栽的质量检验

1. 主控项目

（1）大树的规格、品种、树形、树势应符合设计要求。

（2）定点放线符合施工图规定。

（3）栽植深度应保持下沉后原土痕和地面等高或略高，树干或树的重心应与地面保持垂直。

2. 一般项目

（1）栽植穴应根据根系或土球的直径加大 60~80 cm，深度增加 20~30 cm。

（2）种植土球树木，应将土球放稳，拆除包装物；种植裸根树木，应剪去劈裂断根，根系必须舒展。

（3）栽植回填的栽植土，肥料应充分腐熟，回填土应分层捣实。

（4）大树栽植后设立支撑必须牢固，进行卷干保湿，应及时浇水。

（5）栽植后进行保养管理、植物修剪、剥芽、追肥，及时浇水、排水，防治各种灾害。

检测方法：观察、尺量。

检测数量：每株检查。

八、草坪及草本地被栽植的质量控制

（一）一般要求

1. 草坪和草本地被的栽植应根据不同地区、不同地形，选择播种、分株、铺砌草块、草卷等栽植方法。

2. 草坪和草本地被栽植地应满足灌水及排水的措施要求。

3. 草坪和草本地被栽植地的整理及栽植土应符合规范要求。

（二）草坪和草本地被播种的质量检验

1. 主控项目

（1）播种前应作发芽试验和催芽处理，确定合理的播种量。

（2）播种时应先浇水浸地，保持土壤湿润，并将表层土楼细耙平，坡度应达到 0.3%~0.5%。

（3）用等量沙土与种子拌匀进行撒播，播种后应均匀覆细土 0.3~0.5 cm 并轻压。

（4）播种后应及时喷水，种子萌发前，干旱地区应每天喷水 1~2 次，水点宜细密均匀，浸透土层 8~10 cm，保持土表湿润，应无积水，出苗后可减少喷水次数，土壤宜见湿见干。

（5）草坪、地被覆盖度应达到95%，单块裸露面积应小于10～20 cm²。

2．一般项目

（1）选择优良种子，不得含有杂质，种子纯净度应达到95%以上。

（2）播种前应对种子进行消毒。

（3）整地前应进行土壤处理，防治地下害虫。

（4）成坪后不应有杂草及病虫害。

检测方法：观察、尺量及种子纯净度和种子发芽试验报告。

检测数量：500 m²检查3处，不足500 m²检查不少于2处。

（三）草坪和草本地被喷播的质量检验

1．主控项目

（1）喷播应先检查网垫、格栅固定情况，清理坡面。

（2）喷播的种子覆盖料、土壤稳定剂的配合比应符合设计要求。

2．一般项目

（1）喷播覆盖应均匀无漏，喷播厚度均匀一致。

（2）喷播应从上到下，依次进行。

（3）强降雨季节喷播时应注意覆盖。

检测方法：检查种子覆盖料及土壤稳定剂合格证明、观察。

检测数量：每1 000 m²检查3处，不足1 000 m²检查不少于2处。

（四）草坪和草本地被分栽的质量检验

1．主控项目

（1）分栽的植物材料应注意保鲜，不萎蔫。

（2）栽植前应先浇水浸地，浸水深度应达10 cm。

（3）草坪、地被覆盖度应不大于95%。

2．一般项目

（1）分栽植物的株行距，每丛的单株数应满足设计要求。设计无明确要求时，可按丛的组行距（15～20）cm×（15～20）cm，成品字形，或按一平方米植物材料可按1∶4～1∶3的系数进行栽植。

（2）栽植后应平整地面，适度压实，立即浇水。

检测方法：观察、尺量。

检测数量：500 m² 检查 3 处，不足 500 m² 检查不少于 2 处。

（五）铺设草块和草卷的质量检验

1. 主控项目

（1）草卷、草块在铺设前应先整地、浇水浸地。

（2）草块、草卷在铺设后应进行滚压或拍打，与土壤密切接触。

（3）铺设草卷、草块，均应及时浇水，浸湿土壤厚度应达到 10 cm。

2. 一般项目

（1）铺设草卷、草块应相互衔接、不留缝，高度一致。

（2）草地排水坡度适当，无坑洼积水。

（3）草坪生长势较好，草色纯正，不应有杂草及病虫害。

检测方法：观察和查看施工记录。

检测数量：500 m² 检查 3 处，不足 500 m² 检查不少于 2 处。

（六）运动场草坪的质量检验

1. 主控项目

（1）坪床结构和表层基质、排灌系统应符合设计要求。

（2）坪床基层应用水夯实，表层基质铺设细致均匀，坪床整体紧实度适宜。

（3）运动场草坪坪床的理化性质应符合栽植土标准。

2. 一般项目

（1）铺植草块大小、厚度均匀，缝隙严密，草块与表层基质结合紧密。

（2）成坪后覆盖度均匀，无明显裸露斑块，基本无杂草和病虫害症状。

（七）停车场草坪的质量检验

1. 主控项目

（1）停车场的基土及砂垫层密实应符合设计要求。

（2）嵌草砖的规格、外形及强度符合设计要求，嵌草砖铺设严密。

2. 一般项目

（1）基土及垫层应有足够的渗水性和牢固性。

（2）种植穴填土密实，草应盖满穴槽。

检测方法：测量、环刀取样、观察。

检测数量：500 m² 检查 3 处，不足 500 m² 检查不少于 2 处。

九、花卉栽植的质量控制

（一）一般要求

1. 花卉栽植应按照设计图定点放线，在地面准确画出位置、轮廓线。面积较大的花坛，可用方格线法，按比例放大到地面。

2. 花卉栽植地必须符合栽植土标准。栽植地应精细翻整，搂平耙细，去除土壤中的杂物。

3. 花卉栽植的顺序应符合下列要求

（1）大型花坛，宜分区、分规格、分块栽植。

（2）独立花坛，应由中心向外顺序栽植。

（3）模纹花坛应先栽植图案的轮廓线，后种植内部填充部分。

（4）坡式花坛应由上向下栽植。

（5）高矮不同品种的花苗混植时，应按先高后矮的顺序栽植。

（6）宿根花卉与一、二年生花卉混植时，应先种植宿根花卉，后种一、二年生花卉。

4. 花境栽植应符合下列要求

（1）单面花境应从后部栽植高大的植株，依次向前栽植低矮植物。

（2）双面花境应从中心部位开始依次栽植。

（3）混合花境应先栽植大型植株，定好骨架后依次栽植宿根、球根及一、二年生草花。

（4）设计无要求时，各种花卉应成团成丛栽植，各团、丛间花色、花期搭配合理。

5. 花卉栽植后，应及时浇水，并应保持茎叶清洁。

（二）花卉栽植和质量检验

1. 主控项目

（1）栽植放样、栽植图案、栽植密度符合设计要求。

（2）花卉栽植土及表层土壤整理符合规范要求。

（3）花苗基本覆盖地面，成活率不少于 95%。

2. 一般项目

（1）株行距均匀，高低搭配适当。

（2）栽植深度适当，根部土壤压实，花苗不沾淤泥。

检测方法：观察、尺量。

检测数量：500 m² 检查 3 处，不足 500 m² 检查不少于 2 处。

十、水湿生植物栽植的质量控制

（一）一般要求

1. 水湿生植物栽植必须保证湿生类、挺水类、浮水类植物，满足对适生水的深度要求。

2. 水湿生植物栽植地，土壤不良，可更换种植土，使用的种植土和肥料不得污染水源。

（二）水湿生植物栽槽的质量检验

1. 主控项目

（1）栽植槽的材料、结构、防渗应符合设计要求。

（2）槽内栽植土不得污染水质，槽内不宜采用轻质土或栽培基质。

2. 一般项目

栽植槽的土层厚度应符合设计要求，无要求时栽植土层厚度应不小于 50 cm。

检测方法：材料检测报告、观察、尺量。

检测数量：100 m² 检查 3 处，不足 100 m² 检查不少于 2 处。

（三）水湿生植物栽植质量检验

（1）水湿生植物栽植地栽植土和肥料不得污染水源。

（2）水湿生植物栽植的品种和单位面积栽植数应符合设计要求。

十一、竹类栽植的质量控制

（一）一般要求

1. 竹苗选择应符合下列要求

（1）散生竹应选择一、二年生，健壮、无病虫害，分枝低、枝繁叶茂、鞭色鲜黄、鞭芽饱满、根鞭健全、无开花枝的母竹。

（2）丛生竹应选择秆基芽眼肥大充实、须根发达的 1~2 年生竹丛。母竹应大小适中，大竿竹干径宜 3~5 cm；小竿竹胸径宜 2~3 cm。竿基应有健芽 4~5 个。

2. 竹类栽植最佳时间应根据各地区自然条件进行选择。

3. 竹苗的挖掘应符合下列要求

（1）散生竹母竹挖掘

①可根据母竹最下一盘枝权生长方向确定来鞭、去鞭走向进行挖掘。

②母竹必须带鞭，中小型散生竹宜留来鞭 15~20 cm，去鞭 20~30 cm。

③切断竹鞭截面应光滑，不得劈裂。

④沿竹鞭两侧深挖 40 cm，截断母竹底根，挖出的母竹与竹鞭结合应良好，根系完整。

（2）丛生竹母竹挖掘

①挖掘时应在 25~30 cm 的外围，扒开表土，由远至近逐渐挖深，并严防损伤竿基部芽眼，竿基部的须根应尽量保留。

②在母竹的一侧应找准母竹竿柄与老竹竿基的连接点，切断母竹竿柄，连蔸一起挖起，切断操作时，不得劈裂竿柄、竿基。

③每蔸分株根数应根据竹种特性及竹竿大小确定母竹竿，大竹种可单株挖蔸，小竹种可 3~5 株成墩挖掘。

4. 竹类的包装运输应符合下列要求

（1）竹苗应采用软包装进行包扎，并应喷水保湿。

（2）竹苗长途运输必须篷布遮盖，中途应喷水，或于根部置放保湿材料。

（3）竹苗装卸时应轻装轻放，不得损伤竹竿与竹鞭之间的着生点和鞭芽。

5. 竹类修剪应符合下列要求

（1）散生竹竹苗修剪

①挖出的母竹宜留枝 5~7 盘，将顶梢剪去，切口应平滑。

②不打尖修剪的竹苗栽后必须进行喷水保湿。

（2）丛生竹竹苗修剪

竹竿留枝 2~3 盘，靠近节间斜向将顶梢截除，切口应平滑呈马耳形。

（二）竹类栽植的质量检验

1. 主控项目

（1）竹类材料品种、规格符合设计要求。

（2）放样定位准确。

（3）土层深厚、肥沃、疏松、符合规范栽植土要求。

2. 一般项目

（1）竹苗应采用软包扎，运输时应覆盖，保湿，装卸时不得损伤着生点和鞭芽。

（2）散生竹竹苗修剪苗枝 5~7 盘，剪口平滑。

（3）丛生竹修剪苗枝 2~3 盘，将梢裁除。

（4）栽植地深耕 30~40 cm，清除杂物，增施有机肥。

（5）栽植穴比盘根大 40~60 cm，深 20~40 cm。

（6）竹苗拆除包装物，栽植深度比原土层高 3~5 cm，栽植后及时支撑、浇水。

检测方法：尺量、观察。

检测数量：100 株检查 10 株，不足 100 株全数检查。

十二、设施空间绿化的质量控制

（一）一般要求

1. 建筑物、构筑物设施的顶面、地面、立面及围栏的屋顶绿化，地下设施覆土绿化，立面垂直绿化，均属于设施空间绿化。

2. 设施顶面绿化必须根据顶面的结构和荷载能力，在建筑物、构筑物整体荷载允许的范围内进行。

3. 设施顶面绿化栽植基层（盘）必须有良好的防水排灌系统，防水层不得渗漏。

4. 设施顶面栽植基层应包括耐根穿刺防水层、排蓄水层、过滤层、栽植土层。

5. 设施顶面不适宜作栽植基层的障碍性层面可改作栽植基盘进行栽植。

（二）耐根穿刺防水层的质量检验

1. 主控项目

（1）耐根穿刺防水层的材料品种、规格、性能符合设计及相关标准要求。

（2）卷材接缝牢固、严密，符合设计要求。

（3）施工后应作蓄水或淋水试验，24 h 内不得渗漏或积水。

2. 一般项目

（1）耐根穿刺防水层材料应见证抽样复验。

（2）耐根穿刺防水层细部构造、密封材料嵌实应密实饱满，黏结牢固，无气泡、开裂等缺陷。

（3）立面防水层应收头入槽、封严。

（4）注意成品保护，不得堵塞排水口。

检测方法：尺量、观察。

检测数量：每50延米检查1处，不足50延米全数检查。

（三）排蓄水层的质量检验

1. 主控项目

（1）凹凸型塑料排蓄水板厚度应符合设计要求，顺槎搭接，搭接宽度应符合设计要求，设计无明确要求的，搭接宽度应大于150 mm。

（2）采用卵石、陶粒等材料铺设排蓄水层的，其铺设厚度应符合设计要求。

2. 一般项目

（1）四周设置明沟的，排蓄水层应铺设至明沟边缘。

（2）挡土墙下设排水管的，排水管与天沟或落水口宜合理连接、坡度适当。

检测方法：尺量、观察。

检测数量：每50延米检查1处，不足50延米全数检查。

（四）过滤层的质量检验

1. 主控项目

过滤层的材料规格、品种应符合设计要求。

2. 一般项目

（1）单层卷状聚丙烯或聚酯无纺布材料，单位面积质量必须大于150 g/m^2，搭接缝的有效宽度必须达到$10 \sim 20 \text{ cm}$。

（2）卷材铺设在排（蓄）水层上，向种植地四周延伸，高度与种植层同高，端部收头必须用胶黏剂黏结，黏结宽度不得小于50 mm，或金属条固定。

检测方法：尺量、观察。

检测数量：每50延米检查1处，不足50延米全数检查。

（五）设施障碍性面层栽植基盘的质量检验

1. 主控项目

（1）透水、排水、透气、渗管等构造材料和栽植土必须符合栽植要求。

（2）施工做法必须符合设计要求。

2. 一般项目

浇筑后无积水，雨季无沥涝。

检测方法：观察、尺量。

检测数量：100 m² 检查 3 处，不足 100 m² 检查不少于 2 处。

（六）设施顶面绿化栽植质量检验

1. 主控项目

（1）植物材料的种类、品种和植物放置方式应符合设计要求。

（2）树木固定牵引装置符合设计要求，树木支撑牢固。

（3）树木栽植成活率及地被覆盖应大于 95%。

2. 一般项目

（1）植物栽植定位符合设计要求。

（2）植物养护管理及时，不得有严重枯黄死亡、裸露及明显病虫害。

检测方法：观察、晃动、尺量。

检测数量：100 m² 检查 3 处，不足 100 m² 检查不少于 2 处。

（七）设施立面及围栏垂直绿化的质量检验

1. 主控项目

（1）栽植地应符合栽植土标准。

（2）垂直绿化栽植的品种规格符合设计要求。

2. 一般项目

（1）栽植槽符合植物生长要求，并有排水孔。

（2）建筑物立面光滑时，应加设载体。

（3）垂直绿化植物栽植后应牵引、固定、浇水。

检测方法：观察、尺量。

检测数量：100 株检查 10 株，不足 20 株全数检查。

十三、坡面绿化的质量控制

（一）一般要求

1. 不同坡面绿化应根据土壤坡面、岩石坡面、混凝土覆盖面的坡面性质、坡度大小，适当加固，严防水土流失，进行绿化栽植。

2. 不同坡面的种植层应符合下列要求

（1）土壤坡地可根据其理化性质，利用现有土壤或全部、局部进行更换种植土。

（2）山地、丘陵、风化的岩石坡面的种植穴可进行局部土壤改良。

（3）土壤废弃物堆砌的山峦起伏，应将种植穴及地被植物区进行局部更换种植土。

（4）岩石坡面，可建造种植槽或护墙，填充种植土和在坡面设置金属护网喷盖含有种子的栽植层。

（5）混凝土覆盖坡面，应在混凝土块孔更换种植土。

3. 坡面绿化的植物材料规格、品种应符合设计要求，设计无要求时可根据坡面的构造、性质、功能特点，选择根系发达、株形较低矮、萌蘖性强、耐干旱、耐瘠薄、病虫害少、绿色期长的地被植物。

（二）陡坡和路基的坡面绿化防护栽植层的质量检验

1. 主控项目

（1）栽植层的构造材料和栽植土符合设计要求。

（2）混凝土结构、固土网垫、格栅、喷射基质等施工做法符合设计和规范要求。

2. 一般项目

喷射基质不应剥落或少量剥落，栽植土或基质表面无明显沟蚀、流失，栽植土（质基）的肥效不得少于3个月。

检测方法：观察、照片、分析、尺量。

检测数量：500 m² 检查 3 处，不足 500 m² 检查不少于 2 处。

（三）坡面绿化栽植质量检验

1. 主控项目

（1）植物材料品种、规格符合设计要求。

（2）坡面植物覆盖度应符合约定要求，不应有严重枯黄死亡、植被裸露。

2. 一般项目

应进行施工养护，适时喷灌或覆膜，防治病虫害。

检测方法：观察、尺量。

检测数量：500 m² 检查 3 处，不足 500 m² 检查不少于 2 处。

十四、施工期植物养护的质量控制

（一）一般要求

1. 园林植物栽植后到工程竣工验收时，进入施工期间的植物养管期，必须对各种植物精心养护管理。

2. 绿化栽植工程应编制养护管理计划，并按计划认真组织实施。

3. 园林植物病虫害防治，应采用生物防治方法和生物农药及高效低毒农药，严禁使用剧毒农药。

（二）施工期植物养护质量检验

1. 主控项目

（1）根据植物习性和墒情应及时浇水。

（2）应结合中耕除草，平整树台。

（3）应及时防治病虫害。

（4）园林植物应适时修剪整形。

（5）对树干应加强支撑、绑扎、卷干，做好防风、防旱、防涝、防冻害。

2. 一般项目

（1）根据植物生长情况应及时追肥、施肥。

（2）花坛、花境应及时清除残花败叶。

（3）绿地应及时清除枯枝落叶、杂草、垃圾。

（4）对生长不良、枯死、缺株应及时按原规格进行补填更换。

检测方法：观察、检查施工日志。

检测数量：1 000 m² 检查 3 处，不足 1 000 m² 检查不少于 2 处，每处面积不少于 50 m²。

参考文献

[1]曾明颖,王仁睿,王早.园林植物与造景[M].重庆:重庆大学出版社,2018.

[2]黄丽霞,马静.园林规划设计实训指导[M].上海:上海交通大学出版社,2018.

[3]徐文辉.城市园林绿地系统规划[M].3版.武汉:华中科技大学出版社,2018.

[4]徐梅,杨嘉玲.园林绿化工程预算课程设计指南[M].成都:西南交通大学出版社,2018.

[5]万少侠,刘小平.优良园林绿化树种与繁育技术[M].郑州:黄河水利出版社,2018.

[6]郭莲莲.园林规划与设计运用[M].长春:吉林美术出版社,2019.

[7]孔德静,张钧,胥明.城市建设与园林规划设计研究[M].长春:吉林科学技术出版社,2019.

[8]彭丽.现代园林景观的规划与设计研究[M].长春:吉林科学技术出版社,2019.

[9]李良,牛来春.普通高等教育"十三五"规划教材·园林工程概预算[M].北京:中国农业大学出版社,2019.

[10]秦红梅.天津大学建筑设计规划研究总院风景园林院作品集[M].天津:天津大学出版社,2019.

[11]蔡文明.高等院校设计学精品课程规划教材·园林植物与植物造景[M].江苏凤凰美术出版社,2019.

[12]陆娟,赖茜.景观设计与园林规划[M].延吉:延边大学出版社,2020.

[13]刘洋.风景园林规划与设计研究[M].北京:中国原子能出版社,2020.

[14]陈晓刚.风景园林规划设计原理[M].北京:中国建材工业出版社,2020.

[15]谢云,胡华.园林植物景观规划设计[M].武汉:华中科技大学出版社,2020.

[16]李勤,牛波,胡炘.宜居园林式城镇规划设计[M].武汉:华中科技大学出版社,2020.

[17]李会彬,边秀举.高等院校风景园林专业规划教材·草坪学基础[M].北京:中国建材工业出版社,2020.

[18]丁慧君,刘巍立,董丽丽.园林规划设计[M].长春:吉林科学技术出版社,2021.

［19］郭玲,李艳妮.园林规划设计［M］.北京:中国农业大学出版社,2021.

［20］王春红.城市园林规划与设计研究［M］.天津:天津科学技术出版社,2021.

［21］汪华峰,袁建锋,邵发强.园林景观规划与设计［M］.长春:吉林科学技术出版社,2021.

［22］任行芝.园林植物景观规划设计［M］.北京:原子能出版社,2021.

［23］于晓,谭国栋,崔海珍.城市规划与园林景观设计［M］.长春:吉林人民出版社,2021.

［24］张恒基,朱学文,赵国叶.园林绿化规划与设计研究［M］.长春:吉林人民出版社,2021.

［25］刘洪景.园林绿化养护管理学［M］.武汉:华中科技大学出版社,2021.

［26］张恒基,朱学文,赵国叶.园林绿化规划与设计研究［M］.长春:吉林人民出版社,2021.

［27］魏东晨.廊坊园林绿化植物常见病虫害［M］.石家庄:河北科学技术出版社,2021.

［28］王植芳,张思,袁伊旻.园林规划设计［M］.武汉:华中科技大学出版社,2022.

［29］田松,马燕芬,龚莉茜.风景园林规划与设计［M］.长春:吉林科学技术出版社,2022.

［30］汪辉.园林规划设计［M］.3 版.南京:东南大学出版社,2022.

［31］刘晶.现代园林规划设计研究［M］.长春:吉林出版集团股份有限公司,2022.

［32］宁艳.风景园林规划设计方法与实践［M］.上海:同济大学出版社,2022.

［33］吴苗,李甜甜,胡平.高等院校艺术学门类十四五系列教材·园林规划设计实训［M］.武汉:华中科技大学出版社,2022.

［34］史宝胜,陈丽飞.高等院校风景园林专业规划教材·园林植物学［M］.北京:中国建材工业出版社,2022.

［35］徐文辉.城市园林绿地系列规划［M］.4 版.武汉:华中科技大学出版社,2022.

［36］张剑,隋艳晖,谷海燕.风景园林规划设计［M］.南京:江苏凤凰科学技术出版社,2023.